高等职业教育“十四五”规划教材

宠物行为与驯导

郭志明　陈则东　主编

中国农业大学出版社
· 北京 ·

内容简介

本书按照高等职业教育理实一体化教学模式要求，紧扣宠物养护与驯导、宠物医疗技术专业人才培养方案、宠物驯导师国家职业技能标准以及宠物职业岗位需求编写，融入宠物行业新成果、新技术和新工艺，主要内容包括宠物品种、宠物行为概述、犬的起源与行为、猫的特征与行为、宠物驯养的基本知识、宠物的选购、宠物犬的训练与调教、宠物猫的训练与调教、观赏鸟的训练与调教、技能训练指导等。

全书按照项目化任务式编排，条理清晰，图文并茂，配套丰富的数字资源，力求内容规范严谨、技术简明易懂。本书既可作为高等职业院校宠物养护与驯导、宠物医疗技术等专业的教学用书，又可作为基层宠物驯导师和广大宠物爱好者的参考用书。

图书在版编目(CIP)数据

宠物行为与驯导 / 郭志明，陈则东主编. --北京：中国农业大学出版社，2024.8.

ISBN 978-7-5655-3300-6

Ⅰ. S865.3

中国国家版本馆 CIP 数据核字第 2024FD3547 号

书　名　宠物行为与驯导

作　者　郭志明　陈则东　主编

策划编辑　康昊婷　　**责任编辑**　康昊婷

封面设计　郑　川　李尘工作室

出版发行　中国农业大学出版社

社　址　北京市海淀区圆明园西路 2 号　　**邮政编码**　100193

电　话　发行部 010-62733489，1190　　读者服务部 010-62732336

编辑部 010-62732617，2618　　出　版　部 010-62733440

网　址　http://www.caupress.cn　　**E-mail** cbsszs@cau.edu.cn

经　销　新华书店

印　刷　北京溢漾印刷有限公司

版　次　2024 年 8 月第 1 版　2024 年 8 月第 1 次印刷

规　格　185 mm×260 mm　16 开本　17.5 印张　435 千字

定　价　55.00 元

编审人员

主　　编　郭志明（甘肃畜牧工程职业技术学院）

陈则东（江苏农牧科技职业学院）

副主编　魏占虎（甘肃畜牧工程职业技术学院）

王　龙（黑龙江农业工程职业技术学院）

王付元（江苏农牧科技职业学院）

参　　编　巨玉鑫（甘肃畜牧工程职业技术学院）

吴孝杰（甘肃畜牧工程职业技术学院）

张　洁（甘肃农业职业技术学院）

张浩浩（广东生态工程职业技术学院）

张佳韧（黑龙江农业职业技术学院）

钟彩庭（青海农牧科技职业学院）

企业指导　陈建亮（北京萌宠世界商贸有限公司）

主　　审　张登辉（甘肃畜牧工程职业技术学院）

田宗祥（甘肃畜牧工程职业技术学院）

前　言

党的二十大报告指出，我们要坚持教育优先发展、科技自立自强、人才引领驱动，加快建设教育强国、科技强国、人才强国，坚持为党育人、为国育才，全面提高人才自主培养质量，着力造就拔尖创新人才，聚天下英才而用之。

为进一步推进现代职业教育"产教融合、校企合作、工学结合、知行合一"的人才培养模式，建立"学生（学校）→学徒（学校＋企业）→准员工（企业认知）→员工（企业岗位）"为一体的人才培养机制，宠物行为与驯导教材编写组充分发挥职业院校教师教育教学优势与行业企业人员的丰富实践经验，对接职业岗位密切需求优势，坚持产教融合、深化校企合作。

本教材以项目化任务式组织，采用"岗课赛证"融通的理念开发而得。本教材立足宠物驯导行业企业职业岗位能力需求，融入宠物驯导师国家职业技能标准，遵循宠物行为与驯导课程内在逻辑与教学规律，以培养高素质技术技能人才为目标，遵循"理论够用""技能突出"的教学原则，教学内容、方法和手段充分关注了学生对知识的理解思考、兴趣爱好和分析问题、解决问题的能力，开展"教、学、做"一体化教学。在教学中，以具体训练项目为载体，加强学生基本操作技能锤炼、基本原理融汇贯通，重点培养学生宠物训练思维能力，培育学生精益求精的工匠精神，培养学生肩负宠物驯导职业使命，训练学生关键职业能力，让学生置身于现场情景、模拟岗位及仿真环境中学习，体现学习与实际工作的一致性。

本教材由郭志明、陈则东担任主编。其中项目一由吴孝杰编写，项目二、项目三、项目四的任务一、任务二、任务三和项目七由郭志明编写，项目四的任务四、任务

五、任务六和项目五、项目六由巨玉鑫编写，项目八和项目九由张洁编写，项目十由魏占虎编写，项目十一由张浩浩、张佳韧、钟彩庭编写，陈则东、王付元提供了相关的教学视频，王龙提供了相关的素材，全书由郭志明、陈则东统稿。

本教材在编写中得到了甘肃畜牧工程职业技术学院、江苏农牧科技职业学院、甘肃农业职业技术学院、青海农牧科技职业学院、黑龙江农业工程职业技术学院、广东生态工程职业技术学院、黑龙江农业职业技术学院和北京萌宠世界商贸有限公司等的大力支持，甘肃畜牧工程职业技术学院张登辉教授、田宗祥教授对书稿提出了许多宝贵意见和建议，在此一并深表感谢！

本教材在编写过程中虽经多次修改，但宠物训练技术日新月异，加之编者学识水平有限，疏漏之处在所难免，敬请读者提出宝贵的意见和建议，以便再版时修订完善。

编　者

2023 年 10 月

目　录

数字资源索引

项目一
绪　论

学习目标

❖ 知识目标

理解宠物的基本概念；掌握饲养宠物的意义；了解宠物产业发展的现状、存在的问题及对策。

❖ 能力目标

能够掌握饲养宠物的目的、意义和作用；掌握如何科学规范地发展宠物产业。

❖ 素质目标

爱护自然，保护动物，人与动物和谐地生活在同一个家园。

学习任务

一、宠物的基本概念

1. 宠物

宠物是指受到人们精心饲养和特殊关爱，能满足人们嗜好和精神需求而豢养的动物，包括观赏动物、伴侣动物等。其中，犬、猫的饲养数量居多。宠物与人生活在一起，进行亲密沟通和情感交流，给人们生活带来乐趣。

2. 宠物驯养

宠物驯养是指对宠物进行饲养驯化的过程。经过驯养的宠物可以对主人的语言、命令反射式服从，从而使宠物更具饲养娱乐价值。

3. 宠物训教

宠物训教是指对宠物进行基本的训练和调教，使其行为更加符合宠物家养的要求，并为主人带来娱乐。

二、宠物种类

宠物种类繁多，按照生物学分类方法和饲养特点，可将常见的宠物分为4类：哺乳类宠物、鸟类宠物、鱼类宠物和另类宠物。

1. 哺乳类宠物

哺乳类宠物具有较强的适应能力，具体包括犬、猫、啮齿动物[包括仓鼠(即金丝熊)、荷兰猪(逆毛绒豚)、小鼠、仓鼠、沙鼠、金花鼠、八齿鼠、松鼠、寒号鸟(鼯鼠)、大花鼠和龙猫]、兔、貂、刺猬、羊驼、牛、猴、绵羊、猪、马、鹿、大象(泰国人的宠物)等。哺乳类宠物的饲养数量最多，特别是宠物犬，宠物犬可爱、忠诚、勇敢、具有灵性，历来是家庭成员的重要组成部分。

2. 鸟类宠物

鸟类作为宠物是指已经驯服，适宜家庭饲养的鸟类，包括虎皮鹦鹉、葵花鹦鹉、金刚鹦鹉及其他种类的鹦鹉，金丝雀和其他种类的鸣禽(百灵、画眉、信鸽等)，鸡、鸭等。鸟类也是人们家养宠物的一个重要组成部分，它们或有色彩绚烂的羽毛，或有婉转悦耳的叫声，且体形娇小、饲养管理方便，深受老年人的青睐。

3. 鱼类宠物

作为宠物的鱼类主要包括金鱼、锦鲤、热带鱼、琵琶鱼、食人鱼、寄生鲇、电鳗、龙鱼等。鱼类是人们饲养宠物中数量极为庞大的一个群体，特别是普通的金鱼。龙鱼和锦鲤是现在的饲养热点。锦鲤既有"鲤跃龙门"的文化典故，又有吉祥的寓意，此外，锦鲤的平均寿命可达数十年甚至一二百年，姿态从容不迫，因此受到人们的喜爱。

4. 另类宠物

另类宠物在中国是指饲养数量较少的宠物，主要有蜥蜴、鬣蜥、蛇、龟、鳄鱼(包括宽吻鳄、短吻鳄、印度食鱼长吻鳄)、蛙、蟾蜍、鲵、蚓螈(一种在地下生活的类似蚯蚓的两栖类动物)、蟋蟀、蝴蝶、蜻蜓、蟑螂、蝈蝈、桑蚕、蝎子、蜘蛛、蜈蚣等。

三、饲养宠物的意义

1. 缓解人们的压力、增加生活的情趣

由于现代社会工作效率提高，生活节奏加快，人们在工作中注意力过度集中，精神高度紧张。豢养宠物，可达到缓解人们工作压力、促进身心健康、增加生活情趣、追求时尚等目的，从而使人们实现返璞归真、寄托感情和玩赏的效果。可以说，饲养宠物是人们工作生活的一种调节剂，能够排解工作生活中的烦躁和苦闷。

2. 培养儿童的责任心和爱心，有利于健康成长

儿童几乎天生就喜欢小动物，与小动物玩耍是他们生活的一部分。儿童在抚摸和拥抱小动物的过程中，会有一种被接受、被陪伴的感觉，从而获得心灵慰藉，缓解紧张的心理，培养他们的爱心。当他们给小动物喂食、梳毛、洗澡、打扫"居室"等时，会无意识地模仿成人，体验到一种责任感，同时也从小动物的"回报"中获得了一种被爱和被尊重的感受。这不仅培养了儿童的自信、耐心及自制力，更促进了他们自我意识的发展。

3. 疾病治疗的辅助者，利于老人健康长寿

老人暮年的生活会出现许多变化，其中一个核心问题就是如何维持与社会的交往。饲养宠物能够为活动较少的老年人在日常生活中平添乐趣，减轻他们的孤独感。此外，适量运动对老人的身体健康也有利。临床研究报道，饲养宠物可以有效缓解老年人内心的孤独和寂寞，降

低血压，预防抑郁，提高老年人的心理健康和生活质量；有助于患有慢性疾病的人和残疾人的康复，协助养老院做服务工作。有研究表明，拥有伴侣动物的老人生活得更愉快，寿命更长，伴侣动物甚至可以达到治疗某些疾病的作用。

4. 伴侣和观赏的作用

生活在高楼林立的现代都市中的人们，可以将宠物当作人和自然之间的媒介，进行相互沟通，产生一种回归自然的感觉，可以弥补精神上的欠缺。

5. 保障安全和服务人民

饲养宠物有时可以保护家庭，在一定程度上起到防止家庭被盗窃的作用，使整个家庭有一种安全感。例如，宠物犬的听觉和嗅觉都十分灵敏，对主人十分忠诚，在遇到意外的情况下，宠物犬甚至会挺身而出，不顾自己的生命保护主人。另外，家里如果发生煤气泄漏或忘关水龙头，它也会及时提醒主人。

工作犬主要包括警犬、缉毒犬、搜救犬、猎犬、牧羊犬、治疗犬、导盲犬等。有些动物作为实验动物为人类服务。猫也能驱逐鼠害，为人类节约粮食。可以说，宠物在人类生活中扮演着越来越重要而且不可缺少的角色。

6. 促进社会经济发展和文化交流

宠物饲养既是社会经济发展的结果，反过来又可以促进社会经济的发展。宠物在发达国家作为产业已有一二百年的历史，形成了繁育、训练、用品用具、医疗、医药、贸易等产业链。国际宠物行业已经逐步成熟，养宠物已经成为国家经济实力、社会发达的一种标志。世界宠物经济的迅猛发展带动相关产业的急速发展，并逐步规范化、标准化、国际化。宠物的数量、宠物经济效益逐年快速上升。人们对宠物的喜爱，促使宠物用品销售和宠物服务行业逐渐成长壮大，宠物交易、宠物食品销售、宠物用品、宠物美容店、宠物医院等新兴产业相继产生并迅速成长起来，宠物市场日趋旺盛。

当前，随着宠物产业的蓬勃发展，各种各样的宠物医院、宠物中心、宠物美容店、宠物俱乐部、宠物寄养所、宠物超市等逐年增加。市场上宠物用品琳琅满目，层出不穷，宠物写真服务、宠物培训也应运而生。世界上数量众多的优良宠物品种，都是各国人民劳动的产物，是文化交流和友谊的象征。

四、宠物产业的发展

（一）宠物产业的概念

宠物产业是指围绕着宠物而产生的一系列生产、流通、销售和服务等经济的产业链。其内涵主要涉及“宠物赚钱”和“赚宠物钱”两部分。“宠物赚钱”包括宠物买卖、配种以及繁殖等交易。“赚宠物钱”包括宠物寄养、美容、医疗、殡葬以及有关宠物衣食住行、生老病死的一系列商品销售和服务。

（二）宠物产业的内容

1. 宠物养殖业与经营业

宠物养殖是宠物交易的基础。专门的养殖基地不仅需要大量的资金和土地投入，还需要专业知识和技术及相关经营管理来支撑。宠物养殖成本高，资金周转周期长，行业初期比较艰难。从目前情况来看，全国具有一定规模的专业宠物养殖场数量并不多。养殖宠物的数量多、精品少，品种单一。宠物经营在很多中小城市也主要以花鸟市场的形式为主，有的地方宠物交易甚至处于“地下”状态，难以管理，而专业化的宠物专卖店只在少数大城市才有。

随着宠物养殖业本身发展所带来的生产成本的降低以及消费者对宠物质量档次追求的提高，宠物养殖业与宠物经营业的发展将十分迅速。

2. 宠物食品业及用品业

与宠物养殖业相比，宠物食品业及用品业的生产及销售更加灵活多样，在整个宠物产业中所占的比重较大，地位也比较突出。其中宠物食品业占 39.3％，宠物用品业占 21.4％。与国际经济发达国家相比，我国的宠物食品、用品市场起步较晚，大部分起步于 20 世纪 90 年代，但已经取得了较大的发展。

目前，我国已拥有一定数量的宠物食品、宠物用品、宠物玩具等生产企业，它们绝大多数是民营企业，其中发展的比较好的，如成都好主人宠物食品、上海三美宠物用品等，已在国内拥有一定的知名度。又如国内第一家专业生产和销售宠物链条的中外合资企业，即创建于 1970 年的上海忠青宠物链条有限公司，自 1980 年承接大批量订单后，近年来又与德国、美国等国家的一些公司建立了良好的合作关系，产品远销美国、日本、德国等 40 多个国家和地区，外销合同签约率 100％。此外，浙江平阳已发展成为中国最大的宠物用品生产基地。

3. 宠物医疗业和药品业

宠物医疗业是伴随宠物饲养而出现的一门新兴行业。宠物医疗和护理等行业专业性都比较强，尤其是医疗系统，它不仅需要专业知识和技术，而且还要配备必要的医疗器械等硬件设施。对于刚起步的国内宠物业来说，这方面无疑是落后的。目前，在我国少数大中城市宠物医院数量已较多，但证照齐全、设备及医疗条件达标、上档次的较少，中、低档次的小诊所较为普遍。许多宠物医院在主营医疗业务的同时还兼营宠物交易、宠物用品和食品、宠物寄养、宠物美容等。随着饲养宠物的普遍化，今后宠物医疗业势必会有一个迅速的发展过程。

4. 宠物服务业

我国宠物服务业主要包括宠物寄养、宠物美容、宠物摄影、宠物婚介、宠物殡葬、宠物网站、宠物保险等，宠物服务业的兴起促进了宠物服务的专业化和系统化。

(1)宠物寄养　是指宠物主人因外出在短期内无法照看自己的宠物，寄托或托付给他人或第三方照看宠物。国内宠物寄养主要有宠物店寄养(图 1-1)、家庭式寄养、亲友式寄养 3 种形式的服务体制。

图 1-1　宠物寄养

在很多城市，宠物已经成为家庭“必须”成员，而由于节假日、出差等原因不能照顾宠物成了宠物主人的一大困扰。越来越多的人选择宠物寄养，可以让宠物像在自己家里一样舒适。

(2)宠物美容　目前在我国部分大中城市，一些宠物美容院提供的宠物美容服务甚至不亚于人类美容,包括宠物专用的香波、浴盆、热水器、美容台等。一个全套宠物美容包括洗毛、洗耳、剪脐、修指甲、修毛等,根据宠物体形、品种价格不一,全套一般不低于100元,市场前景好。

(3)宠物摄影　因为青春、生命无法永恒,人们总喜欢把美好的瞬间定格,于是各种摄影工作室便红火起来。迅速崛起的宠物经济也拉动了宠物摄影(图1-2)。当主人与宠物长期相处时就会产生深厚的情谊,但宠物迟早会“离开”。为了留下永恒的记忆,宠物主人通常会选择较为专业的宠物摄影师来为自己的宠物拍摄留念。

图1-2　宠物摄影

(4)宠物婚介　近年来,部分城市相继出现了“宠物婚介”。很多宠物主人想为爱犬留下后代,却苦于找不到相匹配的同类犬。据悉,相亲的均为各种名犬,程序是先登记,再拍照,留下档案。当婚介成功后“婚介所”一般要收中介费。

(5)宠物殡葬　宠物殡葬业在国外是一个成熟的产业。据调查,在英国、日本、美国等发达国家,宠物殡葬可以提供包括火化、棺木、宠物墓地(图1-3)、宠物标本,甚至还有专为宠物服务的寺庙。高昂的宠物殡葬费用已经达到无以复加的地步。据统计,一些经济发达的沿海城市,如上海,每年丢弃的宠物尸体近万个,至少有30%的宠物主人有宠物殡葬的需求。

图1-3　宠物墓地

(6)宠物网站、宠物培训、宠物保险、宠物保姆等　现代生活的丰富多彩以及宠物经济的进一步繁荣,使得一些新兴时髦行业相继进入宠物产业中来,如宠物网站、宠物培训、宠物保险、宠物保姆等。相信,随着宠物爱好群体和宠物产业的逐步壮大,还会有更多的行业不断加入进来。

宠物产业的发展一般要经历3个阶段:初级阶段是以单纯饲养、玩耍为主,这一阶段只能看作饲养动物;中级阶段则是在饲养的前提下,对动物进行训练、医疗和适度保健,让宠物生活得更好,为人们提供更多的欢乐;而高级阶段是在完善的配套服务业,包括医疗、美容、保健、服饰、婚配、寄养等方面辅助下,宠物能更进一步融入人们的生活,让人们在与宠物的交流中获得更高层次的享受。根据这一标准来判断,目前我国宠物产业总体上还处于初级阶段,但正以惊人的速度向中级阶段迈进。

(三)我国宠物产业发展的现状

1. 区位特征显著

我国的宠物经济带主要分布在经济较为开放和发达的沿海、沿江、沿边地区以及全国各省会大中城市，内地发展还相对缓慢。宠物市场主要分南、北两个市场，可以说中国南北方宠物交易市场的持续稳定发展，是促进中国宠物产业繁盛的重要组成部分，影响着中国未来宠物产业的长足发展。

北方宠物市场以京津地区和东北三省最为突出。南方宠物市场主要是江苏、浙江、广东、四川等地，成都是全国最大的宠物货源地和繁殖基地之一，广东省南海大沥狗市也是一个比较成熟的宠物批发地。此外，上海的宠物市场也是全国宠物集散地和批发地之一。同时，广东和天津是我国两大观赏鱼繁殖基地，广东和浙江是我国两大宠物用品生产基地。

2. 国内宠物产业进入高速发展阶段

我国宠物产业的发展分为 4 个阶段：萌芽阶段、起步阶段、高速发展阶段和成熟阶段（图 1-4）。目前，行业处于成熟阶段。

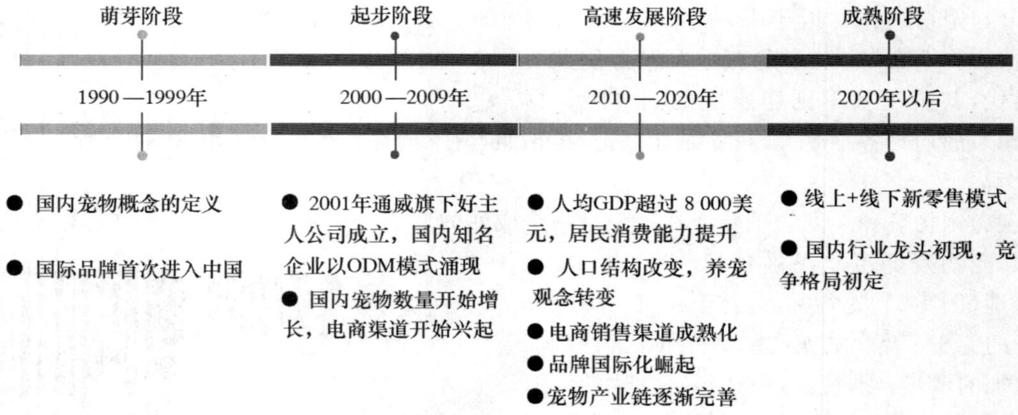

图 1-4 我国宠物行业发展阶段

2010—2020 年，中国宠物产业市场规模由 134.4 亿元增长至 727.3 亿元，年均复合增长率近 20%，增速高于全球。中国宠物饲养率和单只宠物年消费金额远低于发达国家水平，未来具有较大的增长空间。随着中国社会的日益发展和繁荣，宠物的角色也在逐渐转型——猫和犬越来越多地被当作家庭中不可或缺的一员，而非单纯的陪伴型宠物，“云养猫”这样的潮流更使得拥有宠物这件事令人向往。根据 Euromonitor 数据，2020 年全球宠物市场行业规模约 1 382 亿美元，同比增长 4.4%，其中，美国、中国、日本宠物消费市场占全球市场比重分别为 41.1%、8.1%、4.2%。

3. 产业基地初具规模，市场前景广阔

随着我国经济的繁荣和我国宠物产业的进一步发展，一些宠物用品的生产企业和产业基地已经初具规模。始建于 20 世纪 90 年代的成都“好主人”是国内第一家专业的宠物食品生产企业，在国内已拥有较高的知名度，产品畅销国内外；北京的爱芬食品公司是目前全国最大的宠物食品生产商之一。广东水族产业基地凭借继承传统和开拓创新相结合的发展理念成为世界上最大的观赏鱼基地之一。据水产专家的不完全统计，目前在广东，观赏鱼水族产业已经吸纳了近 20 万人就业，养殖面积达 10 多万亩，年产观赏鱼（含鱼苗）数百亿尾，并由此兴起了水族器材厂家上千家，整个产业年产值合计超过 10 亿元。很难想象，一只极品的金鱼也会卖到 8 万元，而罗汉鱼王则有过 88 万元的天价。目前全国各地的观赏鱼和水族器材 60%～70%

来自广东，广东已成为世界上最大的观赏鱼养殖和水族器材产销基地，其观赏鱼和水族器材远销世界各地。温州平阳的宠物产业基地发展迅速，2000年以来生产的“狗咬胶”等占全球宠物产品市场总量的60%以上，成为亚洲最大的宠物饲料和用品生产基地之一。精美的平阳宠物用品已远销欧美20多个国家和地区，宠物用品品种也从最初的“狗咬胶”等几个简单品种发展为七大系列、500多个品种，宠物用品已经成为温州平阳一大支柱产业。由此可以看出，中国宠物用品的出口是大有潜力的。

4. 宠物产业内涵的不断丰富和完善

虽然我国宠物产业的规模和技术水平还落后于发达国家，但由于市场广阔，空白点多，潜力较大，商机无限。宠物产业发展一开始就有一个较高的起点，然后发展迅速，宠物产业内涵不断丰富和完善。这不仅表现为宠物交易、宠物食品和用品、宠物诊疗与药品等传统宠物行业的强劲拓展态势，还表现为新兴宠物行业的层出不穷，如宠物美容、宠物寄养、宠物培训、宠物保险等，标志着我国宠物市场发展已不断走向成熟。宠物产业的迅速发展，为丰富人民精神文化生活，拓宽就业门路，带动相关产业发展做出了较大的贡献。

（四）目前我国宠物产业存在的问题

目前，由于各种因素的制约，完整有序的宠物产业体系尚未形成，宠物产业还存在诸多的问题。

1. 法律法规有待进一步完善

目前国内还没有一部比较系统的关于宠物饲养方面的法律法规。目前仅有北京、上海等少数城市出台了宠物犬的限养管理办法，并没有与宠物产业发展相配套的法律法规和行业政策。而现行的相关法规中有关宠物饲养方面的规定也很难在中小城市实施，很多地区的“养犬许可证制度”只是一纸空文。“无法可依，执法不严，有法不依”现象在宠物饲养中较为普遍；在宠物犬的管理上也很不统一，各职能部门在实际的管理过程当中，分工不明确、协作不到位，往往造成管理混乱和管理真空。宠物产业急需相关政策法规的保驾护航。工作滞后会给宠物产业的健康发展带来阻碍，可能导致宠物产业的畸形发育，给相关部门以后的管理带来不便。

2. 宠物交易秩序混乱

目前，我国还没有比较规范的宠物交易市场，具备销售许可证的宠物经营单位不多。很多小城市甚至没有正规固定的宠物交易市场，基本上采取“地下”交易的方式。据了解，“地下”交易多位于城区内部，环境不封闭，易污染河水及周边居民环境，影响居民生活和市容卫生；由于缺少检疫监督和其他管理措施等，不能及时有效地对宠物、排泄物、污染物以及周围环境进行消毒处理，易造成上市宠物间疾病的交叉感染；没有遮阳、保暖及其他基础设施，极易造成上市宠物因受冷热环境影响而死亡。

3. 施宠行为不当，引发社会问题

宠物的行为直接受到宠物主人行为的制约，而一系列社会问题也是因为宠物主人对宠物的监管不力造成的。一是扰民和伤民现象严重。宠物的叫声，尤其是夜间的叫声严重影响了周边居民的正常生活。宠物伤人事件也层出不穷。二是市容环卫管理压力大。宠物随地大小便严重影响市容及环境卫生。三是人宠共患病率增加。在我国，人与宠物同居一室的现象相当普遍，人与宠物的过度亲密以及卫生知识普及率低，可能造成人宠共患病的发生。

4. 宠物医院不规范

近年来，我国宠物医院随着宠物饲养数量的增加而迅速增多，在北京、上海等大城市，一部分宠物医院具备较完善的医疗条件和美容保健服务，而对于其他大部分以及中小城市刚起步的宠物医院，其基本情况是：证照不全、医疗条件简陋、设备简单、用药不规范、档案不齐备、超范围经营。同时，从业人员资质较混杂、乱收费、高收费等现象也较为普遍。此外，宠物饲养者和医疗者因治疗收费和治疗效果而发生的纠纷事件时有发生。这些无疑对宠物产业的长远发展是非常不利的。

5. 骨干企业缺乏，竞争力不强

首先，在全国现有的宠物企业中，固定资产在 1 000 万～5 000 万元的大中企业只有 10%左右，固定资产在 1 000 万元以下的小企业占 90%。众多小企业经济实力不强、技术水平落后、研发能力低下、资金分散、产品单一、规模小、效益低，不可能形成骨干生产力量。其次，本土企业的品牌意识、质量意识不强，导致品牌缺失、产品质量没保证、竞争力不强，这就造成了几乎我国整个宠物附属品市场都被国外品牌占领的尴尬境地，本土品牌在国内几乎没有生存空间。在未来市场竞争中，有无自己品牌以及品牌战略的优劣将很大程度上决定企业能否在激烈的市场竞争中胜出。最后，知识产权得不到保障，造成创新机制难以突破，同时严重影响我国宠物企业在国际竞争中的形象。因此，培育骨干企业、打造本土品牌以及保护知识产权成为当前我国宠物相关企业急待解决的大问题。

6. 专业人才严重缺乏

目前，我国宠物产业的各个行业都缺少高素质的专业人才。有关数据表明：全国大部分城市宠物行业的从业人员中，经专业培训的人员不足 15%。比如我国宠物比赛的裁判大部分是从国外请来的专业人士；国内驯犬师的缺乏造成很多犬只缺乏训练管教，引发了犬只伤人、扰民等问题；繁育师的缺乏使得犬只素质偏差，军犬和警犬基地每年都不得不从国外进口犬只，而一只纯种犬的价格相当于数吨粮食的价格；宠物专业服务，尤其是医疗服务，多是由原从事基层兽医的人员担当，技术水平普遍不高；宠物美容业中拿到宠物美容资格证的美容师极少。专业人才的缺乏也影响我国宠物产业在国际上的地位和声誉，许多原产中国的宠物品种，其评价标准却由外国制定。例如，鉴定师的缺乏致使锦锂由日本人鉴定，而纯种沙皮狗的标准则由英国人制定。

7. 宠物文化供给滞后

宠物产业的迅猛发展与宠物文化供给的缓慢发展不同步，宠物文化供给相对滞后。目前，我国涉及宠物的书籍、电视等文化传媒产品还相对匮乏，质量也不高。以影视、期刊为主的宠物文化产品的质量和数量，直接影响中国宠物消费群体的总体消费水平。宠物消费缺乏积极健康的正确引导，盲目消费、奢侈、攀比、跟风现象较为严重。相关宠物组织缺乏与民间宠物消费的沟通和联系，宠物组织行为较为散乱。目前，宠物兴起带来的各种负面的社会反映大都是来自消费者的消费文化素质不高所带来的消费行为方式的不当。

(五)我国宠物产业发展的对策

任何产业的健康发展都离不开法律法规的积极引导以及各相关利益主体、行为主体的自我发展和完善，宠物产业也不例外。

1. 制定和完善宠物产业的法律法规

宠物产业的健康发展离不开相关法律法规的正确引导和支持。在明确分工、相互协作、积极引导宠物产业健康发展的前提下，我国各职能部门应联合制定相关的完备的法律法规。第一，制定宠物交易市场、服务市场、宠物医院、宠物环境污染治理等方面的监管制度。第二，依据我国国情研究制定中国宠物食品和用品的国家标准、行业标准及地方标准。第三，制定针对我国宠物医师、美容师、驯导师、繁育师、鉴定师等的《中国宠物专业从业人员资质考核标准》。通过以上法律法规的制定，确保我国宠物产业有法可依、有章可循。

2. 建立规范化的交易市场及交易秩序

科学规范的交易市场和交易秩序是推进宠物产业发展的基础。一是合理选址，建立规范化的交易市场。一方面，在综合考虑市政规划、交通、卫生等的前提下，应选择在交通便利、水源充足、环境优美、无公害、无污染、不易扰民的地方，建立该地区有规模、上档次的宠物交易市场，这样既有利于省市间宠物良种的流通，也有利于集中监管。另一方面，促进场内硬件建设，包括设立专门的检疫室、市场管理办公室、交易室、消毒室、通风设施及排水排污设施等，为宠物交易提供安全舒适的环境。二是完善宠物交易秩序监管等软件建设。对入场的宠物及交易行为人均要进行卫生消毒，出示"准养证"及"免疫卡"并进行登记，各相关管理职能部门对交易市场实行封闭管理。入场交易者必须严格遵守交易秩序并按规定交纳入场费和相关管理费用；禁止宠物随地大小便，禁止场内大声喧哗、争斗，实行文明交易，确保宠物交易的有序进行。

3. 制定宠物食品用品统一标准

依据我国国情，制定我国宠物食品用品的相关标准。对产品的质量做出明确规定，实行最高限价政策，加强对相关企业的监管力度，避免恶性竞争，确保宠物食品用品业的健康发展。

4. 制定养宠管理办法

规范养宠行为应从以下几点着手。第一，实行"低收费""高处罚"和"罚人不罚宠"的管理原则，约束养宠行为人的不当行为，增强宠物主人的责任心。第二，建立流浪宠物收容中心。宠物尸体处理应采用以下办法：一是火化；二是化学处理，做成标本；三是深埋，必须保证埋深达 2 m 以上且远离居民区。第四，通过普法宣传，教会居民如何科学养宠，提高居民养宠常识和个人素质。

5. 加强对宠物医院的监管力度

宠物医院的发展需要政府相关管理部门的管理及宠物医院自身的改进。第一，制定宠物医院管理办法。宠物医院必须证照齐全、具有专业医师；具有固定的营业地点并应距宠物饲养、交易区 1 000 m 以上，不影响周边居民的正常生活；具备相关法律法规所规定的一定数量和质量的医疗设备和设施；宠物医院在对宠物进行治疗时应为宠物建立详细的病历，开处方药。针对无照经营、无证行医、坑骗消费者的非法宠物医院及相关责任人，要严厉打击。情节严重的，要追究相关责任人的法律责任。第二，对那些医疗设备简单、条件简陋、相关制度不健全的宠物医院，要求其限期整改，到期还达不到标准的，取消其经营资格。第三，加强自身建设，提高宠物医疗从业人员的专业素质及服务素质。加强对宠物从业人员的定期培训，通过进行技术交流、举办专题讲座等方式提高从业人员的职业素质和服务素质。同时，加强对宠物专业人员的技能审查，全面清查从业人员的素质，确保从业人员的合法性。第四，加强宣传力度，对查处的违规行为予以充分曝光，维护宠物医疗行业的良好形象，促进宠物医疗业持续健康发展。

6. 培育骨干企业，提高竞争力

我国宠物相关企业应该抓住机遇，着手培育骨干企业、打造宠物知名品牌、保护知识产权，从而提高企业竞争力。第一，坚持政府扶持和企业自身苦练内功两方面相结合的原则，加大对宠物产业的投资力度，促进骨干企业的形成。一方面，政府通过资金和政策的扶持，解决企业发展的后顾之忧，为企业的快速成长创造优越的发展平台和外部环境。另一方面，企业应加强自身技术改造，降低生产成本，提高产品附加值；引进先进的管理理念和管理模式，提高工作效率；实施人才化战略，以人为本、尊重知识、尊重人才，发挥人才优势。第二，实施共赢战略。通过强弱联合、弱弱联合建立共生共赢关系，提高竞争力，实现规模经济。大企业作为共赢关系的龙头企业，可发挥自身的强大实力和技术优势，对外不断开拓市场，接纳大宗订单，转而向中小企业进行采购。而中小企业则通过集体协作的方式为大企业提供专业化的产品和服务，从而作为一个共赢战略整体，降低生产成本，提高专业化分工协作，实现规模经济。第三，进行品牌定位和战略性谋划，打造本土品牌。依据我国国情及地方特色，建立宠物附属品品牌、延伸品牌、推广和维护品牌等，从而树立品牌意识和服务意识，维护品牌形象，提高品牌影响力和竞争力。敏锐地察觉出市场需要什么样的产品，针对需求生产出高质量的产品；与国际知名品牌竞争时，我国宠物用品企业可以依托原材料的优势，从而在国内市场上占有一席之地，甚而进军国际市场。第四，保护宠物产业中的知识产权。针对各种发明专利，如产品的外观和生产使用设备等加以保护，有利于激活产业内的创新机制，同时也有利于参与国际竞争。

7. 培养宠物产业专业人才

第一，改革高等教育体制，培养宠物产业专业人才。通过各高等院校的教育体制改革，改变高等农业院校和高等职业院校的传统学科设置和课程设置，增加具有巨大发展潜力并与社会发展衔接的相关宠物课程，系统培养有关宠物医疗、美容、训练、经营、摄影、繁育等方面的专业人才。第二，加强对宠物产业在职人员的培训。利用社会资金开办宠物美容、宠物摄影等对社会人员开放的技术培训班，并通过合格证书的形式控制培训质量。第三，加强对宠物专业人才的资质考核管理，确保宠物产业专业人才的质量。第四，坚持“走出去”和“引进来”相结合的原则，开展与不同地区、不同国家同行业的交流合作，互通有无、互惠互利。

8. 发展健康和谐的宠物文化

第一，利用各种现代传媒，大力发展与宠物相关的文化传媒产品。第二，普及宠物的科学饲养知识和完美和谐的宠物与人的文化观念，确立适合我国的宠物消费文化。第三，引导健康正确的消费趋势，促进健康和理性的宠物消费。第四，建立相关宠物服务组织，并通过举办博览会、展览会、比赛、文化交流等活动，建立和协调同宠物消费群体组织的各种联系，促进全民参与管理，丰富生活，繁荣宠物文化，使人们的社会生活和健康保障在宠物行业兴起之中更加健康和谐。

我国宠物产业是一个新兴的朝阳产业，有着广阔的发展前景。虽起步较晚，但发展速度惊人；问题虽多，但随着外在制度的积极引导和宠物产业内在的自我完善，宠物产业将成为我国国民经济的重要组成部分，从而在促进家庭和睦、扩大就业岗位、解决“三农”问题等方面发挥其强大的社会效应。

复习与思考

一、名词解释

1. 宠物　　2. 宠物驯养　　3. 宠物训教

二、简答题

1. 宠物的分类方法有哪些?
2. 简述饲养宠物的意义。
3. 简述宠物产业的发展现状、存在的问题及对策。

宠物行业及发展历程

宠物行业发展现状及趋势

项目二
宠物品种

学习目标

❖ 知识目标

了解宠物犬、猫品种的分类方法；掌握宠物犬、猫的外貌特征。

❖ 能力目标

能够对宠物犬、猫品种进行识别，进一步掌握宠物犬、猫品种的利用。

❖ 素质目标

在关爱宠物的过程中，通过人与宠物的情感交流，共享饲养宠物的乐趣。

学习任务

任务一　犬的分类

目前，世界上公认的犬品种有 400 多个，其形态、血统较为复杂，部分犬有多种用途。犬的分类主要有以下四种方法。

一、按犬的体形分类

通常，人们按犬的体形大小将犬分为 5 类。

1. 超小型犬

超小型犬体重不超过 4 kg，体高不超过 25 cm。由于体形小，可放入袖内或口袋内，故有“袖犬”“口袋犬”“珍宝箱犬”之称。代表型犬种有吉娃娃犬、约克夏㹴犬、博美犬、玩具贵宾犬、马尔济斯犬等。

2. 小型犬

小型犬体重不超过 10 kg，体高不超过 40 cm。此类犬具有开朗的性格和悦目的外貌，但警戒心较强，吠声较大。代表型犬种有西施犬、京巴犬、巴哥犬、腊肠犬、迷你雪纳瑞犬、日本狐狸犬、喜乐蒂牧羊犬、美国可卡犬等。

3. 中型犬

中型犬体重 11～30 kg，体高 41～60 cm。由于个体略大，活动范围广，多用作家庭玩赏犬、猎犬，少数可作警犬、军犬。代表型犬种有松狮犬、沙皮犬、惠比特犬、巴吉度犬、史宾格犬等。

4. 大型犬

大型犬体重 31～40 kg，体高 61～70 cm。因个性较强，用途广泛，可用作军犬、警犬、猎犬、看家犬、导盲犬、牧羊犬等。代表型犬种有德国牧羊犬、杜宾犬、拉布拉多猎犬、金毛寻回猎犬、大麦町犬等。

5. 超大型犬

超大型犬体重在 41 kg 以上，体高在 71 cm 以上。拥有魁梧的身躯、威武的外貌，常担任看家、护卫、狩猎、拖运等工作。代表型犬种有圣伯纳犬、大丹犬、大白熊犬、藏獒、高加索犬等。

二、按犬的用途分类

通常，人们按犬的用途将犬分为 6 类。

1. 工作犬

工作犬是指从事狩猎以外各种劳动作业的犬类。这类犬一般担任护卫、导盲、牧畜、侦破等工作。工作犬体形较大，比其他犬类机敏、聪明，具有惊人的判断力和独立解决困难的能力，因而对人类贡献最大。代表型品种有德国牧羊犬、拉布拉多猎犬、金毛寻回猎犬等。

2. 狩猎犬

狩猎犬主要是指用于狩猎作业的犬类，又称为猎犬。这类犬体形大小不等，但都机警，视觉、嗅觉敏锐，善于发现猎物的踪迹，具有温和、稳健的气质。代表型品种有巴吉度犬、比格犬、惠比特犬等。

3. 枪猎犬

枪猎犬是指用于猎鸟的犬类，多数从狩猎犬演变而来。枪猎犬一般体形较小，性格机警、温顺、友善，能从隐蔽处追逐出鸟供猎人射击，有的更能通过头、身躯、尾巴的连线指示鸟的位置。代表型品种有德国短毛波音达犬、英国指示犬等。

4. 㹴犬

这类犬善于挖掘地穴，猎取栖于土中或洞穴中的野兽，多用于捕獾、狐、水獭、兔、鼠等，因多数是捕鼠高手，又称为“鼠犬”。㹴犬现已演变为漂亮的玩赏犬而遍布全球，比较著名的有约克夏㹴犬、雪纳瑞犬、波士顿㹴犬等。

5. 玩赏犬

玩赏犬是指专门作为家庭饲养的小型室内犬，有“犬中小孩”之称。此类犬体态娇小，容姿优美，举止优雅，被毛华美，可增加人们生活的情趣。代表型品种有京巴犬、蝴蝶犬、吉娃娃犬、玩具贵宾犬、博美犬等。

6. 家庭犬

家庭犬是适于家庭饲养的一类犬，对主人忠心，热情，活泼好动，待人亲切，能给人们增添许多生活的乐趣，适于独居者或老人饲养。代表型品种有贵宾犬、日本狐狸犬、西施犬、松狮犬等。

三、AKC分类

世界上第一个养犬俱乐部(KC)于1873年在英国成立。此后，美国犬业俱乐部(American Kennel Club，AKC)于1884年成立(图2-1)。AKC是致力于纯种犬事业的非营利组织，由美国各地530多个独立的养犬俱乐部组成。此外，约有3 800个附属俱乐部参与AKC活动，使用AKC的章程开展犬展览活动，执行有关事项、教育计划，举办培训班和健康诊疗。AKC每年记录130多万只犬的亲代情况，但不参与犬的买卖，因而不能保证注册犬的健康和品种质量。

图2-1 AKC标志

AKC的犬种分组法是世界上广为接受的一种分类方法，该方法依据犬被人类最初所利用的领域将犬分为7个组别。

1. 枪猎犬组(Sporting Group)

19世纪的英国，打猎是非常流行的贵族运动，跟人们一起享受狩猎乐趣的犬就称为运动犬，也称为枪猎犬。当时人类已经发明了枪支，枪猎犬已经不再需要追逐捕杀猎物。枪猎犬家族种类很多，如指示猎犬类，主要工作是利用敏锐的嗅觉和听觉，帮人们发现猎物的位置，并且把情报反馈给猎人；激飞猎犬类，主要任务是追赶驱逐猎物，让野鸭、野兔受惊逃窜，以便猎人射击。枪猎犬具有活泼、温顺、亲和力强的特点，很容易受到人们的宠爱，如拉布拉多猎犬、金毛寻回猎犬、美国可卡犬，都是枪猎犬成员。

2. 狩猎犬组(Hound Group)

犬最早协助人类完成的工作就是狩猎，很多狩猎犬都是非常古老的犬种，是枪猎犬的祖先。在人类发明猎枪之后，很多狩猎犬转变成为枪猎犬。狩猎犬种类非常多，可以用敏锐的嗅觉追踪猎物，杀死猎物，也会挖洞。很多狩猎犬作为宠物进行饲养的难度比较大，因为最初它们的任务都是帮助人类捕杀凶猛的狼、熊、麋鹿等大型动物，需要的空间、运动和训练都较多。例如阿富汗猎犬、灵缇犬、腊肠犬、比格犬等，都属于奔跑速度快、杀伤力强的犬种。

3. 工作犬组(Working Group)

工作犬组是目前对人类贡献最大的一个犬组，通常它们的体形都比较大，要帮助人类完成各种“不可能的任务”，如当警卫、拉雪橇、导盲、缉毒、搜索、救援等任务。大部分工作犬是人类长期选育后诞生的，如拳师犬、杜宾犬、圣伯纳犬、雪橇犬、纽芬兰犬等都属于服从性和工作能力强的犬种。虽然工作犬智商都很高，但它们更适合有丰富经验的主人饲养，因为体形较大的犬必须经过良好的训练才能成为人类的好伙伴，否则很难控制。

4. 㹴犬组(Terrier Group)

Terrier在拉丁文中有“土地”的意思，所以不难分析，本组犬大部分犬都是挖洞高手。除广受欢迎的迷你雪纳瑞犬外，大多数㹴犬都起源于英国，拥有勇敢、活泼的性格，坚硬的被毛，较小的体形，较大的牙齿以及极强的好奇心。这些特征是因为人类利用它们来捕杀狐狸、老鼠、臭鼬、黄鼠狼等小型野兽而形成的。例如猎狐犬，从名字上就能得知，是专门用来猎捕狐狸的犬种,还有现在非常流行的西高地白㹴和约克夏㹴,也用来捕捉老鼠。

5. 玩具犬组(Toy Group)

玩具犬是最受女性欢迎的犬组,不但体形娇小,性格温顺,还长着一张或甜美或滑稽的面孔,而且非常会讨好主人,经常逗得主人开怀大笑。早期人们利用玩具犬的天性,帮助主人完成狩猎、牧羊等各种工作,对人类很有帮助。虽然体形较小的玩具犬不能胜任狩猎,但人类依然选择养育玩具犬,因为它们体形小,需要的食物较少,饲养容易,也可以帮助主人取暖。现在玩具犬可以成为人类非常好的情感伴侣,满足人类精神需要,很多工作犬在“失业”后被小型化,改良成为玩具犬。如现在非常流行的博美犬、玩具贵宾犬都是由体形较大的犬改良而来的。

6. 家庭犬组(Non-Sporting Group)

家庭犬组也称为伴侣犬组,是种类比较多元化的组别,通常很多外来犬种,无法按照常规方法分类,都被列入家庭犬组。家庭犬组是一个来自五湖四海的大家庭,包括不属于其他六大类的犬只,如西施犬、卷毛比熊犬、斗牛犬、松狮犬、大麦町犬、贵宾犬、沙皮犬等都被列入家庭犬组范围。

7. 牧羊犬组(Herding Group)

1983 年 AKC 分类才建立牧羊犬组,该组是一个新组别,基本是由工作犬派生的组别。牧羊犬拥有高智商和敏锐洞察力,有控制其他动物的欲望,有与生俱来的放牧本领,到现在牧羊犬依然帮助人类放牧牛、羊、鸡、鸭等各种畜禽。

四、FCI 分类

国际犬业联盟(Federation Cynologique Internationale,FCI)(图 2-2),也称为世界犬业协会或国际畜犬联盟,成立于 1911 年,最初由比利时、法国、德国、奥地利、荷兰等五国联合创立,是世界上最大的犬组织。

图 2-2 FCI 标志

目前,FCI 承认世界上 337 个品种的犬类,并将其所有认可的纯种犬分为 11 个组,其中各小组又按产地和用途划分出不同的类别。作为犬界领军组织,FCI 致力于发展繁殖优良的纯种犬,并完善出一套规范合理的纯种犬管理繁殖理念,将纯种犬的管理和繁殖更加系统化、优越化。目前中国唯一得到 FCI 授权合作伙伴关系的单位为中国光彩事业促进会犬业协会(China Kennel Union,CKU)。FCI 比赛犬种分组如下:

1. 牧羊犬和牧牛犬(不含瑞士高山牧牛犬)组(13 个)

比利时牧羊犬、长须牧羊犬、边境牧羊犬、苏格兰牧羊犬、短毛牧羊犬、喜乐蒂牧羊犬、卡迪根威尔士柯基犬、彭布罗克威尔士柯基犬、波利犬、可蒙犬、德国牧羊犬、古代英国牧羊犬、弗兰德斯牧羊犬。

2. 宾莎犬、雪纳瑞犬、獒犬、瑞士山地犬和瑞士牧牛犬组(23 个)

杜宾犬、迷你宾莎犬、猴面宾莎犬、巨型雪纳瑞犬、雪纳瑞犬、迷你雪纳瑞犬、阿根廷杜高犬、沙皮犬、德国拳师犬、大丹犬、罗威纳犬、法国波尔多獒犬、斗牛犬、斗牛獒犬、獒犬、那不勒斯獒犬、比利牛斯山地犬(大白熊)、圣伯纳犬、西藏獒犬、伯恩山犬、高加索牧羊犬、纽芬兰犬、意大利凯因克尔索犬。

3. 㹴犬组(19 个)

万能㹴、贝灵顿㹴、平毛猎狐㹴、刚毛猎狐㹴、湖畔㹴、曼彻斯特㹴、威尔士㹴、爱尔兰㹴、凯利蓝㹴、凯安㹴、苏格兰㹴、西里汉姆㹴、西高地白㹴、牛头㹴、澳洲丝毛㹴、约克夏㹴、爱尔兰软毛麦色㹴、斯凯㹴、美国斯塔福德郡㹴。

4. 猎獾犬组(1 个)

腊肠犬。

5. 尖嘴犬和原始犬组(11 个)

萨摩耶犬、阿拉斯加雪橇犬、西伯利亚哈士奇犬、德国狐狸犬(博美)、秋田犬、美系秋田、日本狐狸犬(银狐)、柴犬、墨西哥无毛犬、巴辛吉犬、松狮犬。

6. 嗅觉猎犬及相关犬组(6 个)

寻血猎犬、哈利犬、短腿猎犬(巴吉度)、比格犬、大麦町犬、罗德西亚脊背犬。

7. 短毛大猎犬组(5 个)

德国短毛指示犬、魏玛猎犬、匈牙利短毛指示犬、英国指示犬、爱尔兰红色蹲猎犬。

8. 寻回猎犬、搜寻犬和水猎犬(7 个)

平毛寻回猎犬、拉布拉多寻回猎犬、金毛寻回猎犬、英国可卡犬、英国史宾格猎犬、威尔士史宾格猎犬、美国可卡犬。

9. 伴侣犬和玩具犬组(16 个)

马尔济斯犬、贵宾犬、中国冠毛犬、查尔斯王骑士猎犬、北京犬、日本种犬、蝴蝶犬、法国斗牛犬、巴哥犬、卷毛比熊犬、拉萨犬、西施犬、西藏㹴犬、西藏猎犬、吉娃娃犬、波士顿㹴犬。

10. 灵缇组(6 个)

阿富汗猎犬、苏俄猎狼犬、爱尔兰猎狼犬、意大利灵缇、萨卢基猎犬、惠比特犬。

11. 非 FCI 犬种组(5 个)

重庆犬、陕西细犬、唐狗、莱州红犬、川东猎犬。

任务二　猫的分类

国际爱猫联合会(The Cat Fanciers' Association,CFA)(图 2-3)成立于 1906 年,是一个于美国登记的非营利性团体。起初 CFA 是一个小组织,发展至今已经成为全球拥有最多纯种猫注册的机构,每年在世界各地举办猫展 400 多次,参展猫品种达 30 多种。

人类驯养猫的时间很长,但对猫品种改良工作做得较少。目前分布在世界各地的猫,与其祖先相比，在体重及体长方面没有太大变化，猫的繁育及进化在很大程度上未受控制，已经确认的猫品种超过 100 种。目前，猫品种分类有以下 3 种方法。

图 2-3　CFA 标志

一、按生存环境分类

1. 家猫

家猫是指经过人类驯化后饲养的猫，它们不会太过依赖人类，仍具有独立生存本能。

2. 野猫

野猫的祖先，生活在沙漠、山林等野外环境中，历史上最早出现猫的踪影在 1 200 万年前。

二、按品种培育分类

1. 纯种猫

纯种猫是指经过数年、数代时间，由人类精心培育而成的猫品种。这类猫严格控制其繁殖程序，避免出现品种退化，遗传特性稳定，小猫与父母猫之间具有相似特性，每只猫都有血统记录，包括性别品种、体态特征及祖先等。

2. 杂种猫

杂种猫是指未受人为控制，自行繁衍的品种。这类猫遗传特性不稳定，同窝小猫中，也常会出现不同的毛色。

三、按毛长短分类

猫的分类和品种介绍

猫的被毛具有显著的品种特征，纯种猫按被毛的长度分为长毛猫、短毛猫和无毛猫。

1. 长毛猫

长毛猫被毛非常茂密，能使猫的体形看起来增大一倍，底层被毛是猫体形扩大的主要原因。长毛猫在春季和秋季会大量脱毛，使外貌发生较大变化。

长毛猫脸形分为圆脸、楔形脸或介于两者之间。圆脸长毛猫头圆而结实，顶宽，双颊圆而饱满，耳小，尖端呈圆形，耳间距宽，耳位低，鼻短宽，鼻梁凹陷；楔形脸长毛猫，两耳间距宽，呈直线向鼻口部变窄，侧看脸形突出，鼻长且直，耳大而尖；介于两者之间的长毛猫，头长中等，比例恰当，侧看脸形呈直线或稍有凹陷，耳大而尖，间距宽，高高位于头上。脸形通常与体形有关，圆脸猫体形矮胖，楔形脸猫体形较修长，脸形在一年之中也有变化，尤其是脱毛期或丰毛期明显不同。常见长毛猫品种有缅因猫、布偶猫、喜马拉雅猫、波斯猫及索马里猫等。

2. 短毛猫

短毛猫被毛较短，能清楚看到毛皮下的肌肉线条。短毛猫在外观和毛皮质地上不相同，可能被毛短而光亮，紧贴身体，也可能身体各处被毛长短不一，被毛质地有细腻和粗糙、厚密和松软、平直和卷曲之分。

短毛猫的脸形分为圆脸、楔形脸或是介于两者之间。圆脸短毛猫脸呈圆形，双颊饱满，头顶很宽，鼻宽而短直，侧看前额呈圆形，鼻梁略凹，耳小，间距宽，耳尖呈圆形；楔形脸短毛猫脸形细长典雅，鼻口部明显变窄，侧看时脸呈直线形，长鼻无凹陷，耳大而尖，耳根宽；介于两者之间的短毛猫的头比例适中，头顶略宽，并逐渐变成稍呈圆形的三角形，鼻梁略凹陷，耳中等偏大，耳根宽。常见短毛猫品种有暹罗猫、美国短毛猫、日本短尾猫、俄罗斯蓝猫、异国短毛猫、阿比西尼亚猫及苏格兰塌耳猫等。

3. 无毛猫

无毛猫全身无毛或毛较少，在身体某些特殊部位有绒毛分布。如加拿大无毛猫全身被有一层绒毛，尤其是脸、耳、脚和尾巴上绒毛较多。

当然，还有一些不常用的分类方法，如按眼睛颜色、被毛颜色进行分类。我国常用毛色特征给猫分类，如白猫、黑猫、狸花猫等。猫的命名很有诗意，如"锦上添花"，指全身为黑、黄、白、灰色，这些毛色中又分散其他毛色花片；"龙凤恋"，指除头面是一种清晰的毛色外，其他部位全是如花纹缠绕的毛色。

任务三 犬的品种

一、常见超小型犬品种

1. 吉娃娃犬(Chihuahua)

图 2-4 吉娃娃犬

吉娃娃犬(图 2-4)，原产于墨西哥，体高 16～22 cm，体重 0.5～2.7 kg，AKC 分类属于玩具犬组。吉娃娃犬有长毛种和短毛种两种类型。

吉娃娃犬头部为圆拱形的苹果头颅，有囟门；眼圆而不突，间距大；耳大，直立，与头部中心线成 45°开张；口吻短，略尖，双颊及下腭瘦削，鼻色与毛色相协调；牙齿呈剪状咬合。颈部稍呈拱形，身体比例为长方形，背线水平，身体结实有力。四肢强健、坚固，距离适当，前肢骨骼纤细，垂直；后肢大腿肌肉发达，伸展良好，稳固强健；趾小巧精致，卵圆形，肉垫发育良好。尾巴长度适中，形成镰刀状向上或向外，或在背上形成圈状，同时尾尖刚好触背。被毛有短毛与长毛之分，短毛型质地柔软，细致紧密，光滑而有光泽；长毛型质地柔软，平直或轻微卷曲，双耳有饰毛，尾部饰毛丰富呈羽状。毛色可认同任何颜色，单一色或间有斑块。

2. 博美犬(Pomeranian)

博美犬(图 2-5)，原产于德国，体高 18～25 cm，体重 1.3～3.5 kg，AKC 分类属于玩具犬组。

博美犬是北方雪橇犬家族中体形最小的一种，与萨摩犬、松狮犬、挪威猎麋犬都有亲缘关系，属于工作犬或看护犬。到欧洲文艺复兴时期，博美犬才成为适合家庭的伴侣犬，但是博美犬因具有原始的天性，仍然具有看护家院的本领。

图 2-5　博美犬

博美犬面部酷似狐狸，呈楔形，头盖骨略圆；口吻短直，鼻镜呈黑色；眼睛色深、明亮、中等大小，杏仁状；耳小，直立；牙齿呈剪状咬合。颈部短，与肩部连接紧密，使头能高高昂起。背短，背线水平，身躯紧凑，肩胛的长度与上臂相等，肩靠后，使颈部和头高高昂起；肋骨扩张良好，胸深与肘部齐平；腰细而轻；腹部适当收缩。前腿直且相互平行，腕部直且结实，脚趾紧凑，脚掌向前呈猫足状，狼趾可切除；后肢大腿肌肉适度发达，后膝关节适度倾斜，轮廓清晰，飞节较短；足爪呈拱形，紧凑。尾根高，翻卷在后背中间。毛色主要有红棕色、黑色和白色三种单一毛色，以红棕色最为多见。双层被毛，外层毛长、直、光亮而且质地粗硬，内层毛柔软而浓密，颈部、肩前和前胸被毛浓密，前肢饰毛延伸到腕部，尾巴上布满呈羽状的长而粗硬的被毛。

博美犬性格外向、活泼调皮，步态庄重、流畅、轻松，是非常优秀的伴侣犬，也是很有竞争力的比赛犬，具有警惕的性格、聪明的表情。

3. 马尔济斯犬(Maltese Dog)

马尔济斯犬(图 2-6)原产于马耳他岛，又名马耳他犬，属玩赏犬类，体高为 20～25 cm，体重 1.8～2.7 kg，以其端庄高雅的姿态深受人们的娇宠。

图 2-6　马尔济斯犬

马尔济斯犬头部与体形大小相比，长度适中，颅顶部略呈圆形，额鼻阶适度；耳朵下垂，耳位较低，有大量长毛形成耳缘饰毛，毛下垂至头；眼距极宽，眼色极深而呈圆形，其黑色眼边增强了文雅而机敏的表情；口吻长度适中，精巧而逐渐收缩但不显长吻状；牙齿呈钳状咬合或剪状咬合。颈部中等长。身体长而窄，胸部宽。前肢短且有饰毛，纤细，后肢力强，大腿肌肉发达；足掌被毛覆盖，肉趾为黑色较好。尾有长羽状饰毛，优美地卷于背上，尾尖向体侧超过 1/4。单层被毛，不脱毛，被毛长、平而呈丝状，向体侧下垂及地，头部长毛可用头饰扎住或任其下垂。毛色以纯白最名贵，允许耳部有淡黄褐色或柠檬色，毛质光滑，为绢丝状长毛。外形优雅，感情丰富，体形极小，活泼聪明，勇气十足，性格温顺，是儿童和妇女的伴侣犬。

4. 蝴蝶犬(Papillon)

蝴蝶犬(图 2-7)，原产于西班牙，体高 20～25 cm，体重 2.0～3.5 kg，AKC 分类属于玩具犬组。

蝴蝶犬为狐狸脸型，头颅宽度中等，略呈圆拱形；吻尖长为头长的 1/3 左右，鼻镜呈黑色；

图 2-7 蝴蝶犬

眼睛圆，中等大小，色暗，不外突；耳朵直立，耳饰毛丰富；唇紧、薄，牙齿为剪状咬合。颈部长度中等，较清秀，背线直而且平。胸深中等，肋骨扩张良好，腹部向上收。前肢直，骨骼纤细；后肢发达，有适当的角度；足爪细而长，呈野兔爪型。尾巴长，尾根位置高，反搭在背上，尾巴上长有长而飘逸的饰毛，毛量丰富。胸部长有丰富的饰毛，头部、口吻部、前肢正面和后肢从足爪到飞节部分的毛发紧而短，前腿背面长有饰毛，至腕处减少，耳边缘长有漂亮的饰毛。理想的颜色是白色加其他颜色的斑纹，头部必须是除白色外的其他颜色覆盖两耳，并且延伸到眼睛，中间不断开，鼻梁到额为白色。

5. 约克夏㹴犬(Yorkshire Terrier)

约克夏㹴犬(图 2-8)原产于英国东北部约克郡，又称约瑟犬、约瑟㹴，别名洋娅，属玩赏犬种，肩高约 23 cm，体重不超过 3.2 kg，身材娇小，被毛光彩夺目，被喻为“移动的蓝宝石”，善于捕鼠。

图 2-8 约克夏㹴犬

约克夏㹴犬头部小而且顶部较平，头颅不能突起或拱起。耳朵小，呈“V”字形，耳根相当高，为直立耳，两耳间距不大。眼睛中等大小，不突出，颜色深而明亮，透出锐利而聪慧的目光，眼圈颜色深。口吻长，剪状咬合或钳式咬合，不是突出式咬合，牙齿结实。身躯紧凑且结实，颈部伸展自然，背部平坦，腰部发育良好，胸部适度扩张，尾巴未剪短，毛多、尾端的毛发颜色要比其他部位更暗。四肢直，有丰厚的被毛覆盖，前腿上的黄褐色毛不会延伸超过肘部，后腿上的黄褐色毛不会过膝关节，脚爪圆，指甲呈黑色。约克夏㹴被毛长且非常细，没有任何波浪状，如同泛着深蓝色金属光泽的丝斗篷，它的前额到胸部呈现出金茶色，更显高贵。幼犬在出生时毛色为黑色和棕色，成年犬在头部和腿部有大量的棕色是很重要的。性格温和、精致、热情、活泼，感觉敏锐，仍保留小猎犬的性格，对环境变化敏感。为保持美观，应经常整理梳洗被毛，可以将被毛长适度修剪到刚好垂地；头顶的毛发可以梳到中间结起来，或从中间分开，向两边梳，并结成两个髻。该犬种适宜公寓饲养。

二、常见小型犬品种

1. 贵宾犬(Poodle)

贵宾犬(图 2-9)，原产于法国，又称贵妇犬、蒲尔犬、蒲多犬。法语名称“Caniche”，意为“水鸭子”;德语名称“Pudel”,意为“犬创式游泳”;英语名“Poodle",意为“溅水”。这些名称都来源于最早用途,因为很早以前人类利用贵宾犬在沼泽地带猎获小动物。该犬常被修剪成各种造型,在法国备受宠爱,尊为“国犬”。AKC 分类属于玩具犬组。体形有 3 种:玩具型体高小于 28 cm、体重小于 4 kg;迷你型体高小于 38 cm、体重小于 12 kg;标准型体高大于 38 cm、体重大于 12 kg。

图 2-9　贵宾犬

贵宾犬头小而圆,颅骨呈圆形;吻长不尖,直纤细,吻长为头长的 1/2,鼻镜黑;眼睛椭圆形,色黑;耳朵下垂,紧贴头部,耳根位置稍低于眼睛的水平线,耳郭长而宽;牙齿呈剪状咬合,颈部比例匀称,结实、修长,显出其高贵、尊严的品质,喉部的皮毛很软。胸部宽阔舒展,肋骨富有弹性;腰短而宽,结实、健壮,肌肉匀称;背线水平,从肩胛骨的最高点到尾巴的根部不倾斜也不呈拱形,肩后有一个微小的凹陷。前肢直,位于肩的正下方,正看平行;后肢膝关节健壮、结实,曲度合适,股骨和胫骨长度相当,跗关节到脚跟距离较短,且垂直于地面;足较小,形状呈卵状,肉垫厚、结实。尾巴直,位置高并且向上翘,通常截尾后留 2～3 节尾椎。被毛呈羊毛状,有两种毛型,粗毛自然、质地粗糙,软毛紧凑、平滑,胸部、身体、头部和耳朵等部位的毛较长。毛色多为单色,毛色均匀,有纯白色、黑色、香槟色和红棕色,同一种颜色也会有不同深浅,通常是耳朵和颈部毛色深一些。

2. 迷你雪纳瑞犬(Miniature Schnauzer)

迷你雪纳瑞犬(图 2-10),原产于德国,体高 30～35 cm,体重 4～7 kg。AKC 分类属于㹴犬组。

图 2-10　迷你雪纳瑞犬

迷你雪纳瑞犬头部结实,呈矩形,面颊部咬合肌发达;眼中等大小,深褐色,卵圆形,眉毛浓密;耳位置高,中等厚度,呈“V”字形,向前折叠,内侧边缘贴近面颊,一般要做立耳手术;口吻结实,末端呈钝楔形,胡须浓密;鼻镜大,黑色,唇黑;牙齿呈剪状咬合。颈部结实,中等粗细和长度,呈优雅的弧线形,与肩部结合简洁。身躯紧凑,结实;胸部宽度适中,肋骨扩张良好,横断面呈卵形;背线从第一节脊椎到臀部略微向下倾,并略呈弧形;腰部发育良好,从最后一根肋骨到臀部的距离很短;臀部丰满、略圆。前肢笔直无弯曲,垂直于地面,两腿适度分开;后肢大腿肌肉非常发达,后膝关节角度合适,飞节短;足爪小、紧凑而圆,脚垫厚实,指甲黑色。尾根位置稍高,向上竖立,需断尾,保留 2 节尾椎。双层被毛,外层刚毛紧密、粗硬、浓密、不平滑,内层毛柔软、平顺。毛色有椒盐色和纯黑色两种。典型的椒盐色是灰色底毛中混合了黑色和白色毛发,椒盐色毛发在眉毛、胡须、面颊、喉咙下面、胸部、尾巴下面、腿下部、身体下面和腿的内侧淡至浅灰色或银白色；理想的纯黑色是真正的纯色，没有褪色、变色。

3. 巴哥犬(Pug)

巴哥犬(图 2-11)，原产于中国，体高 25～30 cm，体重 6～8 kg，AKC 分类属于玩具犬组。

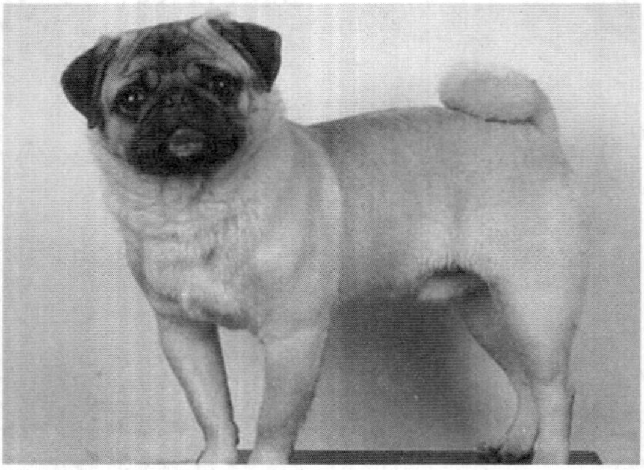
图 2-11 巴哥犬

巴哥犬头大、粗壮，苹果头，额部皱纹大而深；眼大，色深，稍突；耳薄、小、软，黑色，触感如天鹅绒，有玫瑰耳或纽扣耳两种耳形；口吻短、钝、宽，不上翘；咬合应是轻微的下颌突出式咬合。颈部呈轻微的拱形，粗壮，其长度使头能高傲地昂起。身体短而胖，体高与体长相当，体躯呈正方形；胸宽，肋骨扩张良好；背短，背线水平；腹部稍收。前肢粗壮、平行，直，长度适中，腕部结实；后肢粗壮、平行，大腿和臀部丰满，膝关节角度适中，飞节垂直于地面；足爪椭圆形，脚趾适当分开，黑色趾甲。尾根高，尽可能卷在臀部以上，双重卷曲则更理想。被毛短、柔软、美观而平滑，有光泽；毛色有银色、杏黄色或黑色等，其中面部、口吻、耳朵的颜色应是黑色。

4. 比熊犬(Bichon frise)

比熊犬(图 2-12)原产于地中海地区，又名巴比熊犬、卷毛比熊，体高 20～30 cm，体重 3～5 kg。敏感、顽皮、愉快是这个犬种的特点。卷曲在背后的尾巴和好奇的眼神能体现出该犬种欢快的气质。

比熊犬头与身体比例匀称，头盖较平坦，但顶毛部分较圆。头盖比口吻长，口吻粗细适中。鼻突黑色，牙齿呈剪状咬合。眼睛稍圆而不突出，呈黑色或深褐色，正对前方。眼睛周围有黑色或深褐色皮肤环绕(眼圈)。眼圈本身必须是黑色。耳朵下垂，隐藏在长而流动的毛发中，耳郭的长度能延伸到口吻的中间。耳朵的位置略高于眼睛所在的水平线，并且位置比较靠前。颈长约为体长的 1/3，昂起，平滑地融入肩胛。背线水平，腰部直、肌肉发达。胸部相当发达，

图 2-12 比熊犬

宽度能允许前肢自由而无拘束地运动，胸部最低点至少能延伸到肘部，前胸非常明显，且比肩关节略向前突出一点。下腹曲线适度上提。前肢前臂和腕部既不呈拱形，也不弯曲，后肢适度弯曲，从飞节到足部完全垂直于地面。足部紧而圆，猫形趾，脚垫为黑色。尾巴的位置与背线齐平，温和地卷在背后，所以尾巴上的毛发靠在背后。底毛柔软而浓厚，外层被毛粗硬且卷曲，富有弹性。经过沐浴和拉直后，被毛站立在身躯上，蓬松、有立体感。颜色为白色，在耳朵周围或身躯上有浅黄色、奶酪色或

杏色阴影。

5. 西施犬(Shih Tzu)

西施犬(图 2-13),原产于中国,体高 25～30 cm,体重 4～7 kg,AKC 分类属于玩具犬组。

西施犬头部宽,呈圆拱形;眼大而圆,不外突,色深,眼间开阔;耳朵大而下垂,耳根低;口吻宽、短,无皱纹,上唇不能低于下眼角,鼻镜、嘴唇、眼圈黑色;牙齿呈下腭突出式咬合,闭唇时不可见舌。颈部与肩的结合流畅平滑,与肩高和身长相称,背线平;身躯短而结实,体长略大于肩高;胸部宽而深,肋骨扩张良好,胸部的深度刚好达到肘部的位置,从肘部到马肩隆的高度略大于从肘部到地面的距离。前肢直,骨骼良好,肌肉发达,腕部强壮而垂直;后肢发达,与前肢成一线,膝关节适当弯曲,飞节低;脚垫发达,脚尖向前。尾根位置高,饰毛丰厚,呈菊花型翻卷在背后。被毛华丽,双层毛,浓密,毛长而平滑,允许有轻微波状起伏;毛色允许有任何颜色,但通常其两耳、肩部、臀部的颜色稍深。

图 2-13　西施犬

三、常见中大型犬品种

1. 萨摩耶犬(Samoyed)

萨摩耶犬(图 2-14),原产于俄罗斯,体高 55～60 cm,体重 25～35 kg,AKC 分类属于工作犬组。

萨摩耶犬头部呈楔形,顶略凸;口吻中等长度,向鼻镜方向略呈锥形,鼻镜黑色;唇黑,嘴角略向上翘,形成具有特色的“萨摩式微笑”;耳朵直立,三角形,尖端略圆;眼色深,杏仁状,位置较开;牙齿呈剪状咬合。颈部结实、肌肉发达,骄傲地昂起,立正时在倾斜的肩上支撑着高贵的头部,与肩结合形成优美的拱形。胸深,肋骨从脊柱向外扩张,到两侧变平;腰部结实而略拱,背直;腹部肌肉紧绷,形状良好,与后胸连成优美的曲线(收腹);臀部略斜,丰满。前肢直,彼此平行,脚腕结实而柔韧;后肢发达,后膝关节角度恰当(约与地面呈 45°),不内弯外翻;足爪长而大,稍平,脚趾圆拱,脚垫厚实。尾长度适中,能延伸到飞节,警惕时会卷到后背上或卷向一侧,休息时尾巴自然下垂。双层被毛,内层毛为短、浓密、柔软、絮状、紧贴皮肤的底毛;外层毛为较粗较长的毛发,闪烁着银光,直立在身体表面,不卷曲,颈部和肩部的被

图 2-14　萨摩耶犬

毛形成“围脖”。毛色纯白色最为多见,或白色带较浅的棕色、奶酪色。

2. 西伯利亚雪橇犬(Siberian Husky)

西伯利亚雪橇犬(图 2-15),原产于西伯利亚地区,又称哈士奇,体高 51～60 cm,体重 20～26 kg,AKC 分类属于工作犬组。

西伯利亚雪橇犬头顶稍圆,往眼处渐细,额段明显;眼杏仁状,稍斜,眼色为棕色或蓝色,或两眼颜色不同;耳大小适中,直立三角形,相距较近;口吻宽度适中,逐渐变细,鼻镜与体色相协调(灰色、棕褐色或黑色犬的鼻镜为黑色,古铜色犬的鼻镜为肝色,纯白色犬的鼻镜颜色可能会鲜嫩);牙齿呈剪状咬合。颈长度适中、拱形,犬站立时直立昂起,小跑时颈部伸展,头略微向前伸。胸深,强壮,最深点与肘部齐平;肋骨充分扩张,侧面扁平;背直而强壮,略微呈拱形;腰部收紧,倾斜;臀部以一定的角度从脊椎处倾斜。前肢平行,笔直,肘部接近身体,不向里翻,也不向外翻;后肢距离适中,上半部肌肉发达,有力,膝关节充分弯曲,踝关节距地的位置较低;椭圆形趾,紧密,肉垫紧密,厚实。尾巴像狐狸尾巴,位于背线之下,犬立时尾巴以优美的镰刀形曲线背在背上,举尾时不卷在身体的任何一侧,也不平放在背上。双层被毛,中等长度,内层毛柔软、浓密;外层毛直且光滑。毛色从黑到纯白的所有颜色都可以接受,允许头部有一些其他色斑。

图 2-15　西伯利亚雪橇犬

3. 松狮犬(Chow Chow)

松狮犬(图 2-16),原产于中国,体高 45～51 cm,体重 18～22 kg,AKC 分类属于家庭犬组。

松狮犬头颅骨宽阔平坦,眉间多皱纹;口吻短宽,无皱纹;眼深褐色,深陷,眼距离宽,中等大小,杏仁状;耳小,三角形竖耳,略微前倾,耳尖稍圆,耳间距宽;鼻大、宽,黑鼻(蓝色松狮犬的鼻子可为蓝或暗蓝灰色);舌的表面和边缘是深蓝色,颜色越深越好;牙齿呈剪状咬合。颈部强壮有力,饱满,肌肉发达,呈优美的弧拱。胸宽深,肌肉发达,肋骨闭合紧密,弧度优美;背线平直,强壮,从马肩隆到尾根保持水平;腰部短宽深,肌肉发达强壮;臀部短而宽,尾部和大腿肌肉强壮,与臀部齐平。前肢笔直,骨骼粗壮,两腿平行,分得较开,与宽阔的前胸相称;后肢笔直,膝关节几乎没有角度,接合紧密稳定,尖端正指向后方,飞节强壮,接合紧密结实;足爪圆,紧凑,为标准猫爪,肉垫厚。尾根高,卷起紧贴背部。双层被毛,外层毛杂乱粗糙、平直,内层毛柔软丰富、浓密,特别是头和脖子周围形成一圈浓密的鬃毛。毛色有红(淡金黄色至红褐色)、黑色、蓝色、肉桂色(浅黄色至深肉桂色)和奶油色等 5 种。

图 2-16　松狮犬

4. 拉布拉多猎犬(Labrador Retriever)

拉布拉多猎犬(图 2-17),原产于加拿大纽芬兰岛,体高 55～60 cm,体重 25～30 kg,AKC 分类属于枪猎犬组。

图 2-17　拉布拉多猎犬

拉布拉多猎犬头骨宽阔,额段适中;眼中等大小,眼色与毛色相协调(黑色和黄色犬的眼睛是褐色,巧克力色犬的眼睛呈褐色或淡褐色);耳朵紧贴头部,稍低于头骨而高于眼水平线上;口吻部长短、宽窄适中,鼻色与毛色相协调(黑色或黄色犬的鼻子是黑色,巧克力色犬的鼻子是褐色);牙齿呈剪式咬合。颈部长度适中,肌肉发达,活动灵活,从双肩处强劲升起,呈一适合的拱形。胸部宽窄适中;背部强壮,水平;腰部短宽而健壮;臀部宽阔,肌肉发达。前肢发育良好,骨骼强壮,呈垂直状态;后肢垂直平行,大腿部强壮有力;趾强健而紧凑,适当拱起,肉垫发育良好。形似水獭的圆形身体,尾巴根部粗,朝着尖端渐细,长度中等,不超过跗关节。被毛短而直,非常致密,手感粗硬,有柔软、抵抗恶劣天气的下层被毛,可以防水、防冷和抵挡各种类型的荆棘等破坏物,背部被毛可呈轻微波纹状。被毛颜色有黑色、黄色和巧克力色等单色。黑色必须是单一黑色;黄色可从淡红到淡奶油色,颜色变化部分一般在犬的双耳、背部和体下部;巧克力色可以从浅巧克力色到深巧克力色。

5. 金毛寻回猎犬(Golden Retriever)

金毛寻回猎犬(图 2-18),原产于英国,体高 55～60 cm,体重 25～35 kg,AKC 分类属于枪猎犬组。

金毛寻回猎犬头骨宽,呈轻微拱形;眼中等大小,色深,间距大;耳根高,耳小,下垂,紧贴面颊,耳尖刚好盖住眼睛;鼻黑色或棕黑色;牙齿呈剪状咬合。颈中等长,逐渐融入充分靠后的肩部,显得强健、肌肉发达。胸深,胸骨延伸至肘部;背线强壮,水平,从马肩隆至微倾的臀部;肋骨长、曲率良好,很好地延伸至后躯;腰短、强健,宽而深,轻微收缩;臀部丰满,略下斜。前肢直,骨量充足,不太粗壮,掌部短而强健、略倾;后肢宽,肌肉发达,膝关节充分弯曲,踝关节贴近地面;足爪中等大小,圆而紧凑,趾垫厚。尾根高,尾基部厚实,尾长垂过跗关节,呈水平或适度的上扬曲线。双层被毛,外层被毛硬、有弹性,既不粗糙也不过分柔软,毛直或略呈波浪状;内层毛浓密、柔软,有防水功能;前腿后部和身体下有适度的羽状饰毛,颈前部、大腿后部和尾下侧的羽状饰毛丰厚。毛色呈有光泽的金黄色,羽状饰毛可比其他部位色泽略淡。

图 2-18　金毛寻回猎犬

6. 边境牧羊犬(Border Collie)

边境牧羊犬(图 2-19),原产于以色列,体高 45～50 cm,体重 14～20 kg,AKC 分类属于牧羊犬组。

图 2-19　边境牧羊犬

边境牧羊犬头盖宽阔,眼睛中等大小,间距宽,褐色,卵圆形;耳朵中等大小,间距宽,耳朵半立;口吻略短,鼻镜端略细,鼻镜色与身体主要颜色相协调;牙齿呈剪状咬合。颈部长度恰当,结实且肌肉发达,略拱,向肩部方向逐渐放宽。胸深,宽度适中,肋骨扩张良好;腰部深度适中,肌肉发达,略拱;背线平,腰部后方略拱;臀部向后逐渐倾斜。前肢骨骼发达,彼此平行,脚腕略微倾斜;后肢宽阔,肌肉发达,飞节结实、位置低;足卵形,脚垫深且结实,脚趾适度圆拱,紧凑。尾根位置低,中等长度,延伸到飞节,末端有向上的旋涡。被毛有粗毛和短毛两种,其中粗毛型毛发长度中等,质地平坦,略呈波浪状。毛色多,有各种式样和斑纹,多以黑色为主,白色集中在额头、脖领、腹下、四肢下部和尾尖,有时还杂有褐色斑点。

7. 苏格兰牧羊犬(Scots Collie)

苏格兰牧羊犬(图 2-20),原产于苏格兰,体高 56～66 cm,体重 24～34 kg,AKC 分类属于牧羊犬组。

图 2-20　苏格兰牧羊犬

苏格兰牧羊犬头部呈倾斜的楔形,侧看,从耳朵到鼻镜方向渐细,两个眼内角的中点(止部的中点)正好是整个头部长度的中点;眉骨稍突和枕骨稍突;杏仁形眼,中等大小,呈暗黑(毛色为芸石色的,犬眼为深褐色最理想);耳根位置高,自然状态下耳朵向前折叠,呈半立(警惕时 3/4 部分直立,1/4 耳尖向前折叠);牙齿呈剪状咬合。颈部长度恰当,竖直上举,颈背稍呈圆拱形,肌肉发达,有大量饰毛。身躯肌肉发达,背部水平,臀部倾斜呈圆弧形。前肢直,后肢肌肉发达且非常有力,足爪小,呈卵形,脚垫厚实而坚韧。尾巴能延伸到飞节或更低,休息时尾巴下垂,尾巴尖向上扭曲呈旋涡;兴奋时,不过背线。外层被毛直、粗硬,底毛柔软、浓厚,鬃毛和臀部饰毛丰富。毛色有 3 种:黄白色(二色)是以黄色或驼色(深浅程度从浅金色到暗桃木色不等)为主,带白色斑纹,白色斑纹主要出现在胸部、颈部、腿、足爪、尾巴尖等位置;三色是以黑色为主要色调,与黄白色一样带有白色斑纹,在头部和腿部有茶褐色阴影;芸石色是以白色为主要色调,斑块为芸石色。

8. 德国牧羊犬(German Shepherd Dog)

德国牧羊犬(图 2-21),原产于德国,体高 56～66 cm,体重 30～40 kg,AKC 分类属于牧羊犬组。

德国牧羊犬头部高贵，线条简洁，结实而不粗笨；眼睛中等大小，杏仁形，位置略微倾斜，不突，色深；耳朵略尖，向前直立，理想的姿势是从前面观察，耳朵的中心线相互平行，且垂直于地面；口吻长而结实，牙齿呈剪状咬合。颈部结实，肌肉发达，轮廓鲜明且相对较长，与头部比例协调。体长与身高的理想比例为10∶8.5，由肩部向后倾斜形成自然的流线型；胸深而宽，稍向前突出，肋骨长而扩张良好；腹部稳固，适度上提；臀部长且逐渐倾斜。前肢直，后肢肌肉非常宽且发达有力，后肢狼爪必须切除，足爪短，脚趾紧凑且呈圆拱状，脚垫厚实而稳固，正常站立时后肢飞节向下必须与地面垂直。尾根低，尾毛浓密，尾椎至少延伸到飞节。休息时尾巴笔直下垂，略微弯曲，呈马刀状；兴奋时或运动中，尾巴突起，曲线加强，但不超过背线。中等长度的双层毛，外层毛直而粗硬，略呈波浪状，内层毛浓密而柔软，头部被毛较短，颈部毛长而浓密。毛色多变，大多数毛色都是允许的，多为黄褐色底，黑背。

图 2-21　德国牧羊犬

9. 英国斗牛犬(English Bulldog)

英国斗牛犬(图 2-22)，原产于英国，体高 40～45 cm，体重 22～25 kg，AKC 分类属于家庭犬组。

英国斗牛犬脑袋大，为正方形，头部周长(耳朵前面)至少与肩高相当，前观从下颔最低的角落到脑袋顶点的距离相当长，侧观从鼻镜到后枕骨的距离相当短，前额平；面颊圆，向两侧突出，超过眼睛的范围。止部清晰，在眼睛中间形成凹槽。眼睛位于脑袋上比较低的位置，眼角间的连线与止部呈直角，眼圆，中等大小；耳位高，耳小而薄，典型的"玫瑰耳"("玫瑰耳"是指后面下端边缘向内折叠，前面上端边缘越过去，有部分内耳和边缘显示出来)；鼻镜大而宽，黑色，鼻尖靠后，位于眼睛中间；上唇厚、宽，下垂，位于下颌两侧，在前面与下唇结合，刚好能盖住牙齿；牙齿呈下腭突出式咬合。颈部短粗，颈背深而结实，呈圆拱状；肩胛后方略微塌陷，紧随肩胛之后。身躯宽，侧面丰满，肋骨圆；胸部宽而深，丰满；背部短而结实，肩胛处宽，腰部略窄。尾巴直或呈螺旋状(但不弯曲或卷曲)。直尾呈圆柱状，锥度统一；"螺旋尾"的纠结处弯曲清晰，略显生硬。肩胛肌肉发达，向外倾斜；前肢腿短，结实，肌肉发达，位置分得较开，腓骨发达，足爪位置间距较大；肘部位置低，向外展；足爪中等大小，紧凑而稳固，趾关节高。后腿结实，肌肉发达，比前肢略长，使得腰部高于肩胛；飞节略微弯曲，位置低；下半部后腿短、直而结实，膝关节略向外弯曲，离身躯略远；后足爪向外翻，足爪中等大小，紧凑而稳固。被

图 2-22　英国斗牛犬

毛直、短，平坦而紧密，质地细腻；皮肤柔软而松弛，尤其是头部、颈部和肩胛，头部和脸部覆盖有沉重的皱纹，从下颌到胸部有两层松弛而下垂褶皱形成的赘肉。被毛颜色有红色虎斑（其他颜色虎斑或花斑色）、纯白色、纯红色、驼色或浅褐色。但应注意的是：正确的花斑色比污浊的虎斑色或有缺陷的纯色更可取；不允许纯黑色，允许在花斑色中出现一定量的黑色斑块；虎斑色的理想情况是组成虎斑的颜色精美、连贯、分布均匀，允许虎斑色或纯色在胸部有少量白色；花斑色要求色块明确、清晰，颜色纯净，分布对称。

10. 藏獒（Tibetan Mastiff）

藏獒（图 2-23），原产于中国，公犬体高 69～88 cm、体重 55～70 kg，母犬体高 65～80 cm、体重 45～60 kg，AKC 分类属于工作犬组。

图 2-23 藏獒

藏獒面宽阔，头骨宽大呈正方形，有狮头型、虎头型和小狮头型 3 种；眼中等大小，深邃，呈杏仁状，稍斜；耳中等大小，“V”形，自然下垂，紧贴面部靠前；鼻宽且大，色黑（白色犬鼻镜为深肉红色）；唇突出，厚实，上唇两侧适度下垂；牙齿呈剪式咬合。颈部肌肉丰满，呈拱形，公犬头后颈部围绕着厚厚的直立鬃毛。胸深、粗壮，低于上肘部，身躯长度略大于高度；背部挺直宽阔，肌肉发达，柔韧性好，有稍微下蹲的感觉；背线直，脊背到尾骨呈水平。前肢直立，骨骼肌肉粗大；后肢强壮有力，肌肉发达，后腿和膝盖平行，跗关节强壮，前足猫足，大而健壮结实，趾间有毛，指甲为黑色或白色。尾巴中等长度，不超过踝关节，与背部呈一条直线，自然卷起，警觉时尾巴翘起朝向任何一边。被毛毛型有长毛、中长、短毛 3 种，双层被毛，外层毛相当浓密坚韧，内层毛柔软致密。毛色有铁包金、杏黄、金黄、纯白、纯黑、狼青色 6 种，以铁包金色和黄色最为多见，铁包金色的铁锈色饰斑可能出现在眼睛上方、眼周、咽喉、前腿下及内侧的延伸部位、后腿内侧及后腿膝关节的前方和腿前宽阔的部位、尾下等，总面积不得超过身体面积的 10%。

11. 中国沙皮犬（Chinese Shar Pei）

图 2-24 中国沙皮犬

中国沙皮犬（图 2-24）又名大沥犬、中国斗犬，体高 45.7～50.8 cm，体重 20.4～27.2 kg，是世界上现存数量最少的犬种之一，十分珍贵，属工作犬种，是世界丑犬之一，也是犬家庭中唯一长有深蓝色舌头的独特品种。它因有强韧的被毛，形似打磨用的砂纸而得名。

中国沙皮犬头部肥大而笨拙，前额宽阔，覆盖着大量的皱纹，脑袋平而宽，上部适度发达。嘴部与额部约等长，长度适中，唇宽大、肥厚，为品种独特特征。细眼深凹，眼睛颜色深，显示出愁眉不展的表情。耳极小，较厚，尖端略圆，半挺半垂，耳根位置高，耳距宽，可以活动。颈部丰满，有略显沉重的褶皱；胸部宽而深，胸底至少延伸到肘部；尾部粗而圆，且位置高，尖端细，锥形，卷曲在后背或背部的任意一侧，俗称“铁尺尾”或“辣椒尾”。四肢粗大，肌肉发达，脚趾并拢似虎蹄，俗称“蒜头脚”，跟骨（飞节）短。被毛短粗，顺毛触摸似天鹅绒，但逆向抚摸时则如摸砂纸，俗称“砂纸皮”。沙皮犬带有王者之气，警惕，聪明，威严，镇定而骄傲，显得平静而自信。活泼好动，加上鼻道较短，剧烈运动易缺氧；皮肤皱褶较多，易患疥癣和皮肤病；极易患眼睑内翻症及佝偻症，故应在饲养管理中加以注意。

任务四　猫的品种

一、长毛猫品种

1. 波斯猫(Persian Cat)

波斯猫（图 2-25）可谓猫中贵族，天生一副娇生惯养之态，给人一种华丽、高贵的感觉，历来深受世界各地爱猫人士的宠爱，是长毛猫的代表。

图 2-25　波斯猫

波斯猫头部大而圆，有厚度，头盖宽，两颊鼓起，鼻短而宽塌，从侧面看，额、鼻、吻端位于同一平面；耳小且端圆，微前倾，耳根处敞开，两耳间距宽；眼睛大而圆，稍突出，眼间距适中，匀称，眼色因毛色而定，主要有蓝色、绿色、金色、紫铜色、琥珀色等，也有两眼不同色（称为鸳鸯眼）；体躯为典型肥胖型，全身骨骼粗壮，前后肢同高，肩与臀同高；趾圆大而有力，爪大，足趾间紧凑，前爪足趾为 5 趾，后爪足趾为 4 趾；尾短而圆，与身体长度成比例，尾向背部倾斜，但不抵背部，走路时尾不拖地，尾毛蓬松；被毛长而柔软，蓬松，富有光泽；毛色有单色系、渐变色系、烟色系、斑点色系和混合色系等五大色系，近 90 种毛色。

2. 喜马拉雅猫(Himalayan Cat)

图 2-26　喜马拉雅猫

喜马拉雅猫（图 2-26）在英国又称彩色斑点长毛猫，因其毛色与生长在喜马拉雅地区的喜马拉雅兔的毛色相似而得名。该猫是人工培育的一种长毛型猫，它继承和结合了波斯猫与暹罗猫的优点，既有暹罗猫的蓝眼睛、毛色、斑点和聪明伶俐的性格，又有波斯猫长毛、体形、温顺等特性。

喜马拉雅猫头盖宽大而圆，前额圆，下额圆，整个头部与短而粗的颈部配合协调；鼻短扁而下塌，两颊及颈丰腴，浑圆；耳小，耳端浑圆，耳基部不宽，两耳间距宽；眼大而圆，稍突出，两眼间距略宽，蓝色；典型的短胖形体形，胸深宽。肩同腰宽，肋扩张为浑圆，腹不上收，背短而背线平；四肢粗短而直，骨骼强壮，有力；趾大而圆，有力；尾粗短，与身体比例协调，行走时降至背线下，不拖地；被毛长而密生，不紧贴于体表而立起，毛质柔软如丝，富有光泽，颈背饰毛丰富，趾间饰毛长，尾毛丰富；毛色有海豹毛色、蓝色、巧克力色、紫丁香色、白色、红色等，躯体的面部、耳部、四肢、尾部呈深色。

3. 伯曼猫(Birman Cat)

图 2-27 伯曼猫

伯曼猫(图 2-27)又称巴曼猫、缅甸神猫、缅甸圣猫，相传伯曼猫的祖先原是在古代东南亚一带专门守护寺院，该传说给这种美丽的长毛猫增添了几分神秘的宗教色彩。

该猫头盖坚实，宽而圆，头前部向后方倾斜，稍呈凸状；鼻直，鼻尖稍缓慢下降，略呈鹰钩鼻状；两颊肌肉发达，呈圆形，面部毛短，颊外侧毛长，胡须密；耳大而向前竖立，两端稍浑圆，两耳尖间距宽，耳根间距适中，面额和耳朵都呈颇具特征的“V”形，与头部轮廓十分协调；眼睛大而圆，两眼间距稍宽，眼色为深绿色或宝石蓝色；中等体形，骨骼强壮，胸深宽，腰宽，背平直，腹短圆，腿短体长；四肢粗短，骨骼发达，肌肉结实，有力，前肢直立；趾大而圆，握力大，爪短有力；尾长中等，与身体协调，尾毛浓密；被毛长而厚密，毛质如丝，细密而富有光泽，颈部饰毛长，肩胛部被毛短，胸部至下腹部被毛略呈波纹状，腹部被毛允许少量卷曲；体毛应是无条纹的单色，面部、耳部、四肢、尾部颜色稍深，四爪为白色，如同戴了白手套一样，故有“四蹄踏雪”之称。

4. 土耳其安卡拉猫(Turkish Angora Cat)

图 2-28 土耳其安哥拉猫

土耳其安卡拉猫(图 2-28)又称安卡拉猫，是最古老的长毛猫品种之一，其名字来源于土耳其首都安卡拉。

土耳其安卡拉猫属东方型苗条体形，头长而尖，头盖大，向颊部变细呈楔形，鼻长中等，鼻梁直，无凹陷，额头至鼻尖成直线；耳大直立，耳端尖，基部宽，耳内有长的饰毛；眼大，杏仁形，眼梢稍吊，眼色有蓝色、琥珀色、金黄色、金银色等；躯体大小中等，颈细，背部起伏较大，胸部紧凑而细，腰高，体形优美；四肢高而细，后肢稍高于前肢，趾小而圆，紧凑，足趾间有饰毛；尾长，尾端尖，尾毛蓬松；全身长满中长度被毛，毛质纤细而不缠结，触之如丝绸，富有光泽，允许有少量波浪形；被毛为白色、红色、蓝色、黑色等单色。

5. 巴厘猫(Balinese Cat)

巴厘猫(图 2-29)又称巴厘岛猫、爪哇猫,原产于美国,是暹罗猫血统中自然变异或隐性遗传性状产生的,最初被称为长毛暹罗猫。该猫具有同暹罗猫完全相同的毛色,面部、耳部、四肢、尾部颜色稍深,但被毛比暹罗猫毛长而柔软。

图 2-29　巴厘猫

巴厘猫头长而尖,呈"V"形轮廓,由下颌部起向耳顶端笔直敞开,构成三角形;头盖平坦,头顶部至鼻尖呈直线,鼻梁长而直,不凹陷,下颌顶端呈锐角,保持"V"形;耳大,耳端尖,两耳基部宽;眼睛大小适中,杏仁形,凸出,从内眼角至眼梢的延长线斜向耳的顶端,与"V"形轮廓协调一致,蓝色;身躯苗条、修长,呈流线型,为典型的东方型猫体态;肌肉紧凑,肋骨扩展,胸为圆筒形,腹部上收不卷起,颈部曲线舒展、清晰,与头部结合灵活、典雅;四肢骨骼细长,与圆柱形体形协调,匀称,后肢比前肢高而呈高腰状;趾小,呈紧凑的卵圆形;尾长而细,尾端尖,尾上有丰富的长饰毛,下垂;被毛长而直,贴附于皮肤上,光滑,具有丝绸般光泽,仅有上毛而无下毛(底层毛);毛色为均匀的单色,但在海豹色斑点、蓝色斑点中也允许有少量的金黄色,脸部、耳部、四肢、尾部的斑点应为同一色。

6. 索马里猫(Somali Cat)

索马里猫(图 2-30)原产于非洲索马里,是由纯种的阿比西尼亚猫突变产生出来的长毛猫经过有计划繁殖而形成的品种。该猫性格温和,善解人意,易与人亲近,但畏惧寒冷,冬季应注意保暖。

图 2-30　索马里猫

索马里猫头呈微圆的楔形,眼及面颊呈平缓的曲线形;耳大而且机警灵敏,底部阔而末端较尖削;眼睛大,呈杏仁形,如宝石般闪烁,眼多为绿色、琥珀色、浅褐色等;鼻大小适中,鼻梁至额头位置呈拱形;四肢修长,骨骼纤细;足掌结实,前肢五趾,后肢四趾,爪呈圆形;尾像一把饱满的刷子,底部较厚,末端纤细;被毛中等长度,厚而细致,丝绸般柔软;被毛光泽柔和,CFA(国际爱猫联合会)认可的毛色共有 4 种,分别是淡红色(底毛呈啡色,毛尖为深啡或黑色)、红色(底毛为红色,毛尖为朱古力色)、蓝色(底毛为啡黄色,毛尖为深蓝灰色)、淡黄褐色(底毛为带玫瑰红的啡黄色,毛尖为深棕色)。

7. 布偶猫(Ragdoll cat)

布偶猫(图 2-31),又称布拉多尔猫,布偶猫于 1960 年开始繁育,1965 年在美国获得认可,是现存体形、体重较大的猫之一。

布偶猫头大而呈楔形,头顶扁平,眼睛为深蓝色,吻部呈圆形,短鼻子上略有凹陷,有的脸上有"V"形斑纹,耳朵中等大小,耳距宽并适度向外张开,成为楔形线条的延续。颈粗而短,颈

图 2-31 布偶猫

部被毛较长，属长毛猫类。该猫体形大，身体长，肌肉发达，胸部宽，四肢粗大，尾长，身体柔软，多为三色或双色猫。身形较大的布偶猫有着长而美丽的被毛，大而美丽的蓝色眼睛总是水汪汪的，犹如清澈的湖水。它全身特别松弛柔软，像软绵绵的布偶一样，而极强的忍耐性常被误认为缺乏疼痛感。因为性格温顺而恬静，它对人非常友善，那种温柔而甜美的叫声总让人忍不住想拥它入怀。

二、短毛猫品种

图 2-32 异国短毛猫

1. 异国短毛猫(Exotic Shorthair Cat)

异国短毛猫(图 2-32)又称短毛波斯猫、外来短毛猫、外国异种猫，是由波斯猫和短毛猫杂交培育而成的。该猫体形与波斯猫相似，呈短胖形，性情温文尔雅，少动好静，反应灵敏，善解人意，叫声尖细柔和。

异国短毛猫头大而宽圆，与短而粗的颈部相协调，脸颊丰腴，口吻短宽而强壮有力；耳朵小，耳端浑圆而前倾，耳间距宽；眼睛大而圆，稍凸出，眼间距稍大；体形中等，躯干短胖，胸深，肋扩张呈浑圆，背短而水平；四肢短而粗，结实，前肢直立；趾大而圆，紧握有力；尾短，以与体形相协调为良好，以接近地面为佳；被毛短而密，长度以 5～6 cm 为佳，毛质柔软，光滑而有光泽；被毛有单色、混合色、烟色、渐变色、条纹色等五大类共 30 多种毛色。

2. 英国短毛猫(British Shorthair Cat)

图 2-33 英国短毛猫

英国短毛猫(图 2-33)历史悠久，是经过长期选育，于 19 世纪培育出来的短毛猫品种。该猫性格平静文雅，聪明伶俐，便于饲养，是在西方国家颇受欢迎的伴侣动物。

英国短毛猫头盖宽而圆，面颊丰满，鼻短直，口吻结实有力；耳朵大小中等，顶端浑圆，两耳间距较宽；眼睛圆而大，眼间距宽，眼色有橘黄色、蓝色、怪色等；体形中等，骨骼壮实，颈部粗短，与平坦而宽的肩部相协调，胸宽而浑圆，腰粗圆，肌肉丰满；四肢粗短，强健有力；趾大而圆，紧凑，爪短有力；尾短粗，基部粗，尾端细；被毛短而浓密，富有弹性，紧贴于体表；英国短毛猫毛色有18种，其中以蓝色最受欢迎。

3. 美国短毛猫（American Shorthair Cat）

美国短毛猫（图2-34）体格魁伟，骨骼粗壮，肌肉发达，性情温和，聪明、恋家，喜欢与儿童玩耍，体重4～5 kg，是短毛猫类中的大型品种。1971年该猫被选为美国最优秀的猫种之一。

图2-34　美国短毛猫

美国短毛猫头盖大而圆，两颊丰满浑圆，与头部比例协调；鼻梁直，略有些内凹，于鼻尖处稍向上弯曲，腭紧凑，上唇相对垂直；耳大，略呈圆形，两耳间距离宽；眼睛大而圆，略吊眼梢，眼间距宽；体长中等，体格强健，骨骼粗壮，肌肉发达，胸部浑圆，双肩有力，脊背平直，肢体协调而富有弹性；四肢较长，肌肉结实丰满，骨骼壮实；趾大而圆，肉垫丰厚富有弹性；尾长适度，基部宽，尾端圆钝；被毛短硬而密，毛色有五大类，即单色（蓝色、黑色、红色和淡黄色），渐变色（渐变金色、渐变银白色等），混合毛色（蓝斑和白色混合色、红斑和白色混合色、棕斑和白色混合色等），烟色（蓝色烟色、黑色烟色等），斑纹毛色（蓝斑、红斑、棕斑、银斑、金斑等），其中以银色条纹的猫为最具代表性和名贵。

4. 孟买猫（Bombay Cat）

孟买猫（图2-35）以印度城市孟买而命名，其外貌颇像印度黑豹，故又称“小黑豹”。该猫于1958年在美国用缅甸猫和美国短毛猫杂交而成，性情温和，感情丰富，聪明伶俐，越来越受到人们的欢迎。

图2-35　孟买猫

孟买猫头圆，脸颊丰满而浑圆；鼻长中等，稍有凹陷，鼻镜黑色；耳圆而直立，略前倾，耳间距宽；眼大而圆，眼间距大，眼色为金黄色或紫铜色；体形中等，肌肉发达；四肢强健有力，与身体和尾协调一致；趾圆，紧凑有力，足掌为黑色；尾长中等，笔直，基部粗，尾端稍尖细；被毛短密，有特殊光泽，毛质如丝绸般光滑，手感好；全身被毛均应为漆黑单色，幼猫时毛色允许稍淡一些。

5. 曼岛猫（Manx Cat）

曼岛猫（图2-36）又称曼库斯猫、曼克斯猫、曼岛无尾猫，最显著的特征就是无尾或短尾，其次是圆头、圆嘴、圆眼、圆耳。该猫性情温顺，聪明伶俐，易于训练，步法奇特如兔子跳跃，故又有兔猫之称。

曼岛猫头盖圆，颈部丰满，口吻圆满，中等长度，鼻梁塌；耳大小中等，基部宽，耳端浑圆，耳间距宽，饰毛少；眼睛大而圆，眼梢稍吊；身躯短小，肌腱发达，颈粗腰短，胸宽深，背短，腰比肩高，从肩部到臀部明显呈拱形，腰腹肌肉丰满，臀部圆满，整个体形浑圆似桶形；四肢骨骼强壮，

图 2-36 曼岛猫

前肢短，与宽深胸部比例协调，后肢长；趾圆，结实有力；无尾或短尾；双层被毛，毛短而密，富有弹性，上毛硬而有光泽，下毛厚而柔软如棉，毛色有单色、双色、斑纹、混合色等色系，其中以青色、蓝色、紫色、红色、褐色最为多见。

6. 俄罗斯蓝猫(Russian Shorthair Cat)

俄罗斯蓝猫(图 2-37)别名为“短毛种之贵族”“冬之精灵”，全身浓密而柔软的厚绒毛，触之有天鹅绒般柔滑感觉，并闪动着一种银蓝色光泽，在短毛猫种中独树一帜。该猫生性稳重、安静，动作灵巧，叫声轻柔，能与其他猫相处和睦，易于饲养，颇受人们的喜爱。

图 2-37 俄罗斯蓝猫

俄罗斯蓝猫头盖宽大，头略尖，额角凹陷，鼻长中等，口吻坚实，咬合有力；耳大而薄，耳端稍尖，耳间距宽，耳饰毛少；眼睛呈杏仁形，吊眼梢，眼色绿，眼间距宽；体躯线条柔美，骨骼稍细长，颈细长，肩胛高；四肢细长，与身体比例协调；趾小而圆，足垫呈淡紫色；尾长，并与长体形相协调，尾端尖；被毛短而浓密，双层毛，绒毛厚，毛质柔软，触摸有天鹅绒般柔滑感觉，毛尖呈银色，在光线辉映下闪耀着明亮的蓝色光泽。

7. 埃及猫(Egyptian Cat)

埃及猫(图 2-38)又称埃及神猫，体形优美，肌肉强健，聪明温顺，胆小脆弱，记忆力好，对小孩很有耐心，叫声轻细，可能是世界上最早出现的家猫。

图 2-38 埃及猫

埃及猫头部为稍带圆的楔形，额部至鼻梁微隆起，额、颊丰满，口吻不尖，下颌发达；耳大，耳端稍尖并前倾，耳外侧毛短而密，耳内侧长有饰毛，并向外侧卷曲伸出；眼大，杏仁形，眼梢稍上吊，眼色为淡绿色、玻璃绿或醋栗绿色；身躯中等，体形优美，属纤细东方类型，肌肉强健，尤其颈、肩部肌肉最为发达；四肢较长，后腿高于前肢；趾小，呈卵形；尾长度中等，基部粗，尾端稍细；被毛柔软，光滑而富有光泽，毛色有三种代表色，银色(底色为淡银色，在不规则的银色条纹上有黑斑，鼻、唇、眼边缘均由黑线包围，鼻镜砖红色，足趾间黑色)，古铜色(底色为淡棕色，在不规则的古铜色条纹上有巧克力色斑点，鼻、唇、眼边缘均由棕褐色线包围，鼻镜砖红色，足趾间为黑色或棕褐色)，烟色(底色为深灰色，灰色中带有黑斑，绒毛为银色，鼻、唇、眼边缘由黑线包围，鼻镜为黑色，足趾间黑色)，最典型的埃及猫额头有“M”形花纹，脸颊有细条形花纹，最长一条从外眼角开始沿脸颊往下延伸，至颈部呈细线状，肩部条纹变宽，肩部向后呈斑点状，四肢上有横条纹，喉部和胸部有断成两半的项链花纹。

8. 暹罗猫(Siamese Cat)

暹罗猫(图 2-39)又称泰国猫,最早饲养在泰国皇室和大寺院中,曾一度是外界鲜为人知的宫廷"秘宝"。暹罗猫生性活泼好动,聪明伶俐,动作敏捷,气质高雅,目前已成为最为流行的纯种短毛猫代表。

图 2-39 暹罗猫

暹罗猫头细长呈楔形,头盖平坦,从侧面看,头顶部至鼻尖成直线,脸形尖而呈"V"形,口吻尖突呈锐角,从吻端至耳尖形成"V"形;鼻梁高而直,从鼻端到耳尖恰为等边三角形;两颊瘦削,牙齿为剪式咬合;耳朵大,基部宽,耳端尖,直立;眼睛大小适中,杏仁形,眼色为深蓝或浅绿色,眼角至眼梢的延长线与耳尖构成"V"形,眼微凸;躯体呈典型的东方型苗条体形,骨骼纤细,肌肉结实,从肩部至臀部呈圆筒状,腹部紧凑但不上收,臀部肌肉结实,与肩同宽;四肢细长,与体形协调,前肢比后肢短;趾小,呈椭圆形;尾长而细,尾端尖,略卷曲,长度与后肢相等;被毛极短、细,紧贴体表,毛质光滑而有光泽;毛色为均匀的单色,但允许海豹色斑点,所有特征部位(面部、四肢、耳部、尾部)斑点均为同一色。

9. 东方短毛猫(Oriental Shorthair Cat)

东方短毛猫(图 2-40)又称贵族猫,起源于泰国,与暹罗猫的区别仅仅在于其被毛和眼睛的颜色,1994 年 CFA 正式承认该品种。该猫活泼好动,好奇心强,喜欢攀高跳远、与人嬉戏,对人忠诚,嫉妒心强。

图 2-40 东方短毛猫

东方短毛猫从侧面轮廓看,头骨微微鼓出,吻部细小精致,鼻长中等;耳大,间距宽,耳端尖;眼大小中等,杏仁形,眼梢明显地倾斜,眼色除白色个体眼色为蓝色,其他个体眼色为祖母绿色、黄色或古铜色;身体修长纤细,呈管状,颈修长,腹部狭窄,骨骼细致,肌肉紧实;腿修长,与身体成比例,前腿略比后腿短;爪小,呈椭圆形;尾修长,基部纤细,向尖部逐渐变细;被毛短而浓密,丝质,平服;毛色多,常见的为单色,主要有纯白色、乌黑色、蓝色、巧克力色、淡紫色、芥末色、浅黄褐色等。

10. 阿比西尼亚猫(Abyssinian Cat)

阿比西尼亚猫(图 2-41)原产于阿比西尼亚(今埃塞俄比亚),又称埃塞俄比亚猫,因步态优美,又被誉为芭蕾舞猫。该猫热情可爱,活泼好动,警觉敏捷,善于登高爬树,爱晒太阳和玩水,叫声轻柔悦耳,对主人极富感情,是非常理想的伴侣动物,尤其适合耐心细致、童心未泯的赋闲老者。

阿比西尼亚猫头形精巧,为稍带圆的三角形;鼻梁稍隆,鼻镜呈砖红色,吻短而坚实,为剪式咬合;耳大而直立,基部宽,耳郭边缘很薄,耳端稍尖并前倾,耳毛短而密,耳内长有饰毛;眼

图 2-41　阿比西尼亚猫

大呈杏仁形，略吊眼梢，眼缘黑色，周围为褐色毛覆盖，眼色为绿、黄、淡褐等色；体形中等，体态轻盈，肌肉发达，各部比例匀称协调；四肢细长，脚爪纤巧，与圆形而修长的身材协调一致；趾为小而坚实的卵形，足趾间黑色或茶色，足趾至爪尖都为黑色；尾长而尖，呈锥形，尾根部粗大，尾端的毛尖为巧克力棕色；被毛细密柔软，富有弹性，多呈红黄相间，深浅不一，加上折光作用而形成斑纹，活动时被毛颜色变化微妙，如丝绸般艳丽闪亮，极富魅力；公认的毛色为红褐色和红色两种（红褐色种全身色调为红褐色，毛尖呈黑色或黑褐色；红色种全身色调为砖红色，毛尖呈巧克力色），前胸部、腹部和前肢内侧被毛颜色与整体颜色协调一致，以黄褐色最理想。

三、特殊品种猫

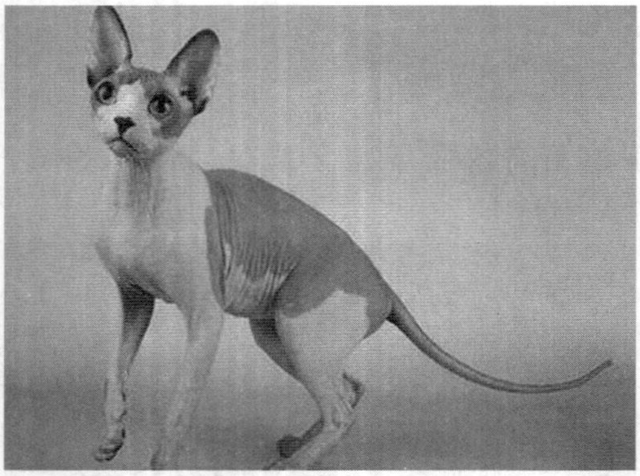

图 2-42　加拿大无毛猫

1. 加拿大无毛猫（Sphynx）

加拿大无毛猫（图 2-42）又名斯芬克斯无毛猫，顾名思义即身上不长毛。该猫性情温顺，聪慧谦逊，感情细腻，在笑容可掬的面孔上闪烁着一双表情丰富而又充满好奇的大眼睛，有时又陷入冥思苦想，表现出迷惘疑惑的神态，十分可爱。

加拿大无毛猫身体壮实，肌肉发达，头宽大而呈楔形，颧骨突出，两颊瘦削，脸呈等边三角形，无须；耳郭硕大，直立，高耸于头顶，耳端尖圆，微前倾；柠檬形眼睛，大而微突，眼色橘黄；胸深，背较驼，腹紧凑而不上收；四肢细长，骨骼纤细，后肢比前肢长；尾巴如鼠尾，又细又长，像长鞭一样弯曲上翘；浑身无毛，皮肤呈弯皱状。

2. 美国卷耳猫（American Curl）

美国卷耳猫（图 2-43）起源于美国加利福尼亚州，培育进程一直相当缓慢，直到 1983 年才开始对该品种进行选育，1988 年得到了 CFA 的承认，并一举成为猫世界稀有的新成员。该猫性格稳定而聪明，模样机警，表情甜美，好奇心很强，不爱叫，是很好的家庭伴侣。

美国卷耳猫头部似楔形，有和缓的曲线；眼睛呈胡桃形，上眼眶为椭圆形，下眼眶为圆形，卷耳，直鼻；身躯中等，体形优美，属东方纤细类型，肌肉强健发达；四肢较长，趾小，呈卵圆形；尾巴与身体一样长，尾巴呈锥形，根部宽，至尖部逐渐变细，尾毛蓬松；被毛有长毛和短毛两种类型，柔软而紧密，底层绒毛少，毛色多。

美国卷耳猫出生时耳朵是直的，在 2～10 d 时耳朵会逐渐向后弯曲，约 4 月龄时，耳朵才可永久性地定型。美国卷耳猫耳朵至少有 90°的圆弧弯曲，耳部的卷曲可分为 3 个等级：耳朵稍有折转的猫（第一等级），可作为宠物；卷曲程度更大的猫（第二等级），常用作育种；弯成满月形的猫（第三等级），则被用于展览。

图 2-43　美国卷耳猫

3. 苏格兰折耳猫（Scottish Fold）

苏格兰折耳猫（图 2-44）又称苏格兰塌耳猫、苏格兰短耳猫、苏格兰叠耳猫等，由英国短毛猫、苏格兰猫、美国短毛猫交配培育而成，1978 年被国际承认。该猫性情温顺、聪慧，感情丰富，忠于主人，容易与人和其他小动物相处，体格强壮，抗病能力强，耐寒。

苏格兰折耳猫头呈方形，额宽，颊丰、浑圆，鼻小而扁，鼻梁直、稍凹陷，口吻紧凑；耳小，向前方弯曲，弯曲越大越好（苏格兰折耳猫的后代并不一定都是弯耳，小猫出生时，两耳直立，此时欲鉴别是否弯耳，只能看其尾巴，尾短而粗者将来发育为折耳猫）；眼大而圆，眼色以古铜色、金黄色多见；身躯短矮，浑圆，属半短胖形，骨骼强壮，肌肉坚实，胸宽深，肩与腰同宽；四肢粗壮，强健；前肢直立，长度与身体比例协调；趾大而圆，结构紧凑，握力强；尾短粗，尾端钝圆；被毛短而密，紧贴于体表，触时柔软而富于弹性；毛色以金黄色、黑色、浅蓝色为多见。

图 2-44　苏格兰折耳猫

4. 德文王猫（Devon Rex）

德文王猫（图 2-45）又称德文帝王猫、德文雷克斯猫，属于普通短毛猫的变异种。该猫聪明伶俐，好奇心强，爱叫，富有感情，以金黄色的大眼睛、短塌的鼻梁、美妙的三角头、高耸的颧骨、大大的耳朵而独树一帜。

德文王猫头部呈“V”形，头盖小而平，颊丰润，颧骨高，鼻短塌，胡须部分凹陷，须较稀，口吻坚实有力；耳大直立，稍前倾，耳端稍圆，耳间距宽；眼大，略呈卵圆形，稍吊眼梢，眼色呈金黄色；身躯苗条、纤细，肌肉结实，胸宽，腰高；四肢长而细，尤以后肢特长为特征；趾呈卵形，小而紧凑；尾长而细，尾端尖；全身被毛卷曲，单层密生，无下毛，毛质柔软，有单色、烟色、条纹色、混合色、渐变色等色系，其中以白色、蓝色、橘红色、乳白色、微黄色、虎斑、棕褐色为最多见。

图 2-45　德文王猫

知识拓展

鸟的分类标准

所有鸟类皆属于动物界-脊索动物门-脊椎动物亚门-鸟纲。鸟纲的动物皆具备体被羽毛、前肢为翼、温血、卵生等特征。观赏鸟主要是指能观赏其优美形态、美丽羽毛、动听鸣声、"能歌善舞"和极易繁殖的鸟类。

(一)按观赏性能分类

1. 姿羽类

这类鸟的鸣声虽不够优美动听,但羽色艳丽,深受人们喜爱。这类鸟饲养比较简单,只要养活就能达到观赏的要求,笼养比较普遍。国内常见品种有虎皮鹦鹉、牡丹鹦鹉、金山珍珠、红嘴相思鸟、黄鹂、绣眼、戴菊、戴胜、五彩文鸟、七彩文鸟、红嘴蓝雀、蓝翡翠等。

2. 鸣唱类

此类鸟通常称为鸣禽,是中外众多爱鸟者的主要观赏对象,也是我国古时选择鸟的依据。大多数羽色鲜艳的鸟,鸣声并不悦耳,而一些羽色平淡的鸣禽,反而是真正的"歌唱家",如画眉、百灵、云雀、大山雀、沼泽山雀等,这些鸟能鸣善唱,鸣声激昂悠扬,婉转多变,音调、节奏条理有序,并可学其他鸟的鸣叫。

有些鸟类是羽鸣双佳,既有美丽的羽毛和娇小的体态,又有悦耳的鸣声,以其鸣声或鲜艳的色彩取悦人,如芙蓉鸟,不仅羽色佳,而且鸣声婉转柔润、清朗流畅、轻盈悦耳,令人怡情养性。

3. 学语类

鹦鹉能言,早在古籍中就有记载。诗人白居易在《秦吉了》中曾写有"耳聪心慧舌端巧,鸟语人言无不通"的名句。除鹦鹉、鹩哥外,还有八哥、松鸦、红嘴蓝鹊等,这几种鸟比较聪明,伶牙俐齿,善模仿。这类鸟有着良好的发声条件,从雏鸟期开始经细心训练,可以训成"说话"能手,能模仿人类简短的语言或多种鸟兽的叫声,成为观赏鸟中的精品,因而更能增添玩赏者的饲养乐趣。

4. 技艺类

这类鸟小巧玲珑、轻捷活泼、机敏灵巧,经过调教、特定强化训练后能学会衔物、接物、翻飞及取小型道具等多种技艺动作。善于表演技艺的笼鸟,有黄雀、金翅、白腰文鸟、斑文鸟、鹦鹉、虎皮鹦鹉、沼泽山雀、蜡嘴雀、鹩哥、太平鸟、朱顶雀、芙蓉鸟、相思鸟、黄鹂等。

5. 打斗类

在观赏鸟饲养中,鸟的打斗竞赛也较盛行,如画眉、棕头鸦雀、鹌鹑、鸡、鹌鹑等,都是好斗之鸟。我国上海每年 4—5 月份,举行的"百鸟鸣叫打斗邀请赛",均有画眉、棕头鸦雀的打斗比赛项目。

6. 猎捕类

猎捕鸟均较凶猛、强悍,体质强健,耐饥饿,能被驯养为帮助人狩猎的鸟,在我国主要有苍鹰、雀鹰、鸬鹚和灰伯劳等。

7. 竞翔类

竞翔鸟类，在我国主要指信鸽。鸽子具有飞翔能力，经过训练后可以传递信息。赛鸽则为人们提供休闲的乐趣，也逐渐成为人们喜爱的项目之一。

（二）按食性分类

按鸟类食性分类，观赏鸟可以分成食谷鸟类、食虫鸟类、杂食鸟类、食肉鸟类 4 类。

1. 食谷鸟类

食谷鸟类又称硬食鸟，以各种植物的果实和种子为食。这类鸟的嘴多呈坚实的圆锥状，圆钝粗短，峰嵴不明显。其消化道的特点是腺胃细小，肌胃大且肌肉发达（胃壁厚 5～5.5 mm），内膜硬而粗糙，胃内常有碎石或小砂粒等物，肠道为体长的 2～3 倍，盲肠退化或消失。在笼养鸟中，食谷鸟类以雀科和文科的鸟为最常见，如黄雀、朱顶雀、交嘴雀、燕雀、灰文鸟、五彩文鸟和十姐妹文鸟等。

2. 食虫鸟类

食虫鸟类又称软食鸟，以各种昆虫的成虫及其幼虫为食，是世界上种类最多、数量最大的一类鸟，占整个鸟类的一半以上。它们多为羽色华丽、姿态优美、鸣声悦耳、备受人们喜爱的笼养鸟，但由于其对食物及环境的苛刻要求，较难进行人工饲养和繁殖。这类鸟的嘴形多样，有的扁而阔、峰嵴明显、嘴须发达，如卷尾、鹟等；有的尖细呈钳状，如山雀、莺等；有的细长而弯曲，如黄鹂、旋木雀等；也有的呈凿状，如啄木鸟等。其消化道特点是无嗉囊，腺胃细长，肌胃圆而坚实，肠道较短，为体长的 1.5～2 倍，盲肠不同程度地存在。

3. 杂食鸟类

杂食鸟类是食性比较复杂的一类鸟。有的以食植物种子为主，兼食少量昆虫，如百灵科的鸟；有的以食昆虫为主，兼食植物种子，如画眉、椋鸟和一些鸫等；也有的是食植物种子兼食水果或浆果的另一类“杂食鸟”，如鹦鹉、太平鸟等。杂食鸟的嘴多长而稍弯曲，有峰嵴，或上嘴钩曲，形似鹰嘴，但比较肥厚。消化道特点是腺胃与肌胃几乎等长，肠道约为体长的 2 倍，盲肠退化或消失。鹦鹉类有嗉囊，肠道也较长，为体长的 3 倍以上。

4. 食肉鸟类

食肉鸟类又称生食鸟，可分为食肉鸟和食鱼鸟两种，它们一般体形矫健，形态凶猛。其嘴形有的大而强壮，或钩曲而又尖锐，先端具缺刻，如鹰隼等；有的长而尖直，如鹳等；也有的长而弯曲，如鹮等。其消化道特点是腺胃发达，肌胃壁薄，肠道较短，肠壁坚实而内腔狭窄。

复习与思考

一、名词解释

1. 工作犬　2. 狩猎犬　3. 玩赏犬　4. 家庭犬　5. 家猫　6. 野猫　7. 纯种猫　8. 杂种猫

二、简答题

1. 简述犬的分类方法。
2. 简述猫的分类方法。
3. 简述常见犬的外貌特征。
4. 简述常见猫的外貌特征。

项目三
宠物行为概述

学习目标

❖ 知识目标

了解动物行为研究的发展；掌握动物行为的定义与分类、了解动物行为的研究方法；掌握动物常见的学习方式；掌握宠物行为的研究内容和方法等。

❖ 能力目标

能够对动物行为进行正确的分类；能够灵活运用动物的经典条件反射、操作性条件反射，对动物常见的科目进行行为塑造。

❖ 素质目标

在相互关爱中，建立人与动物的亲密关系，营造良好的氛围，增强人与动物的美好共生。

学习任务

任务一　动物行为研究

动物行为学是一门发展中的科学。人类从在地球上诞生之日起，就与动物结下了不解之缘，人们的衣食住行都离不开动物。农民观察家畜、家禽等动物的习性以便饲养；猎人观察动物的习性以便捕获猎物；渔夫掌握鱼类活动的规律以便采取合适的方式来捕捞；居民了解鼠、蟑螂、蚊蝇的习性和活动规律以便将其驱除和消灭。

我国古代就有很多关于动物行为的描述。如《诗经》中就有“螟蛉有子，蜾蠃负之”的记载，形象地描述了蜾蠃寄生螟蛉繁殖的习性。《临海异物志》中记载了啄木鸟的舌头长度为 5 寸，并对该鸟的吃虫特技做了精确的描述。《炙黎子》一书中有“此鱼每遇渔舟，即吐墨染水令黑，以混其身”的描述，记载了乌贼遇到危险就喷墨逃跑的事情。《图画见闻志》说“黄筌写六鹤：其一曰唳天（张喙而鸣）；其二曰警露（回首引颈而望）；其三曰啄苔（垂首下啄于地）；其四曰舞风（乘风振翼而舞）；其五曰梳羽（转项毯其翎羽）；其六曰顾步（步行而回首下顾）。后辈丹青，则而象之。”另外，古人对鸟的迁徙，昆虫的迁飞，鱼的洄游，动物的占

动物行为研究

区、争斗和招引、通信、寄生等也做了详细的记载。

国外也从古代就开始了动物行为的研究，如古希腊亚里士多德的论著《动物志》中记录了540多种动物的行为，古埃及人尝试人工孵卵的记载等。文艺复兴后，研究动物行为的人越来越多，如德国的约翰研究了不同鸟的行为差异，法国的勒雷提出了动物依靠记忆和生活经验能够聪明地生活，法布尔的《昆虫记》则对昆虫行为进行了系统观察和记录。1859年，达尔文的《物种起源》对动物行为学的研究产生了深远影响，首次将动物进化论引入动物行为的研究中。

20世纪是动物行为学迅速发展的时期，出现了许多优秀的科学家和著作，尤其值得一提的是康拉德·劳伦兹、尼古拉斯·廷伯根、卡尔·冯·弗里希，他们三人于1973年共同获得了第一次颁给动物行为学工作者的诺贝尔科学奖。康拉德·劳伦兹终生与动物为伴，年复一年地观察研究灰雁及各种动物，写了《雁语者》《攻击的秘密》等著作，并在“鸟类生活中的伴侣”一文中首次提出了“铭印(印记)”这个动物行为学上的重要概念。尼古拉斯·廷伯根是研究海鸟行为声誉最高的科学家之一，他曾在英国进行海鸥的生活习性研究多年，写下了《银鸥世界》《本能的研究》《鸟类生活》和《动物的群居行为》等著作。卡尔·冯·弗里希的突出贡献是极详尽地研究了蜜蜂的行为，解开了蜜蜂“语言”的奥秘，并证明了蜜蜂能分辨不同的颜色。除此之外，还有很多或蜚声世界或默默无闻的动物行为学家，正是由于他们的努力，掀起了世界范围内动物行为研究的热潮，动物行为学目前已经成为分支广泛、发展迅速的学科。

一、动物行为的定义

动物行为学中的行为是指动物各种形式的运动、身体的姿态、个体间的通信和能引起其他个体行为发生反应的所有外部可识别的变化，也包括动物的心理活动。如变色龙身体的颜色变化、犬肛门腺的气味释放、犬见到主人进食时想要乞食的心理变化、一只雄性羚羊完全不动地站在山巅向其他个体显示主权的炫耀行为等。但动物的行为并不局限于一种动作或运动形式，变温动物常在阳光下不动，从阳光中吸收热量，这是一种热调节行为。

总之，行为是动物在个体及群体层次上对外界环境的变化和内在生理状况的改变所做出的有规律的、成系统的适应性反应。行为不一定有利于动物个体的存活，但却有利于种群的延续。动物要适应多变的环境，以最有利的方式完成采食、筑巢、寻找配偶、繁衍后代等生命活动，就必须把来自环境和体内的各种刺激加以整合，把信息转化为各种指令发送到肌肉系统，并以适当的行为表现于外。

二、动物行为的分类

动物的行为复杂多样，按照行为的获得途径可以分为先天性行为和后天性行为；按照行为的不同表现形式可以分为觅食行为、贮食行为、攻击行为、防御行为、生殖行为、领域行为、通信行为、社会行为等。

(一)根据行为的获得途径分类

1.先天性行为

先天性行为是指动物生来就具有的，不必学习就能做出的有利于个体的适应性行为，由动物体内的遗传物质决定，也称为本能行为。如幼犬出生后就会主动寻找母犬的乳头吸吮乳汁。动物的先天性行为有的属于简单的非条件反射性的本能反应，如眨眼、排便、挠痒、平衡等；有的则属于复杂的有层次序列性的连锁行为，如性本能、母性本能、防御本能、猎取本能等。

2. 后天性行为

后天性行为是指能够使动物的行为对特定的环境条件发生适应性变化的所有过程，即动物借助个体生活经历和经验使自身的行为发生适应性变化（不包括感觉适应和神经系统的发育）的过程。后天性行为是动物出生后通过学习得来的行为。学习需要借助感觉器官获得信息，并将这些信息储存在记忆中，在需要的时候可以重新记忆起。

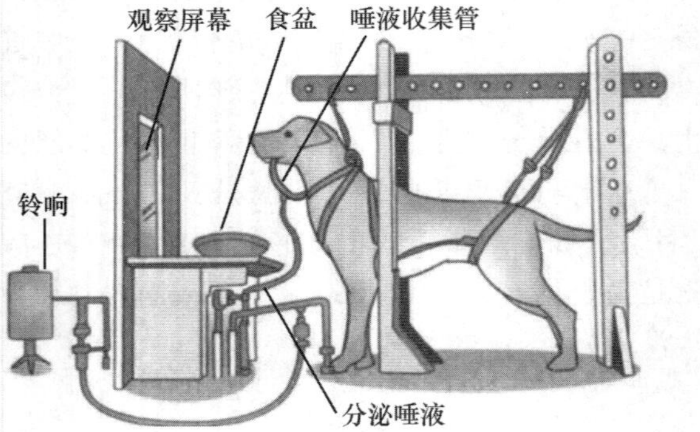

图 3-1　巴甫洛夫条件反射示意图

动物常见的学习方式有经典条件反射、操作性条件反射、惯化、模仿、玩耍、印记、顿悟等。

（1）经典条件反射　又称巴甫洛夫条件反射（图 3-1），是指一个刺激和另一个带有奖赏或惩罚的无条件刺激多次联结，可使个体学会在单独呈现该刺激时，也能引发类似无条件反应的条件反应。

经典条件反射最著名的例子是巴甫洛夫的犬的唾液条件反射（图 3-2）。巴甫洛夫在进行消化腺分泌消化液的实验时发现，正常情况下食物进入犬的嘴里，犬就开始分泌消化液，但如果随同食物反复给予一个中性刺激，即一个并不自动引起唾液分泌的刺激，如铃响、饲养员的脚步声等，犬就会逐渐在只有铃响、饲养员脚步声响起但没有食物的情况下分泌唾液。

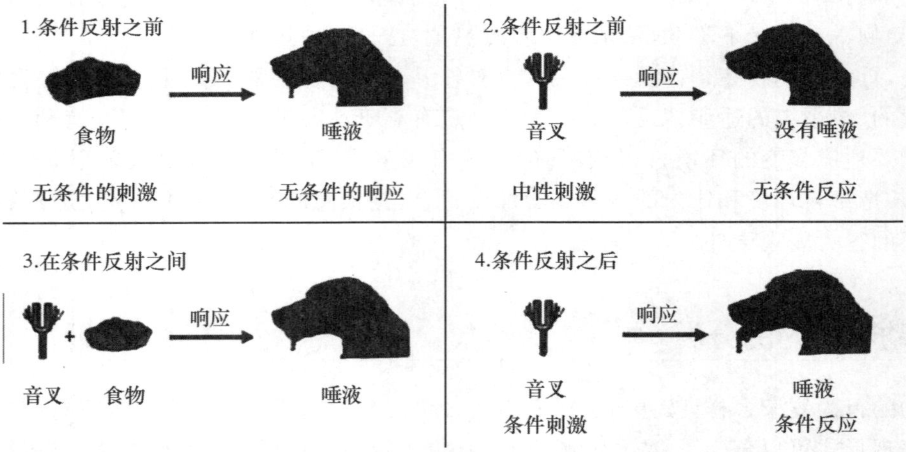

图 3-2　巴甫洛夫的犬的唾液条件反射

（2）操作性条件反射　又称为工具条件反射或工具学习。第一位研究者是桑代克（1874—1949），他通过“桑代克迷笼”（图 3-3）观察猫试图逃出迷笼的行为。

“桑代克迷笼”实验中，第一次猫用了很长时间才逃出来。有了经验以后，无效的行为逐渐减少而成功的反应逐渐增加，猫成功逃出迷笼所用的时间也越来越短。斯金纳（1904—1990）

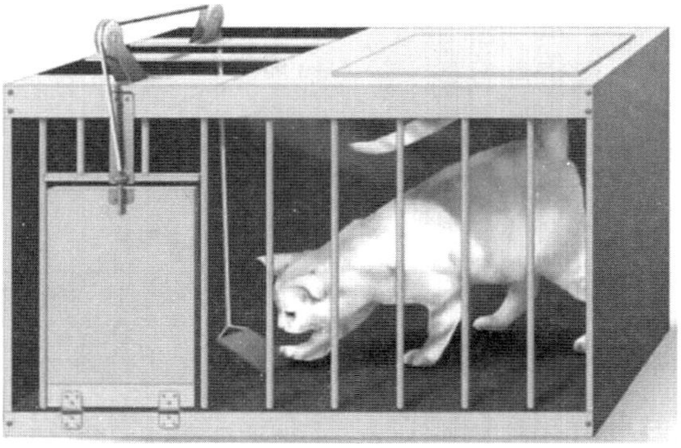

图 3-3　“桑代克迷笼”

在桑代克观点的基础上建立了基于强化和惩罚的更详细的操作性条件反射理论。斯金纳在“桑代克迷笼”的基础上制造了“斯金纳箱”。

斯金纳箱(Skinner box)(图 3-4)最早由道格拉斯·埃尔森(Douglas Ellson)发明,而伯勒斯·费雷德里克·斯金纳(Burrhus Frederick Skinner)让它成为心理学历史上最有名的实验装置。箱体大约 30 cm^3 大小,箱体的底部安装有连接电击发生器的金属网格。除此之外,斯金纳箱还有操纵杆、信号灯、扬声器、食物/饮水分配器、分配传送管道、食槽/水槽等组件。动物触动按键或按压杠杆,食物盒里就会出现一粒食丸对动物的操作行为给予强化,从而使动物按压杠杆的动作反应概率增加。斯金纳认为,这种先由动物做出一种操作反应,然后再受到强化或减弱,从而使操作反应的概率增加或减少的现象是一种操作性的条件反射。

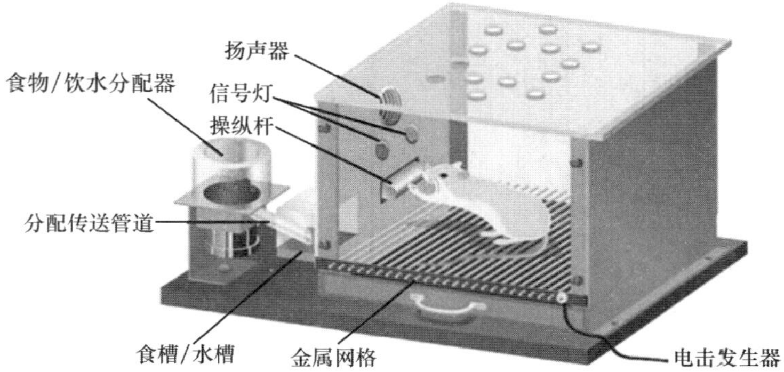

图 3-4　斯金纳箱

(3)惯化　又称习惯化,是一种最简单的学习形式,指动物对频繁出现而又无生物学意义的刺激逐渐变得无动于衷,直至不再反应的行为现象。如很多宠物犬都害怕鞭炮声,但有计划地让犬不断重复听到鞭炮声,结果犬慢慢地发现鞭炮声未对其产生危害,也就逐渐不怕鞭炮声了。

(4)模仿　指动物通过观察其他个体的行为而改进自身的技能和学会新的技能。这种学习类型在社会性动物中出现的频率要比非社会性动物多得多。模仿学习常用于工作犬的训练,通常让一只训练有素的工作犬给新参加工作的犬做示范,使新参加工作的犬能快速地了解训练的目标、掌握训练的技能。

(5)玩耍　是一种高兴和愉快的活动,不限于幼龄动物,成年动物也需要经常玩耍。玩耍包括很多类型的活动,有跑跳、撒欢、追逐、打斗、弓背跃起、演练、探索、角色扮演等。通过玩耍,动物可以提高力量、耐力和肌肉协调性;演练各种社会技能;建立和维持各种社会关系;学会特殊的技能或改善整体感知能力。

(6)印记　指发生于生命早期的牢记现象。动物出生后,通过触觉、视觉、听觉和嗅觉等把与自己有关的事或物记住。如一只幼龄宠物常常跟着用奶瓶喂养它的人,即使在断乳后,也常常会走近以前喂养过它的人,并试图留在其身边。

(7)顿悟　指动物长时间对一个问题迷惑不解,但突然间答案会在动物脑海中闪现的情况。顿悟学习是一种高级形式的学习行为,包括了解问题、思考问题、解决问题三个过程。最简单的顿悟是绕道行为,即在食物和动物之间设一道障碍,动物只有先远离食物,绕过障碍后才能吃到食物(表 3-1 和图 3-5)。

表 3-1　动物绕道取食"尝试与错误"的平均次数

组别	动物名称	"尝试与错误"的平均次数
A 组	公鸡(散养)	12 次
B 组	小鸡	25 次
C 组	公鸡(圈养)	18 次
	乌龟	65 次
D 组	公鸡	13 次
	犬	4 次

注:数据来源于刘俊栋、陈则东,2020。

图 3-5　动物的绕道取食

(二)根据行为的不同表现形式分类

1. 觅食行为

觅食行为是通过自身独特的方式获取生存所需食物的行为,包括搜寻、追逐、捕捉、处理和摄取几个阶段。动物的觅食行为遵循的一个基本规律是在一定时期内的净能量摄入必须大于零,即从食物中获得的能量必须多于为获取食物所消耗的能量。觅食行为能使动物获得食物,从而保证正常的能量消耗。

2. 贮食行为

食物丰富时,有些动物会贮存一些食物等饥饿时再取来食用,这样的行为称为贮食行为。很多动物都有贮食行为,如蚂蚁、田鼠、松鸦等。科学家经过观察发现,松鸦不仅能记住它们储藏食物的地点,而且还十分注意当它们贮藏食物时谁在观察它们。在发现有其他动物观察时,它们会把食物挖出来并重新进行深埋,以防这些食物被偷食。吃不完的骨头,犬会用前脚挖洞,同时嘴巴紧紧咬着骨头。等到挖的洞足够大,犬会张开嘴让骨头掉进洞里,然后用口鼻将土推回埋藏处。翌日它会回到原处,用前脚把骨头挖出来,张嘴咬住,用力甩一下贮藏物上黏着的泥沙,接着就安坐着大快朵颐。

3. 攻击行为

动物的攻击行为常指同种个体之间所发生的攻击或战斗。这种攻击行为不会造成致命伤害,只要一方认输,胜者则立刻停止攻击。在动物界中,同种动物个体之间常常由于争夺食物、配偶,抢占巢区、领域而发生相互攻击。

4. 防御行为

动物的防御行为是指动物为对付外来侵略,保卫自身的安全和生存或者对本族群中其他个体发出警戒而发生的任何一种能减少来自其他动物伤害的行为。防御行为可以分为初级防御和次级防御。初级防御不管捕食者是否出现均起作用,它可以减少与捕食者相遇的可能性。初级防御有 4 种类型,包括穴居、隐蔽、警戒色、拟态,如竹节虫拟态。而次级防御只有当捕食者出现之后才起作用,它可增加和捕食者相遇后的逃脱机会。次级防御有 10 种类型,包括回缩、逃遁、威吓、假死、转移捕食者的攻击部位、反击、臀斑和尾斑信号、激怒反应、报警信号、迷惑捕食者。

5. 生殖行为

生殖行为是指动物产生与培育下一代的行为。动物通过生殖行为将其基因传输给下一代，从而完成种族的繁衍和延续。生殖行为的表现形式千差万别，又可分为几个阶段，如识别雌雄动物、占有繁殖空间、求偶、交配、孵卵、哺育等，内容极为丰富。

6. 领域行为

领域是动物排他性地占有并积极保卫的一个区域，这个区域含有占有者所需要的各种资源。动物在这个领域中可以取食、繁殖、抚育后代。占有领域的可以是一个个体、一对配偶、一个家庭，也可以是一个动物群。动物领域的大小各不相同，小的如生活在树叶上的蚜虫的领域，就是一片树叶；大的如老虎的领域，可达十几平方千米。领域虽然没有明显的界线，但是领域的占有者却熟知它的边界，并通常通过抓痕、粪便和尿液的气味、鸣叫等方式来警告周围的动物。

7. 通信行为

动物的通信行为是指动物个体之间的信息传递并能导致信息的共享，来达到行动的一致。通信可涉及动物的任何一种感觉通道，包括视觉、听觉、嗅觉、触觉和电场等。每一种感觉通道都有其优点和缺陷。动物通信行为的主要方式有视觉通信、听觉通信、化学通信、触觉通信、震动通信及电通信等。如蜜蜂能够通过精确的“舞蹈”准确地把花源的方位、距离等信息告诉同类。

8. 社会行为

动物的社会行为是指群体中不同成员分工合作，共同维持群体生活的行为。这种合作可以仅表现为暂时的和松散的集群现象，但更典型的是动物组成一个有结构的永久性社群，其中有明确的分工和组织（如阶级和优势序位现象）。许多社群是围绕着婚姻和血缘关系建立起来的。群居性的动物经常协同作战、共同捕猎。

三、动物行为的研究方法

动物行为学已经成为生物科学领域活跃并具有发展潜力的学科。为了研究某个动物的一个行为序列，往往需要提出各种假说，之后再一一对其进行验证。比较重要的研究方法有比较心理学研究法、行为学研究法、行为生态学和社会生物学研究法、分子遗传学研究法等。

（一）比较心理学研究法

比较心理学是一门对动物的行为进行比较研究的科学，重视研究动物的学习过程和行为发育过程。比较心理学特别强调行为机制的研究，研究工作的起点常常是对两种或两种以上的动物行为类型的分类进行鉴别和特征描述，这种比较分析法有助于发现各物种行为之间和各行为类型之间的关系。

比较心理学研究法的优点是可以控制实验动物的生活经历和生活环境，而且可以极为精确地获得各种处理对动物行为影响的资料和结论。例如，在一个有系统的和可重复的实验设计中，实验人员可以控制1～2个参数，以便确定这些参数对动物行为的影响，其他的参数对实验的影响则可以被避免。但比较心理学研究中常常忽视进化过程对动物行为产生的影响，这也给比较心理学研究方法和研究结果带来了一定的局限性。因此对于所观察到的动物行为类型，既要从生理上去理解，也应当从进化上去理解。

(二)行为学研究法

行为学研究法主要是研究行为功能和行为进化问题，这类问题的研究有助于人们了解动物为什么会在特定的社会和环境条件下表现出一定的行为类型。大部分行为学家通常是从观察动物在自然环境中的行为方面着手其研究工作的，他们首先观察动物的行为，对行为的功能和进化发展提出各种可能的解释或假说，然后再设计实验对这些假说进行验证，从中找出最符合实际情况的假说。

行为学研究法的主要优点是以生态观点和进化观点构成其实验设计的基础。但该方法也有一定的局限性，主要表现在：第一，由于该研究法是在野外进行观察和实验的，所以难以控制各种环境、气候的变化，被观察到的行为变异的功能意义就很难弄清楚；第二，对动物的行为提出各种假说是很容易的，但通过实验对假说进行验证并取得令人信服的证据则是一件很困难的任务。

(三)行为生态学和社会生物学研究法

行为生态学和社会生物学都进行大量的野外工作，以野外工作为主，但也在实验室进行实验。二者都十分注意推理过程，包括所研究动物生态学方面和自然选择对动物行为作用方式方面。

行为生态学和社会生物学研究法的优点是研究工作是在动物的自然栖息地内或模拟一定自然特征的环境中进行的，并且这些研究常常把一个较大的问题分解成许多小的部分，这样就能更好地了解动物的行为及其功能意义。它们的缺点是对环境难以施加控制，而且也无法调控动物先前的经验，甚至有时候也难以提出一个可以被检验的假说。

(四)分子遗传学研究法

现在越来越多的研究成果表明分子遗传学与动物行为有着密切的联系，分子遗传学不仅可用于检验动物行为学中的各种假说，而且可用于基因直接解读动物行为特征。当前分子遗传学技术和方法在动物行为学的研究中已成为一个新的增长点，全球范围的几百个实验室正在从事大规模的基因鉴定工作，以确定哪些基因在决定着动物的哪些行为。

任务二　宠物行为研究

宠物行为课程是研究常见宠物的自然行为、行为形成和变化规律的一门课程。通过学习，能够了解宠物行为的基本原理，熟悉常见宠物的生活习性、行为特征等，掌握宠物的行为产生的神经生理学基础。

此外，学习宠物行为还能依据宠物的生活习性和行为特征合理安排宠物的饲养管理、训练等；能合理地选育优良品种和按照需要进行宠物的品种改良，达到优势互补；能根据宠物的兴奋性、身体外部变化及表情、行为的变化间接地为宠物健康状况的观察和疾病的预防、诊断提供依据。

宠物行为课程是宠物医疗、宠物养护与驯导、宠物美容等专业的专业基础课，学习宠物行为可为其他专业课程学习以及未来的工作奠定重要的专业基础。同时，学习宠物行为也可以帮助广大宠物爱好者更好地认识宠物、了解宠物、关爱宠物。

宠物行为研究

一、宠物行为研究的内容

宠物行为的研究是动物行为研究的一个较细分支，是随着人们生活水平的提高及宠物行业的发展而出现的。宠物是由野生动物驯养而来，它们还具有野生时的一些生活习性，所以对于宠物行为的研究可以借鉴野生动物的研究方法。

1. 观察宠物的行为

宠物行为的研究建立在对宠物行为的详尽观察基础之上，能够准确详尽地观察、记录宠物的行为是研究宠物心理与行为的前提条件。研究宠物行为不仅仅是停留在行为的观察与记录层面，还需要能够从深层次探究行为发生的原因，解决宠物主人的疑虑。如具有宠物犬繁殖经历的人会发现，哺乳期的母犬经常发生“呕吐”现象，不少宠物主人可能会担心母犬生病，如果是建立在行为发生的场景、时间等要素的全面观察基础之上，不难发现母犬的“呕吐”行为是其良好母性的体现。在哺乳末期，母犬乳汁近乎枯竭，母犬通过呕吐食糜的方法帮助幼犬断乳。犬是由狼进化而来，哺乳的母狼常在捕获猎物之后，吃下猎物，再返回狼窝呕吐食糜饲喂幼崽。母犬的呕吐行为可能是狼的行为残留。

2. 研究人与宠物的交流方法

当宠物融入人类家庭生活以后，常把自身当作家庭的一员。然而宠物却不能使用人类的语言和人类交流沟通，通过对宠物的声音语言、肢体语言的研究，人们能够很好地明白它们的声音、肢体形态所传达的目的、意图。人们能够通过安定信号，发现宠物正处于紧张、焦虑、有压力的状态，进而为宠物营造轻松、愉悦的生活环境，更好地关注宠物福利。例如在一次犬类的比赛中，缺乏赛场经验的年轻犬面对众多观众的摇旗呐喊，渐渐地放慢脚步。主人见此情况，越来越愤怒地发布指令，而犬最后定格不动，频繁地舔舌头、打哈欠，最后彻底惹怒了主人。这本质上是人犬交流的缺失，犬已经向主人传递了压力、紧张的信息，只是犬主人不明白而已。

3. 营造人与宠物和谐的关系

宠物行为研究的另一重点内容是研究行为举止恰当的宠物饲养方法，培养行为举止乖巧、受欢迎的宠物，营造良好的人与宠物关系。如在犬的研究中，将犬的社会化、遛犬、建立主人的领导地位、犬的行为塑造原理等结合起来，重点研究受欢迎的宠物犬的养成。同时，在犬的行为分析任务中对犬的异常行为也提出矫正的指导方法。

在幼犬的领养中，许多主人往往只关注犬的身体健康却忽略了幼犬的技能学习，幼犬刚满一个月就被抱离母犬，从而导致技能学习的缺失。例如，在断乳期母犬乳汁近于枯竭，幼犬锋利的牙齿也已长出，母犬不再情愿让幼犬吸食母乳，四处躲闪，拒绝幼犬追逐乳头。如果母犬的这些举动无济于事，会以低吼发出警告；如果仍然无法奏效，母犬会用牙齿戳幼犬的脸部（母犬会控制好力度，不会对幼犬造成伤害），幼犬会惊慌失措地逃离母犬。这样的行为重复多次，幼犬自然明白低吼的含义——低吼声是不友好的信号。通过这样的学习,幼犬可以妥善处理对方的低吼警告,也能用低吼声警告其他犬的冒失行为。在进食过程中,母犬也会用低吼声威吓、用牙齿猛戳幼犬的方式帮助幼犬明白低吼的含义,同时也能帮助幼犬建立等级秩序的观念。

又如,混战是幼犬最喜爱的玩耍方式,它们用撕咬的方式进行混战。起初幼犬并不能控制好撕咬的力度,常导致被撕咬者因疼痛而终止游戏。这样的过程经过多次重复,幼犬逐渐能够将撕咬的力度控制得很好。

如果幼犬被过早抱离母犬,没有在幼年时期掌握生活的必需技能,在未来的生活中常成为麻烦的制造者,常扮演无信号的发起攻击者、无法识别信号的被攻击者、玩耍游戏的终结者等角色。

4. 防范从业人员被宠物伤害

宠物在发起攻击之前常以声音、肢体形态的动作发出信号,有些宠物从业人员无法识别这些信号或无法采取正确的方式予以回应。宠物行为课程研究安定信号、攻击行为的原因及处理方法、主动性攻击肢体语言、防御性攻击肢体语言,以期对宠物从业人员防范攻击起到帮助。

二、宠物行为研究的方法

宠物行为学是动物行为学的一个微小的组成部分,是有关宠物的行为特征的综合描述。学习宠物行为课程能为学习宠物相关专业课程打下坚实的基础。

宠物行为学属于动物行为学范畴,其相关的理论和知识都离不开动物行为学的发展,因此要掌握宠物行为,就必须把它与动物行为学的学习结合起来,从中获取自己需要的专业知识,并把这些知识与动物行为学的科研成果结合起来,思考、理解这些行为出现的原因,鼓励宠物表现人们需要的行为,避免表现人们不喜欢的行为。

动物行为学的研究离不开观察和实验,因此要学好宠物行为,就必须理论联系实践,重视观察和实验。研究动物的行为最为重要的是要全面了解所研究动物的各种行为表现和生物学特点,在条件许可的情况下,坚持长期地跟踪观察或实验是最为直接、准确的方式。但行为观察往往要花费很多的时间,而且为了避免动物因被人惊扰而出现行为的变异,还要注意在不被动物觉察的情况下进行观察或实验。随着科技的发展,红外照相机和摄影机、闭路电视、无线电遥测技术、同步卫星观测技术等先进技术和手段被应用到观测中,满足了动物行为研究的隐蔽性、准确性和可靠性。人们可以亲自去观察和实验,也可以借鉴别人的视频录像去研究观察,更加直观、形象地学习新知识。另外,要能在观察的基础之上,对行为产生原因提出合理的解释或提出矫正方法,并通过实验加以验证。

知识拓展

斯金纳箱实验

斯金纳箱是心理学实验装置,由行为主义者斯金纳于 1938 年发明,并用于动物操作条件作用实验。其基本结构:在箱壁的一边有一个可供按压的杠杆(大多是一块金属板),在杠杆旁边有一个承受食物的小盒紧靠着箱壁上的小孔，小孔外是食物释放器，其中贮有颗粒形食物。动物在箱内按一下杠杆，即有一粒食物从小孔口落入小盒内，动物可取食。一只小鼠禁食24 h后被放入箱内，开始它在箱内探索，偶尔按压了杠杆，获得食丸。小鼠开始可能并没有注意到食物落下，但若干次重复后，就形成了压杆取食的条件反射。以后稍有改进，如外包隔音箱，食物释放装置由程序控制等，可测试动物能否学会按3次杠杆以得到食物，或间隔一定时间按压杠杆才能得到食物。对不同物种的动物，其设计稍有不同。该装置实际是对桑代克迷笼的改进，后被用于动物学习能力和自我刺激与合作行为等心理学研究。斯金纳箱现已采用电子线路，使用更方便。

实验1：将一只很饿的小鼠放入一个有按钮的箱中，每次按下按钮，则掉落食物。

结果：小鼠自发学会了按按钮。这个实验比“给狗狗摇铃喂食”的巴普洛夫实验更进了一步。

实验2：将一只小鼠放入一个有按钮的箱中。每次小鼠不按下按钮，则箱子通电。

结果：小鼠学会了按按钮。一旦箱子不再通电，小鼠按按钮的行为迅速消失。

实验3：将一只很饿的小鼠放入斯金纳箱中，由一开始的一直掉落食物，逐渐降低到每1 min后，按下按钮可概率掉落食物。

结果：小鼠一开始不停按钮。过一段时间之后，小鼠学会了间隔1 min按一次按钮。当掉落食物停止时，小鼠的行为消失。

实验4：将一只很饿的小鼠放入斯金纳箱中，多次按下按钮，概率掉落食物。

结果：小鼠学会了不停按钮。当不再掉落食物时，小鼠的学习行为消失速度非常慢。

斯金纳通过实验发现，动物的学习行为是随着一个起强化作用的刺激而发生的。斯金纳把动物的学习行为推广到人类的学习行为上，他认为虽然人类学习行为的性质比动物复杂得多，但也要通过操作性条件反射。操作性条件反射的特点是：强化刺激既不与反应同时发生，也不先于反应，而是随着反应发生。有机体必须先做出所希望的反应，然后得到“报酬”，即强化刺激，使这种反应得到强化。学习的本质不是刺激的替代，而是反应的改变。斯金纳认为，人的一切行为几乎都是操作性强化的结果，人们有可能通过强化作用的影响去改变别人的反应。在教学方面，教师充当学生行为的设计师和建筑师，把学习目标分解成很多小任务并且一个一个地予以强化，学生通过操作性条件反射逐步完成学习任务。

复习与思考

一、名词解释

1. 行为　2. 先天性行为　3. 后天性行为　4. 经典条件反射
5. 操作性条件反射　6. 惯化　7. 模仿　8. 玩耍
9. 印记　10. 觅食行为　11. 贮食行为　12. 攻击行为
13. 防御行为

二、简答题

1. 根据动物行为的表现形式，动物行为可以分为哪几类？

2. 简述经典条件反射和操作性条件反射的区别。
3. 动物行为研究范畴包括哪些?
4. 断乳期成年母犬“呕吐”的原因是什么?
5. 幼犬是如何明白低吼传达的含义的?
6. 幼犬在混战模式下是如何控制好攻击的强度的?

项目四
犬的起源与行为

学习目标

❖ 知识目标

熟悉犬的起源；掌握犬的感觉和身体结构系统，犬的心理与行为特征、犬的异常行为、犬的良好行为及犬的语言。

❖ 能力目标

掌握犬的需求、动机与行为的关系；能够熟练评价犬的注意品质，并采取相应的措施，提高犬的注意品质；能够根据犬的行为表现正确判断犬的神经类型。

❖ 素质目标

作为人类最亲密的伙伴，用无尽的关爱，温暖彼此的心灵。

学习任务

犬的起源与进化

任务一　犬的起源

一、犬的起源

地球的产生约有 4.5 亿年的历史。地球上出现哺乳动物的时间约在 1 亿年前。第一只犬的出现约在 5 000 万年前，人类最早出现在距今约 300 万年前。如果将地球的历史比喻为 1 000 m 的路程，那么哺乳动物的出现仅在最后的几米，犬的出现也只是在最后的几厘米。

关于犬的起源，历来众说纷纭。一是“一源说”，认为犬是由同一种类型动物演变来的。二是“多源说”，认为犬是由不同类型动物演变来的。还有的学者认为，犬起源于不同食肉类动物的“偶然结合”（杂交）。从地理分布、生态习性、交配繁殖等方面因素分析，人们较普遍地认为犬是由狼和豺演变而来的。

考古遗传学的研究发现，3 500 万年前的犬类动物的牙齿化石非常类似于今天的狼、犬、狐。在第二中世纪的牙齿化石类似于今天的犬，犬的身体类似于山狗，更类似于今天的狼。说明狼是家犬的祖先，或者是狼和犬具有共同的祖先，但狼现在仍处在野生状态并保留凶猛的习性，而犬则被人类驯化了。然而，在经历了许多世纪以后，它们至今仍保留着一些相同的基本特征。如以摇动尾巴表示心满意足,尾巴夹在两腿之间表示恐惧,卷起舌头阵叫表示愤怒,它们都用嗅觉来划分其领土,妊娠过程也相同,它们也感染同样的病,感染同样的寄生虫。

多源说认为犬来源于狼、丛林狼、豺、胡狼和澳洲野犬。根据犬的地理分布、生活形态、遗传特性、交配繁殖等迹象,人们普遍认为狼与犬有最近的血缘关系,狼经过人类长期驯养演变成现在的犬。犬的外形之所以与现在的狼相差较大,完全是人工选择的结果——定向的加速培养往往比自然环境选择产生的变化更快。

(一)犬类的进化

犬类从野生肉食动物进化为家庭宠物的过程深受人类干预的影响,人们仅用数百年时间便繁育出犬类的众多品种,但计划繁育并未消除野狼赋予犬类的基本生物特征。

人们普遍认为犬类拥有共同的祖先——狼(图 4-1)。这种血缘关系在某些品种(如德国牧羊犬或狐狸犬)身上特征比较明显,表现为狼族的头型和竖耳,但在另外一些品种身上却难觅踪迹,如小型贵宾犬、圣伯纳犬等。从遗传学角度来说,任何品种的犬都带有与狼近乎相同的基因。从狼到目前已知的众多驯化犬类的进化速度相当快。这一进程起初是渐进的,犬的体形和大小变化并无规律,但人类开始选育所需特征突出的犬时,进程便开始加速。

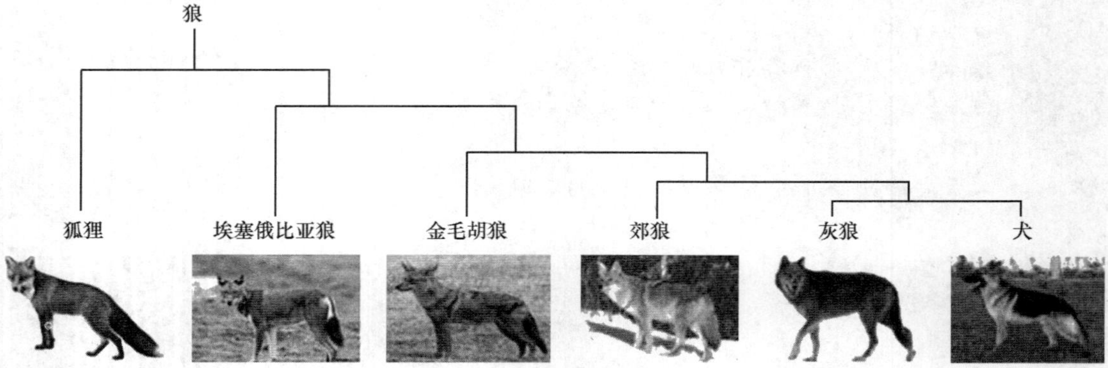

图 4-1　犬科谱系

(二)犬的驯化过程

犬类是人类最早驯化的动物,但究竟野狼于何时、何地从野外进入人类居住地并与人类为伴仍然没有定论。考古学帮助人们缩短了犬类进化时间和缩小了地域的可能范围:研究发现,人类骨骼和犬类遗骸共存的墓葬最早见于中东,这表明犬类从野狼进化为驯化动物的演变过程的发源地可能是中东,时间约为 1.5 万年前。

早期的野狼可能为食物和散落的废弃物所吸引而悄然接近人类部落居住地,这些伺机觅食的狼往往被人类猎杀而获取其肉和皮毛。随着时间的流逝,人类开始驯化喂养失去父母的狼崽,它们作为群居动物很容易被人类所豢养。狼充当捕猎助手和防范入侵者接近的警卫等优秀的品质一经发现,便开始服务于人类部落,人类对狼的驯化便开始了。据推测,在早期的选育过程中,人们挑选喂养那些体格强壮、易于驯养或对猎物嗅觉敏锐的狼。数百年后,人们对狼的选育开始复杂化。人们对狼的皮毛、肤色、脾性和特殊技能进行精心改良和培育,最终繁育出成百上千种犬,它们的种类繁多,体形大小各异。犬类喂养者为了培养理想品质而采用的选育方法在选育过程中发生了变化,一些犬种特性逐渐被淘汰,而另外一些则被固定为培养标准。

(三)溯本追源探讨犬的行为

狼是犬类共同的祖先。在进化的过程中,犬类丢失了狼的部分习性,但也保留了狼的某些行为特征。对于犬的行为分析与学习,有时需溯本追源,从狼的行为习惯着手才能找到根本原因。以牧羊犬的牧羊行为为例,牧羊犬能够根据牧羊人的指令将羊圈在指定区域,这种技能确实厉害,但追本溯源至狼的行为习惯却很容易解释。牧羊犬只不过是施展了狼祖先遗传下来的本能,并将古老狩猎模式修改得适合牧羊人的需求而已。

狼在捕猎过程中,从第一眼发现猎物并向其移动时,可能是非常紧密集结在一起的一群。接着,当狼逼近时,每一只狼会与最近的伙伴分开,并继续各自散开,对猎物形成包围圈。牧羊犬跑来跑去时,其实是一只犬在扮演一群狼的角色。当牧羊犬在某个位置趴下,用稳定的表情盯着羊时,就可以立刻发现,虽然它想营造狼式恐怖氛围,但没有同伴,只得依靠自己力量达成狼群包围猎物的原始包围模式。因此它只好朝左跑一跑、趴下,朝右跑一跑、趴下,用这种方式完成整个狼的包围圈,完成各个不在场伙伴的不同岗位。

地位最高的狼会发动各种行动,并决定挑选哪一只猎物。其他狼会密切注意其行为并遵从其领导,如此可以避免因意见不一而彻底摧毁狩猎的目标。对牧羊犬而言,牧羊人就是"最上位的狼",因此当牧羊人下达操控羊群的决定时,牧羊犬就会迅速接受指令。有趣的是,在牧羊人要教会牧羊犬执行的任务当中,最困难的任务是将羊群驱离牧羊人的身边。这个动作与狼狩猎的本质背道而驰,因为在自然、野生的情况下,居支配地位的狼绝不会要求居被支配地位的狼将猎物赶离身边。不过就算是这样的任务,牧羊犬依然办得到,因为它们完全服从于主人。

除了牧羊犬的牧羊技能,犬埋藏骨头的行为、临近分娩时挖掘分娩箱的行为、断乳期母犬的呕吐行为等均能从狼的行为中找到答案。

二、犬的驯养史

犬是人类最早驯化的家畜,从人类狩猎和采集的时候起,犬就开始与人类朝夕为伍,是真正的家畜化产物。常见的"六畜"是指犬、猪、牛、羊、马、鸡,这一顺序就是按被驯服的先后顺序排名的。

(一)国外的犬驯养史

犬驯养起源于 1.2 万年以前的北半球,当时,狼的分布范围没有现在这样广泛。考古学的证据已充分证明,约在 9 000 年以前,狼与犬的体形和大小已有明显区别。在古罗马时代,这一演变的趋势进一步加速,当时的犬已具备了现代犬的许多特征。那时驯服和留养的犬一般用于狩猎、守护和牧畜等工作。在中世纪,犬经过对各种气候条件的自然适应、人为的高度选择、繁育、驯养和训练,形成和出现了许多不同形态、体形和功能特征。至 18 世纪,许多高度智慧和专门化的犬种已逐步形成。

由于犬在嗅觉、视觉、听觉等方面的独特性能,人类在 19 世纪末期开始将犬用于军事征战。1890 年比利时机燕都市的警察署最早开始将犬用于刑事侦查,现在世界上许多国家都广泛使用军犬(或称警犬)。军犬被大规模的用于近代战争中,在探测地雷、警戒、传令、侦查、引路和拉雪橇运送物资等方面发挥了巨大作用。目前,世界各国都十分重视军犬的驯导研究,相继成立了许多军犬的科研机构(如军犬研究所)。随着技术的进步,高科技武器装备迅速发展,但经特殊训练的军犬在侦破、缉毒、警卫等方面仍然具备不可替代的作用。在犬的驯养史上,最具特殊意义的进展和最明显的变化发生在近100多年。19世纪中后期,当犬展和犬类比赛成为养犬者的时尚时,用以比较和判定各个不同犬种的品种标准也随之建立。1873年英国组建了世界上第一个养犬协会。1884年美国犬业俱乐部(AKC)成立,推动了许多犬种标准的制定和实施,并实施了种犬登记和系谱制度,同时也制定了犬展或比赛的各项规则。目前,国外举办的各类宠物比赛多数是按AKC体制进行的,经严格训练的犬可参加全犬种比赛、服从性比赛以及趣味障碍比赛等。

(二)我国的犬驯养史

我国对犬的驯养有8 000多年历史。新石器时代晚期是我国原始畜牧业的发达时期,由于居住在各地区的原始氏族受自然条件的影响,北方最早和最主要的家养动物是犬、鸡、猪,南方是犬、猪和水牛。在相当长的一段时期,犬为人们狩猎、放牧、征服、驯化和奴役其他兽类做出了巨大贡献。汉朝养犬业兴盛,皇宫中设“犬中”和“犬监”的官职,养犬规模不断扩大,“走犬”成为帝王将相茶余饭后的娱乐。汉武帝曾建有“犬台宫”,文武百官定期观赏“斗犬之戏”。南北朝时,皇宫里为豢养的犬赐名为“犬夫人”或“郡主”,享受与人相同的诰封。唐代有皇帝专门为犬兴建一座华丽宽阔的“犬坊”。广东出土的古代陶制犬和木制犬,形态、姿势各异,大多数造型为蹲在楼阁门前守门,表明当时犬在很大程度上用于守卫。

随着人们生活水平的日益提高,休闲已成为现代都市生活的一大主题,作为休闲生活的重要组成部分,饲养宠物已被越来越多的人所接受。特别在20世纪后期,随着工业化进程的加速、城市经济的发展、生活方式的变化、人口老龄化的加剧以及生活压力的加大,人们对伴侣动物的需求不断增加。而犬天性中有对人的顺从、亲密和忠诚,理所当然地被人们所宠爱。但随着宠物犬数量的不断增加,犬伤人(或其他家养小动物)的事件也不断增多,城市居民养犬的素质也迫切需要提高。一方面,避免动物遭受虐待,保障社区的安宁与和谐。另一方面,为了使犬真正成为家族的重要成员,更好地给人们的生活、学习、工作带来乐趣,犬的诸多行为,如犬的看家护院技能、工作犬的特殊技能、小型宠物犬的表演技能等需要规范与加强。对于中小型宠物犬的驯导,我国尚处在发展阶段,起步较晚,但发展相当迅速。目前,尚无专门的机构进行中小型玩赏犬的相关培训,多数是由个人创办的各类宠物培训学校从事相关工作,主要对犬主进行文明养犬新理念、驯犬技能等方面的培训,同时也对犬进行相关科目的培训。

(三)犬驯养的意义

犬忠诚,性情温顺,善解人意,经过严格的训练后能尽忠尽职,在军用、狩猎、牧畜、观赏、娱乐以及现代化建设与生活中做出了卓越贡献。

1. 狩猎

狩猎是犬的一种本能,最初人类驯养家犬的目的就是狩猎,但经过严格训练的猎犬的狩猎能力远高于其本能。猎犬能发现猎物,指示猎物所在位置,围攻大型猎物,驱赶隐蔽在洞穴等处的猎物至开阔地带,能把猎物紧紧衔于口中送交于主人,而不在猎物身上留下丝毫印痕。枪猎犬能根据枪声和射击目标追捕猎物,跟鹰猎犬能与驯鹰进行地空合作。经过长期的狩猎与训练,猎犬的这种狩猎行为与技艺可以遗传给下一代,并且越来越巩固。

2. 牧羊

牧羊犬是人们驯化最早、用途最广的一类犬。犬有牧羊的本性，只要牧羊犬遇到羊群，就会主动去执行“看守”任务，一只优良的牧羊犬能看护 20～400 只羊。随着畜牧业集约化进程的不断推进，牧羊犬的功能也发生了很大的转变，如德国牧羊犬、比利时牧羊犬已训练作为护卫犬、警卫犬，而苏格兰牧羊犬、边境牧羊犬则被训练成伴侣犬。

3. 军用、警用

在第二次世界大战期间，德国训练了 20 万只德国牧羊犬，保卫纳粹集中营。目前，世界各国都十分重视开设军犬训练学校，加强对军犬的研究和使用。当前，德国牧羊犬是被训练用作军犬、警犬最多的犬种，已广泛地用于侦缉破案、追捕罪犯、查稽毒品、搜寻爆炸物、驱散肇事人群等领域，在维护社会治安、保障人民生命和财产安全等方面发挥着越来越大的作用。

4. 救援

早在约 1 000 年前，救援犬就已用于雪地救援。在约 300 年前，瑞士圣伯纳收容院就饲养有救援犬，专用于救援在雪地里走失的人，后人称这种犬为圣伯纳犬。纽约市中央公园一座小山顶上，耸立着一只犬的塑像，是为了纪念一只名叫普尔托的救援犬。目前，在雪崩及地震后使用的救援犬多是德国牧羊犬，它们能嗅出被埋在废墟中人的气味，并实施救援；在水灾时担负救援工作的多是纽芬兰犬，它们能在海面、暴风雨中进行救援工作。

5. 导盲

早在 1915 年，法国和德国几乎同时成立了导盲犬训练中心，训练导盲犬专门帮助第一次世界大战后视力丧失的士兵。导盲犬的训练要求较高，用作导盲的犬要求视野开阔，听觉良好，头部转动灵活，机警、驯服。各国导盲犬的标志不尽相同，瑞士导盲犬身上悬挂着显眼的红十字标记，美国导盲犬的脖子上则套着橘黄色的项圈。目前，用作导盲犬的主要有比利时牧羊犬、拉布拉多猎犬、拳师犬、苏格兰牧羊犬等。我国上海训练的第一批导盲犬有望在 1～2 年内上路导盲。

6. 拉拽

在欧洲人将马传入北美洲之前，印第安人多半是利用大型犬来拉车。在今天的北极一带，犬担任拉雪橇的工作还相当普遍。犬经过专门选育和特殊训练后，组成扇形队形或编成几组，能同时拉起重约 14 kg 的雪橇在雪地上行进。常被训练用来拉雪橇的犬种主要有阿拉斯加雪橇犬和西伯利亚雪橇犬。

7. 观赏

犬是社会性较强的动物，性格温顺，体态优雅，喜欢与人为伴。目前，犬的观赏功能已成为饲养犬的主旋律，并把养犬视为时髦和富贵的象征。饲养一只宠物犬，并在日常生活中对其进行一些常见的玩赏科目的训练，会给人们紧张的现代生活、学习、工作带来无穷乐趣。

8. 表演

犬聪明机警，易于训练，在很多马戏团，都有犬的表演节目，这些犬大多经过非常严格的训练后专门用于表演。世界最为著名的犬演员是一只名叫赖婷婷的雌性德国牧羊犬，在好莱坞的 14 年中，它共拍摄了 22 部人们所喜爱的电影。

9. 犬医生

"犬医生"是亚洲动物基金会 1991 年创办的项目，主要是让犬去敬老院、医院、福利院等地方陪伴有需要的人，为他们带去心灵上的温暖和慰藉。目前，各国越来越重视犬在这方面的辅助治疗作用，我国已有 4 座城市(香港、台北、成都和广州)设有犬医生。

用作犬医生的犬，年龄要求在 2 岁以上，与人共同生活 6 个月以上，身体健康，与人友善，喜欢与陌生人接近，特别要允许粗鲁或过度热情的抚摸和拥抱。犬医生的训练要求高，训练时间长，训练过程中的淘汰率也较高。常可用作犬医生的犬种有金毛寻回猎犬、英格兰牧羊犬等。

10. 实验

这类犬用于医学、生物学、航天科学等科学实验。有些国家为了纪念实验动物的功绩和可贵的牺牲精神，由科学家们设立了"实验动物日"，其中就包括实验犬。

11. 其他

犬的功能和用途是多方面的，除了以上用途，犬还可以用来火光报警、送物取物、捕鼠等。随着社会养犬业的不断发展，犬的应用渠道将会日益拓宽。

任务二　犬的感觉和身体结构系统

犬的感觉器官

一、犬的感觉系统

(一)犬的视觉

犬的视力很好，但在许多方面与人类大不相同。曾经有很长一段时间，人们认为犬是色盲，活在一个全然黑白的世界里。但如今人们已知事实并非如此，不过色彩对犬而言并不特别重要。就眼睛视网膜上杆状细胞和锥状细胞的比例来说，犬的杆状细胞比人类多出许多。在昏暗光线下，杆状细胞有利于黑白视力，而锥状细胞则有利于彩色视力。因此，杆状细胞丰富的犬眼睛特别适应主要活动时段集中在黎明和黄昏的日常周期，这样的周期称为晨昏性节律(crepuscular rhythm)，也是大多数哺乳动物的典型模式。人类则属于不寻常的昼行性节律，因此就视力而言，人类不算是典型的哺乳动物。

犬眼睛里有少量的锥状细胞，它们虽然不会与人类一样感受到缤纷色彩的刺激，但在犬类的视野中至少可以看到某种程度的色彩。正如伟大的眼科专家戈登·威尔士极具说服力的说法："对任何这类杆状细胞丰富的半夜行动物(如犬)而言，最丰富的光谱光充其量只会显示为不确定本体的细腻柔和色调。"确实如此，不过柔和色调也比什么都没有要好。和犬类伙伴在乡间漫步时，人们会很高兴与它们一起欣赏、共享某种程度的色彩。

在昏暗光线下，犬比人类占优势。它们的眼睛后方有一个称为"脉络膜层"(tapetum lucidum)的反光层，其作用宛如一个影像加强装置，可以让犬更充分地利用环境中的细微亮度。犬和猫一样(猫也有相同装置)，这个反光层会让它们的眼睛在黑暗中闪烁。

人类和犬的眼睛还有另一个不同之处，犬的眼睛对动态较敏感，对细节较不敏感。对犬而言，如果远处有动物在一段时间内保持不动，那么动物的影像则会从犬的视觉中消失。这正是许多种猎物在惊恐但尚未逃跑之前会保持静止不动的原因。曾有实验证明，如果犬的饲主在约 274 m 以外的地方保持不动，犬就找不到饲主。另外，如果牧羊人站在约 1 600 m 远的地方做出明显的手部信号，牧羊犬还是可以清楚看见。在野犬狩猎的长距离追逐中，动态的敏感度至关紧要。当猎物逃跑时，犬的眼睛会发挥出最高效能。

犬在狩猎时还有一个辅助，就是它们宽阔的视野。例如格雷伊猎犬之类的窄头品种，其视觉范围有 270°。比较常见的犬，其视觉范围有 250°。扁脸犬的视觉范围稍小一点。这表明犬可以在较宽的视野中察觉到细微动作，但其代价是双眼视觉（binocular vision）的范围较窄，它们的双眼视觉范围只有人类的 1/2 宽，因此人类判断距离的能力比它们强。

（二）犬的听觉

犬的低音听力和人类差不多。不过在高音方面，犬比人类优秀。人类年少时听觉的高音上限约为 30 000 Hz，壮年时降为 20 000 Hz，老年时则只达 12 000 Hz。据俄罗斯的研究，犬的听力上限约为 40 000 Hz，甚至可高达 100 000 Hz。这样的听力让犬能够听到对人类而言属于超声波的声音。当犬突然竖起耳朵并开始警戒，可能是听到啮齿目动物或蝙蝠发出的高音尖叫，而这些声音人类完全听不到。家犬之所以具有如此敏感的听觉，显然与它们祖先的狩猎需求有关，这样的听力可让它们找到鼠及其他小型猎物的位置和行踪。

这个与狩猎有关的进化对现今宠物犬有一个副作用——它们能够觉察细微迹象并做出主人误认为的先知反应。最为熟知的例子就是宠物犬可以在主人下班快到家时就先知道了。远在家中其他人听到任何不寻常声音之前，犬就已经起身并开始警戒，焦急地在门口等着迎接。如果主人是走路回家，犬可以听出主人特有的走路风格，并从街上的脚步声中分辨出来。如果主人是开车回家，犬甚至可以从路上经过的所有车辆中分辨出自己家车的声音。

这些反应看似难以置信，但更让人惊讶的是野生环境中的狼可以听到至少 6.4 km 远的吼叫。

（三）犬的嗅觉

每一只犬都可以敏锐地感知到所有气味范围，人类很难用简单方法来描述犬在这方面的优异之处。有人说，犬对气味的侦测能力是人类的 100 倍，也有人甚至说是 100 万倍、1 亿倍之多。事实上，两者的比较只能就特定的化学物质而论。对于某些种类的味道，犬的嗅觉只比人类好一些，因为那些味道对犬没有意义，如花的香味。但是犬对于某些物质的侦测能力很强，例如，犬对汗水中丁酸的侦测能力比人类优异至少 100 万倍。

有关犬对汗水侦测能力的例子令人惊叹。例如鹅卵石丢掷实验，6 个人分别捡起鹅卵石并丢得越远越好。接着由一只犬嗅闻其中一个人的手，然后它成功找到并衔回这个人丢的鹅卵石。这个人只不过是握着鹅卵石一段时间然后丢出去，就已经留下了足够的汗水，让犬能够通过嗅闻找到。更令人惊奇的是载玻片实验，一个人用指尖短暂碰触一组载玻片中的一片，然后将所有载玻片放置 6 周。等到再次取出所有载玻片时，参加实验的犬还是能够找出曾被碰过的那片载玻片。

犬鼻子似乎更容易侦测到人的脚汗。寻血猎犬可以追踪 4 d 前留下的足迹并跟踪到约 161 km 远。对犬而言，人类脚的气味很强烈，即使是许多人穿着鞋子踩过的地方，犬依然可以根据气味辨别出不同人的脚。

犬鼻子拥有 2.2 亿个嗅觉细胞（人类只有 500 万个），因此人类在许多侦测领域上都会求助于犬类。寻血猎犬曾经被用来追踪及搜寻逃跑的奴隶，后来则被用来追踪逃亡罪犯。但很少人知道，曾有人用犬来分辨双胞胎是同卵双胞胎还是异卵双胞胎。由于人类的气味是基因遗传，同卵双胞胎具有一模一样的体味，连母亲也无法分辨。异卵双胞胎的体味则不相同，犬可以轻易分辨出来。

犬类鼻子能胜任的工作还包括寻找松露、侦测毒品、搜索炸弹以及搜救埋在雪中的雪崩受难者。大麻、可卡因及海洛因这三种毒品的气味都相当独特，即使走私者将毒品小心翼翼地密封在其他物品中，犬仍然能够嗅闻出来；即使在毒品四周摆满强烈的香水、香料、烟草、洋葱或樟脑丸，都无法蒙骗缉毒小组中经过特殊训练的犬。在炸弹处理小组训练的犬则可以轻易侦测到火药的硫黄味或硝酸甘油的酸味。只要是与分辨怪异气味有关，犬鼻子远比人类制造的任何机器都灵敏。

狼在演化过程中发展出如此惊人的嗅觉能力，无疑是为了侦测远方的猎物气味。有人观察到，狼顺着风向可以侦测到 2.4 km 远的鹿的气味。狼群一旦嗅到鹿的气味，会立即在行进中停止不动，并用身体直接指向猎物的方向。僵直站立一阵子，确认了味道之后，狼会聚集在一起，鼻子碰鼻子，尾巴兴奋地摆动。然后约在 15 s 之后便向鹿的方向前进狩猎，家犬正是遗传了这项出色的能力。

(四)犬的味觉

犬的味觉不如嗅觉灵敏，而且显得有些迟钝。研究证明，犬采食主要是依靠灵敏的嗅觉，对食物适口性的评价也依靠嗅觉。这是因为犬的祖先要不断寻找远处的猎物，无论什么猎物都非吃不可。犬吃东西时很少咀嚼，几乎是吞食，因此犬不是通过细嚼慢咽来品尝食物的味道，而是靠嗅觉和味觉的双重作用。

犬不喜欢洋葱、大蒜、辣椒、生姜等有刺激性气味的调味品，也不喜欢冒烟的物品。犬最不喜欢酒精，在宠物医院给犬注射时，未擦酒精之前，犬表现乖巧，一旦擦过酒精，犬闻到酒精气味后，被毛马上直立，哆嗦不安，因此，给犬注射时，速度要快，尽量减轻犬的不安情绪。

犬对某些食物有所偏爱，大多是因为其散发的气味刺激了犬的嗅觉。因此，给犬选择食物时，要特别注意对食物气味的调理。因犬较喜欢水果及甜食，可在犬食中添加少量的蔗糖或苹果等甜味水果。也可通过少餐多次或经常改变食谱的方法来刺激犬的食欲。至于口味，通常以清淡为宜，要有嚼劲，但也不要太硬。

犬的呕吐中枢较为发达，很少看到因食物发霉变质而导致犬食后中毒的现象。当饲料变质不很严重时，犬食后会刺激胃黏膜，沿传入神经传至呕吐中枢，沿传出神经传至食道壁上丰富的效应器，食道壁横纹肌收缩，导致犬呕吐，从而减轻中毒症状。日常生活中常可见到犬采食过多或采食不洁食物后到偏僻处自行呕吐的现象。

(五)犬的触觉

触觉是犬获取外界信息、求得心理满足不可忽视的感觉功能。犬的触觉是由皮下丰富的神经末梢等构成的，触觉感受器主要集中在犬躯体的终端部位，在犬的脚、尾巴、耳朵、嘴等部位触觉发达，犬的唇、颊、眉间和脚趾等处的触毛粗而长，其根部神经末梢丰富，故其触觉最灵敏。

犬喜欢人的触摸，对犬的梳刷或拥抱在犬的心目中是最佳的爱抚表示。同样，犬也用摩擦、舔或轻咬主人来表达自己的友好之情。利用这一特性，在训练犬时，可抚摸其头部或轻拍其两肩侧，以表示对犬完成动作或任务的奖赏。但必须注意两点：顺毛抚摸能使犬舒服和兴奋，逆毛抚摸只会使犬反感。

犬不喜欢人们触摸其臀部和尾巴，尤其是陌生人，一旦触摸犬的这些部位，犬往往十分反感，从而呈现攻击的姿势，甚至伤人。犬的鼻部也是触觉敏感区域，训练时如犬不能执行命令，可用手指轻击其鼻部以示惩罚。

（六）犬的超感觉

有研究表明，在地震、洪水等大的灾难到来之前，犬表现异常兴奋，如不停吠叫、不肯进屋、爬高、被毛直立、不思饮食等。所有这些都表明犬在某些情况下确实表现出超常规感觉能，称为超感觉或第六感觉。

犬有电磁感应能力，而这种感应使它们对地球上极小的颤动和震动都能感觉到，犬的这个特性可用来预测到地震。据报道，美国一考查队到非洲的大沙漠考查，在迷路缺水的情况下，经一只犬的引路，终于找到水源，顺利完成考查任务。

犬的直觉观察也非常敏锐，而这种能力使得它们能揣摩主人的情绪。比如，当犬很高兴从别处回来，但看见主人忧伤、悲痛的表情后，兴奋性立即下降，有时甚至会处于抑郁状态。常被主人牵引外出散步的犬，看到主人拿牵引带，便会兴奋、欢悦不已。但若主人将牵引带放回，犬的兴奋性便会很快下降，有时甚至会表现出一种失望感，这些均是在直观的基础上发生的一种思维活动。可以看出，人和犬之间虽然在智力上有很大差别，但这种差别仅是程度上而非性质上的差别。

犬的身体结构系统

二、犬的身体结构系统

（一）犬的运动系统

肉食性动物的生存依赖其与发现和高效捕捉猎物相适应的身体构造，这种生理特征在犬身上非常典型。虽然人类花费了大量精力来改造犬类体形，但所有犬类的基本构造是相同的。犬类的骨骼结构经过进化能很好地提供速度、力量，具有很大的灵活性。高度灵活的脊柱和自由运动的前肢能使犬大幅度的跨步奔跑。

在犬的行进中，四肢呈现对角线式的交叉运动，即左前肢向后、右前肢向前，或右前肢向后、左前肢向前运动（图 4-2）。犬类最重要的骨骼特征体现在腿部：两块大的前腿骨（即桡骨和尺骨）合在一起，使犬能够在奔跑中迅速转向而不至于骨骼扭曲和断裂。与人类分开的腿腕骨不同，犬的两腿腕骨融合在一起，使其在直线运动中具备力量和稳定性。再加上长而有力的脚趾和像跑鞋鞋钉样的利足，犬的四肢构造令其在奔跑、跳跃和转向时具备高度的可操控性。

图 4-2　犬的行进姿态

（二）犬的消化系统

犬属于肉食性动物，犬类的解剖学构造表明其适应以肉类为主食，也有驯养的犬几乎能吃任何食物。犬的牙齿可用来吃坚韧的食物，如兽皮、肉类和骨头，口腔前部四颗大犬齿用来抓住和撕咬猎物，带有特别改良进化的肉食齿的下颌一侧用来舔舐肉类。犬的胃容量惊人，由于肉食可迅速被消化，犬的肠道较短。

(三)犬的皮肤

大多数犬种都像它们的祖先狼一样有双层被毛，通常里层是由柔软的被毛组成的保温层，外层覆盖着长度和质地不一样的较硬的被毛。一些犬种(如灵缇犬)仅有一层被毛，还有一些犬种因基因变异没有被毛或仅在头部和腿上有几缕被毛。有被毛的犬的毛囊可以长出很多根毛，厚厚的皮毛完全可以抵御寒冷，正常情况下无须给犬穿衣保暖。

犬的皮肤对外界刺激的抵抗力比人差，人的皮肤表皮层有 10～15 层，pH 5.5（微酸性），有汗腺；而犬皮肤表皮层仅 3～5 层，pH 7.5（中性），皮肤新陈代谢周期短，无分泌汗液的汗腺。给犬洗澡过勤，吹干不彻底，皮脂腺容易遭到破坏，造成犬被毛粗乱、无光泽，容易患皮肤病。犬身上的皮肤有大汗腺，但不能调节体温，分泌的液体经细菌分解后，会让犬有一股特殊的体味。

与人类不同，犬类除了脚掌下，全身皮肤都没有可分泌汗液的汗腺，为了冷却体温，它们必须将舌头吐出口腔不停地喘息。犬的舌头分泌大量唾液，一部分唾液蒸发从而帮助降低体温。犬通过足垫的汗腺散热常导致地面“湿足印”的出现，但足垫的汗腺散热作用极为有限，大多数犬通过呼吸道的蒸发作用来调节体温。这正是犬表现“气喘吁吁”的原因，尤其在炎热的夏季更为显著。除通过增加呼吸次数来散热外，犬的舌头本身也是巨大的散热面，通过张口伸舌也可以蒸发散热。

三、犬的神经类型

在训练犬的过程中，发现条件反射的活动情况在不同犬的身上有很大区别，即相同的条件会引起不同的效果。如在一些犬的身上可以很快地把阳性反射改造成阴性反射，或者把阴性反射改造成阳性反射，而在另一些犬的身上就表现得非常困难。即使在日常活动中，犬的表现也是不同的，有的活泼、有的安静，有的胆大、有的胆小。造成这些个体表现不同的原因虽然是多方面的，但主要与犬的高级神经活动有关。

(一)判定犬的神经类型的依据

犬的神经类型是依据神经过程的强度、兴奋与抑制过程的均衡性及灵活性三个特点来划分的。

(1)神经过程的强度是指大脑在产生兴奋或者抑制时，活动能力的范围和大小。

(2)兴奋与抑制过程的均衡性是指两者的强度对比是否平衡，或者哪一方面占优势。有些犬可能有强的兴奋过程，而抑制过程表现微弱，有些犬则相反。

(3)兴奋与抑制过程的灵活性是指两者相互转换是否容易和迅速。

(二)犬的神经类型的分类及其特征

根据以上神经过程的三个特点，可把犬分为四种神经类型。

1.强而不均衡型（兴奋型）

这种犬的特点是兴奋过程相对比抑制过程强，因而两者不均衡。其行动特征是攻击性很强，总是不断地处于活动状态。在条件反射活动方面，形成兴奋性条件反射比较容易，而形成抑制性条件反射则比较困难。

2.强而均衡型（活泼型）

这种犬的特点是兴奋和抑制过程都很强，而且均衡。同时，灵活性也很好。其行动特征是很活泼，对一切刺激反应很快，动作迅速敏捷。在条件反射活动方面，兴奋性或者抑制性的条件反射都容易形成。

3.强而均衡型（安静型）

这种犬的特点是兴奋和抑制过程都很强，而且均衡，具有较强的忍受性，但灵活性不好。其行动特征与活泼型的犬完全相反，表现极为安静。在条件反射活动方面，兴奋性或者抑制性的条件反射都比较慢，但形成后很巩固。

4.弱型

这种犬的特点是兴奋和抑制过程都很弱，因而大脑皮层细胞工作能力的限度很低，很容易产生超限抑制。它们的行动经常表现为“胆怯”和“颓唐”。

上述四种神经类型并不能包括犬高级神经活动所有的个体特点，除上述四种单一的神经类型外，还会遇到很多混合型神经的犬，即没有显著表现出某一神经类型特点的犬。

（三）犬的神经类型与被动防御反应的关系

前面提到，弱型犬的行动往往表现为被动防御反应，但是绝不能把有被动防御反应的犬一律看作弱型的。把被动防御反应和弱型完全等同起来的看法是不正确的。当然，犬的被动防御反应与其神经过程的功能特性有着密切的关系，真正弱型犬，由于神经过程的弱型，往往对于外界环境的微小刺激都表现得难以忍受，而使它的一切行动受到极大的抑制。但是犬的被动防御反应也不完全是由于神经过程的弱型所决定的。有的犬虽然对某些刺激也表现明显的被动防御反应，但从它们所完成的训练科目和养成的能力来看，却完全不是弱型的犬所能达到的。高级神经活动的弱型与强型的特点所表现的这种异常结合，显然是由于训练的影响或该犬所处的一些生活条件造成的。这种现象往往发生于一些生活在狭隘、局限、不得自由的条件下，或曾经受过某种意外刺激的强型犬的身上。

（四）形成神经类型的条件

犬神经类型的形成受先天特性的遗传和后天个体生存环境的影响，两者密切相关。特别要重视先天特性的优劣，以便选择良种犬进行繁殖，为训练提供优质犬。同时，也要强调外界环境对于神经类型的改变有很大作用，因为神经类型并不是一成不变的，神经过程的强度、均衡性和灵活性都可以经过特定的训练而趋于完善。特别是未成年犬，由于神经类型还没有完全稳固下来，对它们施以正确的饲养和培训具有极其重要的意义。

正确理解犬的高级神经活动类型的理论，有助于正确地选择那些符合使用要求的犬来进行训练。同时，在训练中，应善于根据不同神经类型的犬的特点，采用适当的刺激方法加以对待，从而收到良好的训练效果。

四、犬的需求、动机和行为关系

(一)需求

需求狭义的解释是指个体生理上的一种匮乏状态,此种状态如达到需要调节的程度,个体本身就会感到需求的存在。在现代心理学上,需求的意义扩大到用于表达心理上的匮乏状态,如友爱、隶属、被尊重的需求等。犬也希望被群体成员接纳或被主人宠爱。

(二)动机

动机是促使动物做出外在行为的内在的根本性驱动力量。对于犬来说,常见的动机有饥饿动机、捕猎动机、玩耍动机、权利动机、性动机、母性动机。动物的动机虽然形成于机体内部,但它起源于众多因素的共同融合。这些因素包括各种刺激、机体当时的生理状况、遗传或经验而来的性状。动机值反应动机水平,它取决于下列关联因素的影响。

1. 内部感受到的刺激

如来自肠道和血液中的渗透压和血糖等的生化指标能影响饥饿动机。

2. 外部有无特定的关键刺激

如幼犬是引发母性反应的关键;快速移动的物体,如慢跑的行人、疾驰的汽车很容易触发犬的捕猎动机。

3. 血液中的激素水平

如性激素决定性行为,公犬遇见发情的母犬,在激素的作用下常表现出近乎疯狂的求偶、交配行为,同时还表现出漠视主人召唤的行为。

4. 生物钟的周期性

生物钟能使犬的某些行为只发生在一定时间或时期,如母犬的发情期和孕产期有周期节律。

5. 个体发育成熟阶段的反应状况

同一只犬在不同的发育期,对同一刺激会有不同的反应。如仔犬与母犬的母子关系行为,会随着仔犬的发育和断乳,渐趋弱化直至消失,仔犬行为的幼稚特征也将逐渐变化。

6. 既往经历

犬以往的行为经验对动机引发有潜在影响,如寻食经验有强化食物动机的作用,有的犬曾经遭受过人或犬攻击的经历常触发其复仇动机。犬的某一行为过后的时间与该行为动机的再生及强度有关。如吃饱后的犬,在一定时间内一般不会再产生饥饿动机。

7. 中枢神经系统自动产生的兴奋性

中枢神经系统自动产生的兴奋性也能影响自发行为。动机的强弱直接影响犬行为训练的速度与效果。在实践过程中,常需测试犬的捕猎动机、食物动机。可以通过飘动的布条测试犬的捕猎动机,如果幼犬对布条不恐惧,并追逐、撕咬布条不肯松口,则该幼犬适于训练;还可以用食物测试犬的食物动机,如果幼犬追逐移动的食盆、抢食,则此幼犬也适合训练。在实际训练中,可以通过饥饿的方式强化犬的食物动机,增强食物强化物的作用。

(三)行为

犬的行为是指犬的一切所作所为,是犬个体或群体对内、外环境条件的变化所做出的有规律的、成系统的适应性反应(详见项目三任务一中动物行为的定义)。

(四)需求、动机、行为的关系

需求引起动机,动机支配行为,行为指向目标(图 4-3)。

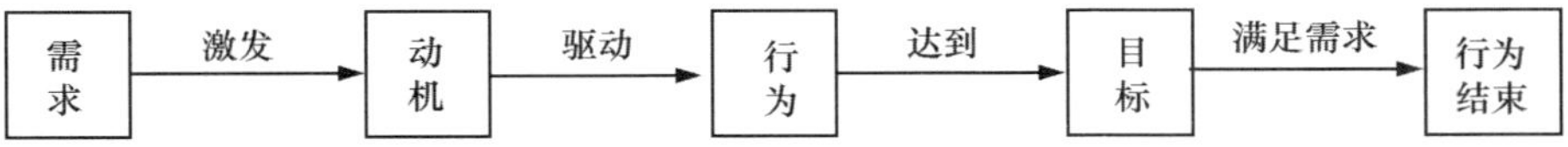

图 4-3　需求、动机和行为三者的关系

当优势动机引发的行为后果达到目标时,紧张的心态就会消除,需求得到满足。一个需求满足了,就又会有新的需求产生。这样周而复始地发展下去,从而推动动物去从事各种各样的活动。

五、犬的注意

(一)注意的定义

注意是心理活动对一定对象的指向和集中,包含指向性和集中性两大特点。注意本身不是一种独立的心理过程,而是感觉、记忆等心理过程的一种共同特性。注意的指向性就是在每一瞬间心理活动有选择地指向一定对象,同时离开其他对象。例如,衔取欲强的犬会离开正在吃的食物而转向注视主人手中的哑铃。注意的集中性就是对所指向的事物专注和坚持,并对与之干扰的刺激加以排斥。例如,注视哑铃的犬会对不断晃动的哑铃保持专注达很长时间,这时往往对其他干扰不予理睬。

(二)注意的功能

1. 选择功能

注意可以使犬在某一时刻选择有意义的、符合当前活动需要和任务要求的刺激信息,同时避开或抑制无关刺激。这是注意的首要功能,它确定了心理活动的方向,保证犬的生活和学习能够次序分明、有条不紊地进行。

2. 保持功能

注意可以将选取的刺激信息(映像或内容)在意识中加以保持,以便心理活动对其进行加工,得到清晰、准确的反应。如果选择的注意对象转瞬即逝,心理活动无法展开,也就无法进行正常的学习。

3. 调节和监督功能

注意可以提高活动的效率,这体现在它的调节和监督功能方面。在注意集中的情况下,错误减少,准确性和速度提高。另外,注意的分配和转移保证活动的顺利进行,并使犬适应变化多端的环境。

(三)注意的分类

根据注意过程中有无预定目的和是否需要意志努力的参与,可以把注意分为无意注意、有意注意和有意后注意。

1. 无意注意

无意注意是指没有预定目的，也不需要意志努力的注意。无意注意一般是在外部刺激物的直接刺激作用下，个体不由自主地给予关注。例如，正在训练的时候，有人呼唤犬的名字，人和犬不自觉地向声音处注视。

另外，无意注意的产生也与个体状态有关。动物在活动时，可能无意间注意到许多事物。无意注意更多地被认为是由外部刺激物引起的一种消极被动的注意，是注意的初级形式。人和动物都存在无意注意。虽然无意注意缺乏目的性，但因为不需要意志努力，所以个体在注意过程中不易产生疲劳。

2. 有意注意

有意注意是指有预定目的，也需要意志努力的注意。人们工作和学习中的大多数心理活动都需要有意注意。工人上班、学生上课、交警指挥交通都是有意注意在发挥作用。有意注意是一种积极主动、服从于当前活动任务需要的注意，属于注意的高级形式。它受动物意识的调节和控制，目的性明确，在实现过程中需要有持久的意志努力，所以容易使个体产生疲劳。

3. 有意后注意

有意后注意是指有预定目的，但不需要意志努力的注意。它是在有意注意的基础上，经过学习、训练或培养个体对事物的直接兴趣达到的。在有意注意阶段，个体从事一项活动需要意志努力，但随着活动的深入，个体由于兴趣提高或操作熟练，意志努力就能够在这项活动上保持注意。例如，学习外语的人在初学阶段去阅读外文报纸，这是有意注意，很容易感到疲倦；随着学习的深入，外语水平不断提高，当他消除了许多单词和语法障碍，能够毫不费力地阅读外文报刊时，就达到了有意后注意的状态。

有意后注意是一种更高级的注意。它既有一定的目的性，又不需要意志努力，因而在活动进行中不容易感到疲倦，这对完成长期性和连续性的工作有重要意义。但有意后注意的形成需要付出一定的时间和精力。

(四)注意的表现

从发生和保持过程来说，注意是由两个相互联系的机制——定向机制和信号机制来实现的。当新异刺激出现时，机体便产生一种相应的运动，将感受器朝着新异刺激的方向，以便更好地感知这一刺激，这就是定向反射。定向反射活动出现，器官有所指向，注意便发生了。如犬突然听到助训员调引犬的声音，立即引起警觉，头转向声源方向，耳朵竖起，眼睛开始寻找目标，对声源产生了很强的注意。

从神经过程来说，注意是中枢神经产生优势兴奋中心和相互诱导现象，当注意某对象时，大脑皮层相应区域就产生一个优势兴奋中心，它是大脑皮层对当前刺激进行分析综合的核心。大脑皮层相应区域具有适度的兴奋性，使旧的暂时神经联系容易恢复，新的暂时神经联系容易形成和分化，因而能充分揭露注意对象的意义和作用，对客观事物产生清晰完善的反映，这就是注意。根据相互诱导规律，当大脑皮层一定区域产生一个优势兴奋中心时，由于负诱导的作用，犬大脑皮层的其他区域或多或少地处于相对抑制状态，使落在抑制区的刺激不能引起应有的兴奋。在此种情形下，负诱导越强，注意力就越集中，因此当注意集中于某一事物时，对于其余事物就会产生“视而不见”和“听而不闻”的现象。优势兴奋中心不是长时间地保持在皮层的某个部位上，而是不断地从一个区域转移到另一个区域。优势兴奋中心的转移引起注意方向的转移。

犬在注意时产生各种各样的外部表现，主要有以下三种情况。

1. 适应性运动

犬在注意听一个声音时，就把耳转向声源，如竖耳倾听；注意看某物时，就会用眼睛盯着该物体。

2. 无关运动的停止

当犬注意某一事物时，与之无关的其他活动常常表现为静止状态，如当犬仔细嗅闻气味时，尾巴的活动减少。

3. 呼吸运动变化

犬在注意时，呼吸常常轻缓而均匀，有一定的节律。但有时在紧张状态下高度注意时，犬会屏息静气，甚至牙关紧闭。

(五)注意的品质

注意的品质包括注意的广度、注意的稳定性、注意的分配、注意的转移等。

1. 注意的广度

注意的广度又称注意的范围，是指一个人在同时间内能够清楚地把握注意对象的数量。它反映的是注意品质的空间特征。

心理学家很早就开始研究注意广度的问题。1830 年，心理学家汉密尔顿最先做了这方面的实验，他在地上撒了一把石子，发现人们很难在一瞬间同时看到 6 个以上的石子。如果把石子 2 个、3 个或 5 个组成一堆，人们能同时看到的堆数和单个的数目一样多。通过速示器进行的研究表明，成人在 0.1 s 内一般能注意到 8～9 个黑色的圆点或 4～6 个没有联系的外文字母。扩大注意广度，可以提高工作和学习的效率。

2. 注意的稳定性

注意的稳定性是指注意在同一对象或活动上所保持时间的长短，这是注意的时间特征。但衡量注意的稳定性，不能只看时间的长短，还要看这段时间的活动效率。注意的稳定性有狭义与广义之分。

(1)狭义的注意的稳定性　是指注意在某事物上所维持的时间，如长时间看电视、读一本书等。但人在注意同一事物时，很难长时间地对注意对象保持固定不变。例如，把一只表放在耳边，保持一定距离，使人能隐约听到表的嘀嗒声。结果是时而听到表的嘀嗒声，时而又听不到。注意这种周期性变化的现象称为注意的起伏。

(2)广义的注意的稳定性　是指注意在某项活动上保持的时间。在广义的稳定性中，注意的具体对象可以不断变化，但注意指向的活动的总方向始终不变。例如学生在听课的时候，跟随教师的教学活动，一会儿看黑板，一会儿记笔记，一会儿读课文，虽然注意的对象不断变换，但都服从于听课这一总任务。在许多学习和工作中，都强调广义的注意的稳定性。

同注意的稳定性相反的表现是注意的分散。注意的分散又称分心，是指在注意过程中，由无关刺激的干扰或者单调刺激的持续作用引起的偏离注意对象的状态。无关刺激的干扰容易引起无意注意，妨碍有意注意的活动。单调刺激的作用是指有意注意的活动如果千篇一律、毫无新意,会引起个体的疲劳和精神松懈,也会产生分心。犬在完成某个科目时,其神经过程几乎总在特定的一系列的变化过程中。注意力好的犬更易完成科目,更适合用于训练。

3. 注意的分配

注意的分配是指在同一时间内把注意指向不同的对象和活动。注意的分配在人的实践活动中有重要的现实意义。如教师需要一边讲课,一边注意学生的课堂反应。司机需要一边驾车,一边观察路况。事实证明,注意的分配是可行的,人们在生活中可以做到"一心二用"甚至"一心多用"。

4. 注意的转移

注意的转移是指根据新的外界变化,主动地把注意从一个对象转移到另一个对象上。注意转移的快慢和难易取决于原来注意的集中程度以及引起注意转移的新事物的性质。原来的注意集中程度越高,兴趣越浓,注意的转移越困难。反之,原来的注意集中程度越低,兴趣越淡,则转移越容易。新的事物越符合需要和兴趣,注意的转移越迅速。注意的转移与注意的分散不同。转移是有目的、主动地把注意从一个对象转向另一个对象,使一种活动合理地为另一种活动所代替;而分散是在需要注意稳定的时候,不随意地改变了注意的对象,是一种被动地、消极地为无关刺激干扰所致。例如犬在进行搜索科目时,受到其他犬尿液气味的影响,可能放弃正在进行的工作而去嗅闻一番,对科目的注意发生了分散,这对犬的搜索科目造成不良影响;犬在搜毒时发现毒品,表现出强烈的体语反应,注意力从嗅闻转移到衔取,表现为撕咬或抓扒,这就是一个主动的转移过程。

(六)影响注意品质的因素

在注意品质的主要构成中,与驯犬直接有关的因素主要是注意的稳定性和注意的转移。影响注意品质的因素如下。

1. 注意对象的特点

注意对象本身的一些特点影响注意在它上面维持的时间长短。一般来说,内容丰富的对象比单调的对象更能维持注意的稳定性。活动的对象比静止的对象更能维持注意的稳定性。但并不是说事物越复杂,刺激越丰富,注意力就越稳定。过于复杂、变幻莫测的对象反而容易使犬产生疲劳,导致注意的分散。

2. 个体的精神状态

个体的主观状态也影响注意的稳定性。被驯犬的个体身体健康、情绪良好、精力充沛,就会在训练过程中全力投入,不知疲倦。相反,如果被驯犬处于疲劳、疾病状态,或者在情绪受挫的情况下,注意无法保持稳定,训练效率也会大大降低。此外,被驯个体的积极性、动机越强烈,注意越容易稳定。如衔取欲强的犬往往表现出对物体的高度注意力。

3. 个体的意志力水平

注意的稳定性实际上就是保持良好的有意注意,因此也需要有效地抗拒各种干扰。个体具备坚强的意志力,就可以战胜各种困难,克服自身缺点和不足,始终如一地保证活动的进行和活动过程的高效率。

4. 对原活动的注意集中程度

个体对原来活动兴趣越浓厚,注意力越集中,注意的转移就越困难。

5. 新注意对象的吸引力

如果新的活动对象引起个体的兴趣或能够满足其心理需要，注意的转移就比较容易实现。

6. 明确的信号提示

在需要注意转移的时候，明确的信号提示可以帮助个体的大脑处于兴奋和唤醒状态，灵活迅速地转换注意对象。文艺演出中报幕员的角色，其实也发挥着这方面的作用。这种提示信号既可以是物理刺激（如铃声、号角），也可以是他人的言语命令，甚至是自己的内部言语的提醒。

7. 个体的神经类型和自控能力

神经类型灵活性高、自控能力强的动物比不灵活、自控能力弱的动物更容易实现注意的转移。主动而迅速地进行注意的转移，对各种训练工作和学习过程都十分重要。敏捷训练要求在短时间内对各种新刺激做出迅速准确的反应，对注意转移的要求尤其高。

任务三 犬的心理与行为特征

一、犬的心理

犬的心理

1. 怀旧依恋心理

当一个人远离故土，来到一个陌生的环境时，总有回忆过去、思念亲人的意念，在其心目中总想抽空回去看亲人，这种留恋故土的心理状态，心理学家称之为怀旧依恋心理或回归心理。犬也同样具有这种心理，而且回归欲望比人更为强烈。犬有极强的归家能力，便是犬怀旧依恋心理的最好体现。尤其是成年犬易主后，到一个新的陌生环境，总有一段时间闷闷不乐，对待新主人冷漠无情、心存戒备，有时甚至伺机逃跑，奔回故土。犬之所以要回家是因为主人在家，犬要回到主人身边，希望维持在主人爱抚照料下的单纯环境。正因为如此，犬才忍受各种困苦，历尽艰辛，从遥远陌生的地方独自归来。在归途中，除必须承受不安与焦虑外，还要面临各种危险、忍受饥饿，即使是死亡也无法阻拦犬对主人的思念之情。犬回归心理的实现与其优秀的方向感是分不开的。1927 年夏季，一位住在波士顿郊外的名为希奇的先生，带着 4 岁的德国牧羊犬"哈佛特"，坐车来到洛杉矶。然而在嘈杂的街道上，"哈佛特"走失了。6 个月后，"哈佛特"却狼狈地回到了波士顿，投入主人的怀抱。犬回归欲望的强弱与其对主人的感情有很大的关系。一般感情越深，依恋心理越强。在引进犬的过程中，应考虑犬的依恋心理。在引进时，应详细向原犬主询问犬的活动及生活规律。引进后，应花时间与犬建立良好的感情，转移其对旧事物的注意力。

在日常生活中，犬非常依恋主人。见到主人后总是迅速跑上前去，在主人的身前、背后盘跑跳跃，表现出特殊的亲昵。可从主人那里得到食物、爱抚、安慰、鼓励和保护，也可能因为犯有"过错"而受到主人的责罚，但犬相信主人是永远不会抛弃它的。犬往往极力维护主人的一切利益，尽自己一切可能满足主人的意愿。犬对主人的感情胜过与同类的感情。这种对主人的依恋心理是犬忠诚于主人的心理基础，犬可以奋不顾身地保护主人，也可以仗着主人的威势侵犯他人。

2. 占有心理

犬有很强的占有心理。在这种占有心理的支配下，犬表现出人们常见的领域行为。正因为如此，犬才具备了保护公寓、家园，巡逻宅地，保护财产及主人的能力。犬表示占为己有最常用的方法是排尿做气味标记。同时，在关养多只犬的犬舍内，犬会依其顺位各占据一定的空间，即使是一块狭小的土地，也一定有其固定的睡觉场所。有些占有欲特别强的犬会任意进入空犬舍检查一番，在原有足够空间的情形下，纵然看见其他犬来了，也会咆哮，不愿让开。犬有储藏物品的行为，这也是其占有心理的表现。犬储藏吃剩食物的方法是用两前肢在地面上挖洞，将衔来的肉埋于其内，再仔细地用鼻尖将土推回去埋好。在其他犬途经此地时，这只犬往往站在储藏地上面露出獠牙咆哮，以示自己的所有权。与住所及食物一样，在人类眼中看来毫无用处的物品，犬也会加以收集，并表现出强烈的占有行为。如犬常常将木球、石头、树枝等衔入自己的领地啃咬、玩耍。我国台湾犬心理学研究者安纪芳所养的一只犬"伊丽丝"还擅长将占为己有的物品储藏起来，趁主人及其他同伴不在时，偷偷地拿出来玩。这些事实都说明犬除对食物占有外，对于其他嗜好品也都视为私有财产，并有强烈的占有欲。

犬十分重视对自己领域的保护，对自己领域内的各种财产，包括犬主人、主人家园及犬自己使用的东西（如犬床、垫草、食盆等）均有很强的占有欲。正因为如此，养犬看家护院是很有效的。公犬在配种期间，并不喜欢有人接近它和母犬的居住地，似乎怕人们夺走伴侣，这表明了公犬对母犬也存在占有心理。犬的占有心理常导致犬与犬之间的领地争斗。此外，也正因为犬对主人有占有心理，才使护卫犬面对敌人能英勇搏斗、保护主人。

3. 好奇心理

犬在生活中无时无刻不被好奇心所驱使，来到陌生环境时更是如此。犬在好奇心的驱动下，利用其敏锐的嗅觉、听觉、视觉、触觉去认识世界，获得经验。每当犬发现一个新的物体，总是用好奇的眼神注视，表现出明显的视觉好奇性。然后用鼻子嗅闻，用嘴巴舔舐，甚至用前肢翻动，进行认真的研究。好奇心促使犬乐于奔跑、游玩。犬的好奇心有助于犬智力的增长，犬的好奇心可以被认为是一种探求反射的活动，在好奇心的驱动下，犬表现出模仿行为。这种心理状态为各种科目的训练提供了极大的方便。如犬的牧羊模仿学习是一种很重要的训练手段，其训练基础便是充分利用幼犬的好奇心理，幼犬通过模仿，能从父母那里很快学会牧羊、狩猎本领；无交配经验的年轻公犬通过模仿可很快掌握交配要领。

4. 等级心理

在所有驯养的动物中，犬是一种最适合和人生活在一起的动物。犬能顺从于主人，听从指挥，建立互相理解、互相爱戴的关系。犬的这种紧密合作行为是由其等级心理所决定的。在犬的心目中，主人是自己的自然领导，主人的家园是其领地。这种顺应的等级心理沿袭于其家族顺位效应。同窝仔犬在接近断乳期时，便已开始了决定顺位的争夺战。刚开始并没有性别差异，一段时间后，杰出的公犬就会镇压其他犬。其实这种顺位等级心理在仔犬出生时便已存在，例如：比较聪明的仔犬在全盲的时候就已开始探索乳汁最多的乳头，如果其他犬也来吸，它就会从下面插进去将这只犬推开，抢回这个乳头。

在犬的家族中，根据性别、年龄、个性、才能、体力等条件决定首领。往往雄性、年龄大、个性强、智慧高的成为家长。家长的权力是至高无上的，家族中的其他成员只能顺从于它。对仔犬而言，父母犬是自然的家长。当仔犬发现了某种情况，并不会立即独自跑过去，而只是站起来，以等待指示般的紧张表情回头看家长，如果家长站起来，就高兴地跟在后面。如果家长不理它，依旧躺着，那么这只仔犬心里虽然很想动，也不得不再次坐下来。此外，人们经常发现，当母犬从外面回来时，家族中的成员会兴奋地跑跳，争相围绕在它的身边，舔它的嘴边、鼻子，使它几乎无法动弹。

相反，家长一发怒，成员往往会胆怯畏缩，有的甚至会腹部朝上仰躺，等待家长的责备。这都是犬等级心理及理性直觉的外在表现。同样，在一个犬群体中，也存在顺位等级，这种顺序可以在将一群犬叫进犬舍时看出。往往犬群中的领导者领先，然后依照位次逐一进入，最后进入的犬从不争先，因为它明白自己处于最低位。有时，这样的犬会同时受到许多犬的攻击。犬的这种理智的等级心理，维护着犬群的安定，避免了无谓的自相残杀，保证了种族的择优传宗、繁衍旺盛。犬在等级心理的支配下会发生等级争斗行为。人们通过观察争斗行为来了解犬的等级心理，掌握等级顺位、优势序列，选择出优秀的头领犬。在犬的家族中，犬知道自己的顺位，对于自己的地位绝不会搞错。

有研究者提出，犬对人的顺位也很了解，并且大体上与人们所认定的顺位一致，如男主人、女主人、小孩、佣人的顺序。在家养犬中，犬对一家人的命令并不是都服从，而只是服从自己主人的命令，主人不在时才服从其他人的命令。这表明在犬的心目中，主人是最高等级，其他人是次要等级，自己是最低等级。犬在其等级心理的支配下，还会想方设法亲近主人或最高地位者，以获得他们的保护，在首领的影响下提高自己的顺位。正是基于这种等级心理，犬对主人的命令才会服从，才会忠于其主人。如果犬对主人的等级发生倒位，则常出现犬威吓、攻击主人的现象。

5. 嫉妒心理

犬顺从于主人，忠诚于主人，但犬对主人似乎有一个特别的要求，即希望主人爱它。而当主人在感情的分配上厚此薄彼时，往往会引起犬对受宠者的嫉恨，甚至因此而发生争斗。这种嫉妒是犬心理活动中最为明显的感情表现。这种嫉妒心理的外在行为表现是冷淡主人、闷闷不乐及对受宠者施行攻击。

在犬的家族中，因争斗而形成的等级顺位维持着犬的社会秩序。主人宠爱其中某一只犬，这是主人的自由，而对犬群来说，则是一个固定的程序，即只能是地位高的犬被主人宠爱。若地位低的犬被主人宠爱，则其他犬，特别是地位比这只犬高的犬，将会做出反应，有时会群起而攻之。这是犬嫉妒心理的表现。在犬的心理中，每只犬都希望能得到主人的爱，并且总是想独占这种爱意。有些心理学家也认为，这是犬将主人作为领地一部分的行为表现。但无论如何，犬在自己的主人关心其他犬时总是表现出不愉快的心情，这种现象在主人新购进犬时表现得较为明显。在新的仔犬进入后，原来的犬总有较长段时间不高兴，甚至威吓或扑咬这只新来犬。针对犬的这种心理，在与犬的接触过程中应注意，在自己的爱犬面前，切勿轻易对其他犬及动物表现明显的关切，以免发生意外。但利用犬的嫉妒心理，训练犬拉雪橇是非常成功的。

6. 复仇心理

犬在大多数人的眼中天真无邪，忠诚可靠，与人友善，但就讨厌犬的人来说，犬则是一种依仗主人行凶作恶的动物。这是从人的眼光中看出的犬的两面性。其实犬的确有其两面性，与人相似，也具有复仇这一心理。犬往往依据其嗅觉、视觉、听觉将曾恶意对待自己的对象牢记在大脑里，在适当的时候实行复仇计划。犬在复仇时近乎疯狂，有置对方于死地之意。在犬与犬的交往中，也同样表现出因复仇心理诱发的复仇行动，并且犬还会利用对方生病、身体虚弱的机会进行复仇，甚至在对方死亡之后还要怒咬几口。我国台湾犬心理学研究者安纪芳先生所养两只母犬“塔奴”与“迪娜”，曾因顺位之争结仇，后来主人只好将两犬分开，3 年后，“塔奴”死亡，主人带着“迪娜”去察看，“迪娜”一路警觉四周变化，快到“塔奴”住所时，“迪娜”突然冲进去，嗅嗅躺倒的“塔奴”，随后猛然咬住它的喉管。这大概是 3 年前遭受严重攻击的记忆，面对已无法动弹的对手突然实施报复之故。这样的事例还有很多，如某些凶猛强悍的狼犬对待为它治病打针的兽医总是怀恨在心，伺机报仇。犬的这种心态对扑咬科目的训练是有帮助的，助训员首先成为犬的敌人、复仇的对象，这样可提高训练效果。同时也应注意，与犬相处时，要防止犬因复仇而使自身发生意外。

7. 争功邀功心理

两只猎犬在一起追捕猎物时往往你争我夺、互不相让，有时甚至暂时放下猎物进行内战，以决高低。两只猎犬都想为主人获取猎物，这是犬争功心理的外在行为。犬争功的目的是邀功获得奖赏。当一只猎犬获取猎物，将猎物交给主人时，往往抬头而自信地注视主人，等待主人夸奖或给其食物。这种邀功心理是犬被人驯化后发展起来的心理活动。人们在训练犬时，往往以奖赏作为训练的一大手段，当犬完成某一规定的动作行为时，总是以口令或食物予以奖励。这种训练形式强化了犬的邀功心理，有时犬是为了获得这份奖赏而去完成某项工作，甚至发生争功行为。犬的这种心理活动提示人们，在日常的训练和使用过程中，应注意培养犬的这种争功心理，在表扬、奖励上要慷慨大方，满足犬的邀功心理，尤其在犬完成某一动作，因表现出色而自信地邀功时，更应及时地给予奖励，强化作业意识，促使犬更好地完成工作。

8. 恐惧心理

犬喜欢吃、玩，喜欢陪伴主人散步，在进行这些行为时，犬表现出心情舒畅，充满喜悦。相反，犬也有其恐惧、害怕的心理。心理学家与行为学家观察发现，犬害怕声音、火、光与死亡。未经训练的犬对雷鸣及烟火具有明显的恐惧感。

飞机的隆隆声、枪声、爆炸声及其他类似的声音都是犬害怕的对象。犬在听到剧烈的声响时，首先表现被突如其来的巨响震惊，接着便逃到它认为安全的地方，如钻进屋檐下或房间里，缩着脖子钻到狭小的地方伏地贴耳，一副胆战心惊的模样。只有声音停止，它们的心情才得以平静。这种恐惧声音的行为是一种先天的本能，是犬在野生状态下的心理残留，但这种本能是可人为改变的。要克服犬的这种恐惧心理，从仔犬时便应进行声响锻炼，以使其适应这种刺激。

除声音外，怕光的犬也相当多，这也源于自然现象中的闪电，犬将这两者联系起来，并不能分清其关系。此外，与光一样，大多数犬都讨厌火，但达不到恐惧的程度。在德国，有一只 4 岁的母犬会用脚来踩灭留有火苗的烟蒂，直到不冒烟为止。

以上所述主要是犬对于自然现象的本能恐惧，而比这些本能恐惧更为强烈的是生命现象中的死亡。在日常生活中，人们经常见到犬恐惧心理的外在表现，例如，犬怕汽车、怕会动的玩具等。然而只要从小对其进行环境锻炼，使其在社会化期多接触些事物，就能减少甚至消除这些恐惧心理。这也说明了犬是一种聪明、可调教的动物。根据犬的这种心理及变化过程，社会化期幼犬的环境锻炼是至关重要的。

9. 孤独心理

犬生性好动，不甘寂寞。犬与主人相处，以主人为友，依赖于主人。犬将主人作为自己生活中不可缺少的一部分。犬一旦失去了主人的爱抚或长时间见不到主人，往往会意志消沉、烦躁不安。在运输过程中，若将犬关在四周闭合的木箱中，犬会大闹不已，因为犬已感受到了和人类朋友的隔绝。这些都充分说明犬也存在孤独心理。这种孤独抑郁的心理状态对犬来说是一个致命的打击，有时会引起犬的神经质、自残及异常行为的发生。例如，长期关养的牧羊犬便经常因无聊和孤独，出现在犬舍内无休止转圈的不良行为。因而在犬的饲养管理、训练使用的过程中，人应保证有足够的时间与犬共处，以消除犬的孤独心理，增进人与犬的感情。

10. 撒谎心理

犬也会撒谎，并且有时撒谎伪装的手法还很高明。布坦爵克所著《犬的心理》一书中曾记载了一个很有名的例子：一只犬因有在垃圾堆寻找物品的习性而受到主人的惩罚，从此以后，这只犬如果在垃圾堆，主人突然呼叫它，它绝不会立即走到主人身边，而是先往反方向的草地跑，然后才回到主人身边。这是一种常识性地隐瞒自己错误的行为，也就是让人误以为它不在垃圾堆而是在草地的欺骗手法。通过这个事例，也可以认为，犬是害怕主人惩罚而逃跑，而强烈的服从心理又迫使犬回到主人身边。但不管怎样，犬存在撒谎行为，在和犬相处的过程中应注意识别。

二、犬的行为特征

犬的行为特征

（一）捕食行为

犬属于食肉目动物，远古时代的犬以捕食小动物为主，如追捕和杀死小动物，追逐兔、狐、猫、鸡、鸟、羊等，甚至追咬人类。人们可充分利用犬的这种特性，训练犬牧羊，驱赶羊群、牛群，看家护院，保护人类，同时用作一种训练手段来对犬的常见科目进行训练。目前小型纯种犬的捕食行为已大大减退，在家养条件下，基本靠主人来提供食物。

（二）排泄行为

犬的排泄属不定时不定量排泄。母犬排尿时，两后肢下蹲，呈下蹲坐姿势。公犬则抬起一侧后腿，在选定地方撒尿，尿液呈水平射出，但未成年小公犬的尿液一般不水平射出。

犬的排尿多发生在犬采食后或睡觉醒来后的 0.5～1 h，此时排尿相对较多。如犬在户外玩耍时，排尿则表现为不定时，每次排出的尿液相对较少。犬常认定第一次排便的地方，应注意防止犬随地大小便，养成不良的排泄习惯。在家养条件下，应从小进行犬的定点排便训练。

犬的排泄不仅是一种排除代谢废物的方法，也是和其他犬交往的一种手段。犬的排泄物中含有特殊的性外激素，在其与外界交往的过程中发挥着重要的作用。当两只犬在相遇之时，双方互嗅对方的身体、轻轻地触碰口鼻，并在相互了解的基础上对对方的外生殖器进行程序性的检查，彼此相互传递信息，而尿、粪便、唾液、阴道分泌物以及身体中其他腺体的气味等都是这些信息传播的载体。

在所有有效的气味散发物中，尿液是最重要的一种，仅从犬频繁地排尿和嗅闻其他犬的尿迹，就可以说明这一点。犬的尿液具有如下几个方面的作用。

1. 吸引异性

这一点对于母犬来说尤为重要。母犬处在发情期的时候，常会在很大的范围内进行活动，并频频在经过的路段上小便，为它周围活动的公犬布下一串连续的开放式的吸引物，一直引向它的住处。

2. 划定区域

犬在户外玩耍时，常会在路的损弯处，如墙角、树干、电线杆、草垛边撒尿作为标志，以划定自己的“势力范围”，不容许外来者侵扰。犬有大范围游走的习性，可以说是没有严格界定观念的动物。在一般情况下，犬仅对住处附近的区域进行保护，划定区域，抵御入侵者。犬用人为的界墙作为自己的区域界线，当其他的人或犬未经许可而擅自闯入时，犬会有明显的保护行为，通常的做法是用吠叫声来对擅入者发出警告。藏獒的区域界线最强烈，会对入侵的犬甚至人实施攻击。

3. 布设环境

犬在充满自身气味的环境下生活会感到很舒服。为了保持这种熟悉而舒服的气味，犬常常在各种异味源上排便，如在入侵者的粪便上。犬喜爱调整位置使小便排在引人注目的物体之上，以强化这种标记。大在排尿后，常用力抓提地，以做出醒目的标记，使味源更易被发现。

4. 回程标记

当犬在进行远距离的游走时，中途留下的尿液气味可能是犬在返回时判断路线正确与否的重要依据，常看到犬在沿原路返回时低头嗅迹。

（三）嫉妒行为

犬听从于主人，忠诚于主人，但也有嫉妒心，无法忍受主人对除自己外的其他犬或动物表示关心和爱抚，否则会表现出不满，甚至愤怒。

对犬群来说，只能是地位高的犬被主人宠爱，如地位低的犬被主人宠爱，则其他犬，特别是地位比它高的犬将会做出强烈反应，有时会群起而攻之，这是犬嫉妒心理的表现。当饲喂多只犬时，如果犬主人在感情上厚此薄彼，往往会引起受冷淡者对受宠者的嫉妒之心。其具体表现是：受冷淡者同时冷淡主人，消极对待主人的命令，伺机对受宠爱者施行攻击。平时较温顺的犬，在发觉主人喜欢其他犬或人时，或多或少都会表现出嫉妒心理：有的表现精神沮丧，不爱动，或不爱注视主人和“新宠”；有的则表现异常攻击行为，不时发出低沉的吼声，表示不满，企图赶走“敌人”。有时出于对主人的畏惧，主人在时表现平静，主人一离开就原形毕露，出现攻击行为。这种行为的攻击对象可以是除主人以外的任何人或动物，所以对其他宠物和小孩要有防护措施，可先让他们认识，有助于调节犬的情绪，减少嫉妒心理。

犬的嫉妒心理在训练犬拉雪橇时可充分利用，但通常情况需要纠正。纠正攻击行为应先解决犬的心理问题，不可体罚，应该让犬在注视下与人和其他犬一起玩，主人看到其表现出友善行为后，要及时奖励。对于情绪容易激动的犬，可按住其身体，抚摸头部和前胸，让它感觉到对它很在意。如果同时饲养几只犬，千万不可偏疼偏爱，见到它们时，要叫它们所有犬的名字，公平地爱抚它们，否则它们会因争宠而互相威胁打斗。

同时，犬也具有虚荣心和好胜心。虚荣心促使犬非常喜欢得到人们的称赞、表扬。当犬做一件好事或完成一些技巧动作时，主人的赞美或轻拍会使犬非常满足，并表现得极为愉悦。犬也有害羞心理，如果做错事，或体貌上发生一些变化（如被毛被剪得太短等），它也会躲起来，害怕见到人，直到饥饿难忍才出来。两只猎犬在一起追捕猎物时，往往你争我夺，互不相让，有时甚至会暂时放下猎物，进行内战，以决高低，这是犬好胜心理的外在行为。在犬的具体科目调教时，如能有针对性地利用其虚荣心、好胜心和害羞心理，往往会起到事半功倍的效果。

（四）母性行为

犬的母性行为是指母犬向仔犬提供照料，包括分娩、哺乳等的行为。犬的母性行为是一种先天行为，是与性反射相联系的一种非条件反射，它使得分娩后的母犬能照管自己的后代。在养殖实践中，大多数时候可以完全放心并相信犬的母性行为能力。

犬的母性行为明显，母犬在妊娠后，性情变得极其温顺，行动小心翼翼，临产前自行咬（拔）掉乳房旁的腹毛，一方面有利于乳腺的分泌，另一方面有利于仔犬的吮乳。母犬分娩时能咬破胎膜，舔干仔犬身上的黏液。母犬产仔后的母性表现得更强，为了保护其仔犬，往往会有些神经质和过度谨慎，对陌生人甚至是平时与母犬很接近的人都会持有戒备心理。如果此时随便去抚摸和接近仔犬，母犬会误以为要去伤害仔犬，从而会为保护仔犬而发起对人的攻击，同时为仔犬挪位，有的甚至会将仔犬吃掉。因此，母犬产仔后，陌生人与小孩不要随便围观和抓摸仔犬，以免被母犬抓伤或导致仔犬遭到伤害。随着仔犬独立生活能力的增强，犬的母性行为逐渐减弱，最终消失。

少数母犬分娩后出现的食仔癖是其畸形母爱的残留，往往是由母犬产后缺水、人为产仔检查不当、母犬过度溺爱仔犬等原因造成的。对具有食仔癖的母犬，应给予足够的耐心进行调教，否则应及时淘汰。

（五）性行为

与其他动物一样，犬也有繁殖及传宗接代的本能，但母犬只有在特定时期才交配，通常是一年两次。而成年公犬在一年中任何时候都可能会交配，如果允许的话，公犬会走得很远去寻找一只正在发情期的母犬。

公犬在母犬愿意接受配种前很长时间内为母犬所吸引，常表现出对母犬的友好动作，但此时母犬往往拒绝求爱，甚至显得很凶恶。只有在发情期流血即将停止时，母犬的行为才发生改变，此时的母犬变得轻佻，爱调情。公、母犬见面后相互嗅闻对方的外阴，然后相互追逐挑逗。母犬将尾巴举向一侧，露出阴门，延长阴唇，而使前庭呈平直状态。对于不甚主动的公犬，母犬会做出公犬交配时的动作，爬到公犬脊背上抱住公犬，后躯来回推动。

公犬阴茎里有特殊的阴茎骨，交配时不需勃起便可插入阴道。当阴茎插入阴道后，尿道海绵体和阴茎海绵体迅速膨胀，阴道壁括约肌强烈收缩，阴茎头被母犬耻骨前缘卡住，形成类似的“栓”，以致阴茎无法退出，所以犬交配后常会出现“臀对臀”的锁配现象。犬交配后出现锁配时，不能用硬物如木棍、竹子等强行将公、母犬分开。锁配时公犬正在射精，如强行分开，一方面会导致公犬的精液损失、性器官受伤，另一方面会导致公犬的性欲丧失，多次以后很难再激发其性欲。经 20～60 min 射精结束后，阴茎海绵体因充血减少而缩小，阴道壁括约肌舒张，阴茎会自行从阴道里退出。

（六）表情行为

犬的表情变化很丰富，犬常用自己身体的动作、姿势或吠叫声来表达自己的喜、怒、哀、乐，掌握好犬的行为变化有利于与犬的互通交流，更有利于对其饲养、管理和训练调教。犬的身体特别具有表现力的部位是头部、嘴部、眼睛、耳朵、尾巴等。

1. 头部表情

犬有前突的鼻口，向前延伸的牙齿，加上发达的嘴部肌肉，这种构造一定程度上限制了可能产生的表情的丰富程度。尽管如此，犬的脸部构造也有足够的灵活性来产生相应的交流信号。犬面部放松，嘴微张，舌头有时可见或者微微伸出覆在下齿上，表示高兴放松，有点类似人类的笑脸；犬嘴闭合，不见舌头或牙齿，朝某个方向看，稍前倾，表示注意或者兴趣，但还没有担心和生气；犬嘴仍多闭合，唇缘曲卷，暴露几颗牙齿(齿的暴露是显示武器)以示警告；犬嘴部张开，唇缘曲卷，暴露犬齿和前白齿，鼻子上出现皱褶，这是主动进攻的反应，这种表情可能由挑战统治权引发，也可能由害怕引起；犬唇缘曲卷，不但露出所有牙齿，还暴露前排牙齿上部的牙龈，明显可见鼻子上的皱褶，这表示主动进攻性升级至最高程度，极有可能展开攻击。

2. 嘴部表情

嘴部表情的一般规律是：牙齿和齿龈暴露越多，威胁信号的程度越强；嘴巴张大并呈“C”形，这种威胁是统治性的主动威胁；嘴张开，但嘴角后缘后拖，这种威胁属于害怕，是被动防御性的。犬嘴部表情常见的还有以下几种情形：打哈欠是压力和焦虑的简单信号；舔人或者犬的脸是主动屈从的姿势，表示愿意接受对方的优势地位，也用于乞求食物；舔空气是一个极端屈从姿势，表示很害怕。

3. 眼睛表情

俗话说“眼睛是心灵的窗户”，犬眼神的变化，往往真实地反映了犬的心态变化。犬愤怒惊恐的时候，瞳孔张大，眼睛上吊，眼神显得凶狠可怕；犬悲伤寂寞的时候，眼睛湿润，眼神如诉如泣；犬高兴淘气的时候，眼睛晶莹，目光闪烁；犬自信或渴望得到信任的时候，目光沉着而坚定；犬犯错心虚的时候，转移视线，眼睛上翻；犬不适或消沉的时候，眼睛半张半合，眼神慵懒；犬紧盯对方时，表示挑战；犬用眼睛扫来扫去就是感到了不安，想避开争斗。

4. 耳朵表情

犬的耳朵不仅听力很强，而且有许多表情。如犬的精神集中时，耳朵强有力的向前扬起。犬打探四周动静时，耳朵会随着声音来回转动。犬的情绪紧张准备进攻时，耳朵会有力地向后背。犬高兴、撒娇或犯错心虚时，耳朵会柔软地贴向脑后。犬因较惬意而屈服时，耳朵会向两耳的连线处折倒(如截耳的迷你雪纳瑞犬)。

5. 尾巴表情

犬的尾巴是全身表情最丰富的部位，可以从犬的尾巴状态上准确地看出它的精神状态。犬尾巴高翘并随着屁股来回摆动，表示它非常高兴。犬尾巴缓慢摇动，表示它亲昵。犬尾巴充满力量向上竖起，一点一点地摇动时，表示向对方挑衅，试探对方的力量。犬尾巴笔直地向上竖立时，表示自己有充分的自信。犬尾巴自然下垂而不动，表示事不关己的懒散状态。犬尾巴下垂或夹着尾巴，表示害怕。犬尾巴卷在肚子底下，表示它非常害怕，害怕对方伤害自己，而尾巴正是其要害所在。

6. 其他动作

与人类相仿，犬通过肢体可以准确表现出态度和企图。它们利用身体的姿势、爪子的放置、移动的方式等来传递出它们的情绪状态以及和社会群体关系的信号。犬肢体语言的一般规律是：企图表达自身更高或更大时，显示统治信号；试图使自己显得更小时，显露屈从或平息信号。显示统治性和威胁性时，将身体、头部或眼睛朝向另外一只犬，将身体、头部或眼睛移开是平息和屈从信号。在犬群体的交流中，降低身体不见得是真正的恐惧，很大程度是避免打斗，避免不必要的群体间内耗。

犬的表情变化与人类相比略显简单、贫乏，而且有的表现非常相似，必须仔细观察才能准确地加以鉴别。例如，犬高兴的时候耳朵下垂，但少数情况下愤怒时耳朵也下垂；尾巴也是如此，高兴时摆尾，愤怒时也摆动，而高兴和愤怒几乎是两种完全相反的情绪变化。此时应借助于犬的叫声、眼神及身体其他部位的状况来综合判断，只有这样才能正确地把握住犬的情绪变化。犬的几种常见表情变化：

(1)高兴　抬起前腿拥抱主人，或去舔主人的手和脸，眼睛微闭，目光温柔，耳朵向后伸，鼻内发出明快的哼哼声，身体柔和地扭曲，全身被毛平滑，尾巴自然地轻摆。

(2)愉快　当犬的心情愉快，对人友善时，常表现为尾巴懒散地下垂或轻轻摆动尾巴，身体轻松地站立，两耳同时向后方扭动，目光温柔，身体柔和地扭曲，全身被毛平滑。

(3)期待　犬摆动尾巴，身体平静地站立，耳朵竖起，有时呈现高兴或鞠躬状，伸出前爪，前腿交叉向上抬，两眼直视主人，多是期望主人与之嬉戏。

(4)亲热　当犬舔人脸，尤其是舔人嘴，或犬将前腿弯曲，肩部下落，脖子上抬或身体蹲下，将低垂的尾巴左右摇摆，耳朵向后伸时，表示与人亲热，要求玩耍。

(5)服从　身体侧卧，后腿上举，露出腹部，尾巴夹入两后肢之间，耳朵向后倒，眼睛眯成细缝，视线避开对方；或姿势向下低趴，低到几乎接触地面，将头伸给对方，耳朵向后倒，眼眯成细缝，都是表示犬被动服从的动作。

(6)愤怒　当犬愤怒时，其尾巴陡伸或直伸，与人保持一定距离，全身被毛竖起，耳朵直立，两眼圆睁，目光锐利，耳朵向斜后方向伸直，全副牙齿裸露，身体僵硬，四肢用力踏地，并不断发出“呜—呜—”的威胁声。犬前肢下伏，身体后坐，头部保持高抬，则可能是即将发动进攻的最后信号。

(7)恐惧　当犬受到惊吓而感到恐惧时，犬尾巴下垂或夹在两后肢之间，耳朵向后扭动，全身被毛直竖，两眼圆睁，脸部呈现僵硬状，浑身颤抖，呆立不动或四肢不安地移动，或者后退，少数犬全身紧缩成一团，嘴巴埋在两前肢下，呈睡眠状。

(8)哀伤　当犬感到悲伤时，低头，两眼无光，不思饮食，尾巴自然下垂而不动，主动向主人靠拢，并用祈求的目光望着主人或摩擦主人的身体。有时则会蜷卧于某一角落，变得极为安静。

(9)警觉　当犬处于警觉状态时，其身体常挺直地坐着，头部高举，转向有声音或气味的方向，耳朵竖起，全神贯注，不放过一点动静，有时会对着声源发出吠叫声。

7.修饰行为

犬的修饰行为是指犬在休息时会花许多时间整理和保养其体表的行为，与犬的虚荣心和好胜心都较强有一定的关系。当它完成一项任务或表演一个小技巧成功，主人拍手赞美它或抚摸它时，犬表现出摇头摆尾，心满意足，得意扬扬。当它做错事或未完成主人嘱咐的任务时，它会感到羞愧，表现为尾巴下垂，全身退缩而蹲下，躲在一侧整理自己的体表，如用舌头舔自己的四肢被毛等。

犬爱清洁，冬春季节喜欢晒太阳，夏季爱洗澡。犬在休息时常常会用很多时间去整理和保养其体表，以清除体表的皮屑、污垢以及其他刺激，如用舌头舔其被毛、阴部或伤口，用牙啃咬皮肤，用肢爪搔痒等。对于犬的这些行为，一般不予制止，但对于长毛犬而言，在换毛季节要多替它梳刷，防止脱落的毛发被吃进胃中引起毛球病。

8. 结群行为

犬的结群行为是指由犬的结群倾向而引起的行为，求偶、取食、游戏等因素促使犬形成一定的社会性群体。

从犬的进化过程来看，由于犬类是中型动物，为了保护自己免遭不幸，它们必须靠群体合作才能捕杀比它们大得多的动物，尤其是在冬季猎物较少时，集结成群进行狩猎，形成一股连猛兽都逃避的巨大力量。很早之前，犬的祖先都是成群结队地生活。犬通过一定的声音、视觉等信号相互联系，不仅能聚集，而且可以有共同的行动。犬群中的头领（领袖）一旦得到承认，其他犬对其绝对服从，在群体中有优胜序列，主从关系明确，群内等级稳定。对于宠物犬而言，经过一段时间的相处，它会认同主人为其生活的领袖。犬的结群行为在军犬的集体科目（如搜索科目）或牧羊犬的牧畜训练过程中可较好地运用，能起到明显效果，在犬的吠叫科目中也可适当加以运用。

野生条件下，犬群中如有犬生病或受伤，其他犬则会杀死它，以免全群受到连累。家养条件下的犬生病后，会本能地避开其他犬或人类，自己躲到阴暗处去康复或死亡，这是一种“返祖”现象。犬主人需特别注意，发现犬生病后应及时请宠物医生诊治。

9. 优胜序列行为

优胜序列行为是指犬群中某一成员较其他成员在群体行为中表现出更为优先的地位。这种行为是通过群内争斗建立起来的，失败的一方会随时对胜利者避让和屈服，从而维持犬群的稳定。

犬原本是群居动物，敬畏领袖，努力保护同伴。在犬群中，总是有一只犬处于首领的位置，支配和管辖着犬群。作为首领犬，通常有以下几种特定的动作：只允许自己而不允许对方检查其他犬的生殖器；不准对方向另一只犬排过尿的地方排尿；只允许对方在自己面前摇头、摆尾、顽皮、坐下或躺着，只有其离开时对方才可站立。等级优势的确立消除了犬群的敌对状态，增强了犬群的和睦、稳定、防御、战斗等能力，减少了因食物、生存空间等争夺而引起的恶斗。

犬的群体位次很明显，常会在墙角、树干、电线杆、草垛边撒尿或涂擦趾间汗腺分泌的汗液作为标志，或利用后肢在地上画圈，以划定自己的“势力范围”，不容许外来者入侵干扰，如有生人（小动物）闯入它的领地，它会不停地吠叫，甚至主动攻击，以保护它的权益。人类也正在积极利用犬的这种本能，训练犬看家护院或守卫要地。

犬的领地意识除表现在自己的领地不容侵扰外，还表现出在主人及与其接触的一些物品、用品的占有方面，视主人、食具、水盆、玩具等为“势力范围”的部分，一旦主人、食具、水盆、玩具等受到侵害，犬会做出积极防御反应。犬在睡觉前总要在其领地内巡视几圈，这也是其祖先遗传下来的行为。野犬在睡觉休息时，总是喜爱踏倒青草，将其作为席子，以表示自己的存在。

犬常按照视线的高度来判断对手的强弱。犬惧怕比它高大的动物，对跟它同高或低些的动物或人，犬反而会产生好奇，有时会对它们产生强烈的保护欲望。当陌生人靠近时，从上向下的压迫感会使犬不安，若采用低姿势，犬则会接受。因此，在接收受驯犬时应正面低位迎合，且动作幅度不能过大，以免使犬产生不安甚至抵触情绪，从而影响正常的调教训练。

任务四　犬的异常行为

犬的异常行为

一、犬的分离焦虑行为

严格来说，分离焦虑症其实并不是一种行为，而是一系列行为的综合表现。一般来说，犬出现分离焦虑症的诱因通常与主人的生活节奏发生重大变化有关，特别是当主人与犬相处的时候环境发生较大变化。例如，当主人因为身体原因（养病或者休产假）或者工作原因（离职待业或者长期休假等）长期赋闲在家，在这期间能够做到长时间陪伴犬，但是当假期结束或者新工作入职，主人不再能整日与犬做伴，这种突然的变化会给犬带来极大的精神压力，进而出现分离焦虑症的各种表现。

出现分离焦虑症的可能性与犬的品种、年龄关系不大，任何年龄的任何品种都有可能在环境发生剧烈变化的时候出现分离焦虑的症状，而曾经有过流浪经历、性格比较敏感的犬尤其如此。

（一）分离焦虑症的特征

破坏行为是犬分离焦虑症的典型表现之一，破坏的对象包括家具、建筑物材料、主人的衣物等。这些破坏行为（咀嚼和撕咬的动作）对于犬有安定的作用，因此它们会“痴迷”这些行为来缓解自己因为环境改变产生的压力。撕咬主人的个人衣服，如鞋子、袜子或者内衣等，这主要是由于与这些带有主人气味的衣物互动的过程中，犬同样会感到放松。

由于精神上的压力，犬会表现对自己平时所喜欢的事物失去兴趣，即使是面对喜欢的零食或者犬粮都无动于衷。事实上，恰当地使用食物可以帮助犬改善环境变化所带来的紧张情绪，但是绝对不能像平时喂犬一样直接把犬的食盆放在它面前。

在分离焦虑期不停吠叫的犬内心是充满恐惧的，而吠叫这种行为本身会让犬感到一定的放松，这就如同有些人在一个人走夜路害怕的时候会大声唱歌一样。如果犬是居住在公寓里，那么这种吠叫就会成为邻里关系不和的一个重要导火索，主人很可能会因此遭到投诉。但此时主人不宜用处罚的形式来纠正犬的行为，因为这样会让犬更加害怕。

即使是已经接受过训练并养成良好卫生习惯的犬也可能出现室内随地排便的行为。犬的尿液中含有丰富的信息素，除叫声外，这也是它们向外界传递信息的一个重要方式，在情绪比较紧张的时候，它们会用尿液表示自己的情绪。但是主人没有解读犬尿液中信息素的能力，所以犬非但没有让主人明白自己希望表达的意思，反而还激怒了原本就已经不高兴的主人，有些主人会用处罚的方式纠正犬的这种行为，但是有很多犬反而会变本加厉，因为它觉得更有必要与主人“交流”。

犬会因为环境中的单调、紧张的精神压力而出现舔脚掌直到皮肤红肿、咬尾巴直到被毛脱落，甚至更严重的自残行为，这除了是分离造成的焦虑表现，还有可能是生活空间过于狭小、环境单一造成的。

以上提到的这些典型表现是分离焦虑症案例中最常见的，但是单一的行为并不一定是分离焦虑症，例如原本行为良好的犬在主人不在家的时候随地排尿也可能和泌尿系统病变有关，所以在评估的时候需要兽医师进行确诊，排除身体疾病的可能。最好的办法是利用录像设备录制下当主人不在家的时候犬的行为，通过录像上的各种信息来分析犬各种行为的具体原因。

（二）分离焦虑行为矫正

在临床上，医生会使用一些抗焦虑的药物来缓解犬的分离焦虑，但是这种药物治疗的办法并不是最佳方案。合理的方法是通过有计划地训练来改善犬的表现，即使是再黏人的犬也能做到坦然面对独自在家的情况，主人最需要做的是调整自己的心态，绝不能一看到犬出了问题就觉得它已经无可救药，于是就将它送到留检中心，甚至将犬遗弃。

在利用训练的方法来改善犬的分离焦虑症时，主人应注意以下几方面。

（1）让离家的“仪式感”没那么强。绝大多数人在准备离家之前都会有一系列的准备工作，这些工作通常是固定的，包括更衣、换鞋、拿钥匙等。当犬发现这些信号与主人要离开家留下它独处之间的关系时，这些信号本身就会变成让犬焦虑的符号。建议主人打乱这些事情的次序，让犬对这些事情的联想不那么糟糕，这可以减轻犬的压力。

在玩耍的时间，主人可以随意、夸张地与犬互动，而在与犬分别或重逢时应避免戏剧性地与犬告别或问好，以防犬将玩耍与告别或重逢时间混为一谈。平时离家之前的一些准备工作要提前做好，吃早饭的时候就把钥匙准备好，或者打开车库门，而不是在准备离开的时候才做。也可以偶尔穿着居家服出门，或者穿着正装在家里，混淆犬对这些信号的联想。

（2）训练犬学会等待。等待的意思是犬必须要在指定地点保持安静，直到主人给出了代表“解散”的信号。学会这个信号之后，有助于开展接下来的训练工作。

（3）模拟离家的场景，让犬适应主人不在的情形。在等待的基础上，主人可以使用笼具或者其他的封闭房间把自己和宠物隔离，最初可能只要很短的时间，当犬表现得安静、镇定的时候再把它放出来，之后慢慢延长隔离时间，这样的训练可以保证无论主人在不在场，犬都会表现良好。前面提到要训练犬学会等待，也是为了这个环境而做的准备工作。

（4）益智类玩具可以有效地帮助犬缓解焦虑。玩具在缓解犬的分离焦虑症时是非常有帮助的一个工具。很多犬主人单纯地将玩具理解为犬玩耍的东西，但是犬从玩具上得到的不仅仅是乐趣，还有天性中本能的满足。恰当地使用玩具特别是益智类的玩具，可以让犬把注意力从关注主人离家后独处的这个情形转移到食物和玩具上，从而缓解犬的焦虑。

（5）正确使用航空箱，主人能够让犬感到安全。很多犬主人对航空箱的理解就是用来托运犬的工具，或者是用来关犬禁闭的一个“牢笼”，其实在养犬家庭中，航空箱除用于犬托运外，也有着非常实用的训练作用。因为犬的祖先是穴居动物，对于它们来说，一个半封闭、略带压迫感的“洞穴”式空间更容易让它们感到安全，越是空旷的地方反而越有“杀机四伏”的威胁，无法让它们放松。正确地使用航空箱，至少可以让犬在紧张的时候有一个有安全感的容身之处，就不那么容易出现极端的反应。

以上提到的这些内容，主要是要求主人从认识上有所改善，在实际的训练过程中，还是要通过专业的驯犬师、兽医师的帮助才能做到。如果主人有一只自己在家时就不停吠叫的犬，不需要给它做声带切除手术，更不应该将它遗弃，而是应寻求专业人士的帮助，理解犬的需求，并对此做出应对。有些做法看起来也许无足轻重，但是只要找准了问题的关键，就能妥善解决问题，同时也能给主人和犬换来一种更安静、和谐的生活。

二、犬的破坏行为

很多养犬者都有一个烦恼，那就是犬经常喜欢搞破坏，也不知道原因。例如犬在平时生活中就非常喜欢乱咬，如衣服、鞋子、窗帘、桌椅等。有时候犬虽然很可爱机灵，但是喜欢搞破坏的行为还是很让人生气。

（一）犬破坏行为的原因

1. 分离焦虑导致的破坏行为

犬天生会对家庭里的成员和其他动物产生依赖性，但是这种依赖性有时也会转换为破坏欲。因为家庭成员不在身边，犬会在依赖对象突然消失之后产生焦虑，这种焦虑得不到缓解的时候就会转变为破坏冲动。破坏的对象有可能包括屋内家具甚至犬自己，此外犬还会出现在室内便溺（即使是训练有素的犬也无法避免）、狂吠、刨掘障碍物（有可能是室内的门或者犬窝的围栏）行为，还有过度躁动。通常情况下，对于一只依赖性较强的犬而言，当主人离开犬超过15 min（最长不超过40 min）以后，犬就会表现出上述行为。

2. 精力过分充沛且得不到释放

犬每天都需要大量的运动来消耗自己的精力，人们很少能够看到一只犬安静地待着，除非是它玩累了或者生病了。热爱运动是犬的天性，不管是成年犬还是幼犬。当犬体内集聚大量的能量而无处发泄时，其可能会通过啃咬、咀嚼物品的方式释放能量。

3. 幼犬的破坏性行为

犬需要对周边的环境进行仔细而详尽的探索。幼犬更是对周边环境充满了好奇，它们通过嗅闻、咀嚼来认识周围环境。牙齿生长导致牙龈肿胀难忍也是幼犬啃咬、破坏物品的另一重要原因。除此之外，幼犬可能是继承了其远祖在野生状态下开展狩猎前练习的生活模式，将地面的小物品作为群体成员送给它们开展狩猎前的练习对象加以撕咬、咀嚼。

（二）犬破坏行为矫正

矫正犬的破坏性行为要对症施治，首先要确定破坏行为发生的原因，然后根据不同的情况采取不同的方式。对于犬因运动量不足导致的破坏行为应增加运动，帮助犬释放体内集聚的能量。对于幼犬，最好为其提供专用的磨牙、咀嚼、玩耍用品。对于犬经常破坏的物品，要移走，放在犬接触不到的地方。对于那些没有固定破坏目标的犬，除前述方法外，还要采取必要的惩罚手段。

除此之外，最为重要的是教会犬的禁止性口令“NO”，在犬破坏非允许性物品时，直截了当地对犬的破坏行为予以禁止，让其明白破坏行为是不受主人欢迎的。

三、犬的攻击行为

犬的攻击行为对于犬来说并不一定是坏事，因为攻击是一种保护自身安全、财产安全、领导地位安全的重要方式。但是从主人的角度来看，作为家庭宠物的犬如果表现出攻击行为，无论出于何种目的和意图，都会对主人造成极大的困扰。犬的攻击行为原因有很多，如占有欲（嫉妒心理、食物占有欲、领地占有欲）导致的攻击行为（争宠、争夺配偶等），支配欲导致的攻击行为，疾病、疼痛、情绪低落导致的攻击行为，护主或护仔心理导致的攻击行为。

（一）嫉妒心理导致的攻击

1. 原因分析

嫉妒性攻击是在主人给予犬不同的关爱，作为高级别的犬没有获得高级别礼遇的情况下发生。一只平时很老实的犬在发觉主人喜欢其他犬或人时，或多或少都会表现出嫉妒心理。有的表现精神沮丧，不爱动，或不爱注视主人和“新宠”。有的则表现异常攻击行为，不时发出低沉的吼声，表示不满，企图赶走“敌人”，如果无效，立刻就会张口咬，直到将对方咬走。有时出于对主人的畏惧，主人在时表现平静，主人一离开就原形毕露，开始攻击行为。攻击对象可以是除主人以外的任何人或动物，所以对其他宠物和儿童要有防护措施。

2. 处理方法

纠正嫉妒心理导致的攻击行为应先解决犬的心理问题，不要体罚，否则会更加激怒它。应该让犬和其他人或犬有一定的沟通，如在主人的注视下一起玩。主人看到友善行为后，要及时奖励，如抚摸和食物。在开始就表现情绪激动的，要按住其身体，抚摸头部和前胸，让其觉得主人很在乎它。对于无法纠正并造成咬伤他人或动物的犬要及时淘汰。

（二）护食导致的攻击

1. 原因分析

在野外，动物为了夺食物不惜付出生命的代价，犬护食是一种本能，是与生俱来的，以群体状态生活的犬可能会为争夺食物而对原本和平相处、相安无事的其他犬发起攻击。也有部分处于哺乳期的母犬发现幼犬试图与自己分享食物时可能低吼、龇牙咧嘴，甚至直接用裸露的牙齿猛戳幼犬的面部直至幼犬逃离。还有部分犬可能会在主人试图取走其食盆或为其增添食物时对主人低吼、假咬甚至真咬。三类不同情境的护食行为，究其原因主要与食物占有欲以及社会等级制度不明朗有关。食物是犬赖以生存的物质基础，犬对食物具有非常强的占有欲。同时犬群社会等级秩序呈线性结构，处于等级结构顶端的头犬在进食、交配、休息场所的选择方面都具有优先权，当低级别犬试图挑战高级别犬的优先权时则会遭到攻击。正常情况下，当犬融入人类家庭之后，会认为自己是家庭成员中地位最低的那位，也不会出现主人取走食盆或为其增加食物时发起攻击的行为。但是犬在日常生活中为了获得更好的待遇，也会采取措施不断地努力争取地位的上升，如果主人不加以防范，犬会误以为自己就是家庭的领导者，从而会对取走其食盆或为其增加食物的低级别家庭成员发起攻击，保护自己的食物，保护自己进食的优先权。

2. 处理方法

犬的护食行为矫正的根本着手点是建立良好的等级秩序，但就不同情境的护食行为，有着不同的具体操作方法。

（1）针对犬群其他成员的护食行为的处理方法　犬对其赖以生存的食物具有强烈的欲望，常在领导者进食的时候围着食物转圈跑动，企图在领导者不备的时候偷偷享用食物。但当领导者发出低吼、龇牙咧嘴、眼睛凝视的时候，其他犬会迅速逃离甚至做出被动性服从的姿态，很少会大动干戈。因此，建立良好等级秩序的犬群很少因护食行为导致犬严重的伤害。改善此种护食行为可以在犬舍内增加食盆的数量，让低级别的犬在跑动中增加进食的机会，确保其营养需求。

当犬群内存在两只势均力敌的犬，它们经常打斗但从未分出高下时，犬群内发生护食行为常导致严重的流血事件，最好将这两只犬分开饲养。

(2)母犬针对幼犬护食行为的处理方法 有的主人可能会对母犬针对幼犬护食性攻击行为大惊小怪，然而这种护食性攻击行为却是一把双刃剑。有害的一面是幼犬无法接触到人类提供的食物，可能在母犬乳汁不足的情况下无法确保营养需求，导致幼犬瘦弱，延长断乳期。有利的一面是幼犬可以从中明白吼叫、龇牙咧嘴的含义，可以建立领导者优先的观念，当幼犬试图分享母犬食物时，母犬会低吼、龇牙咧嘴、表现出随时发起攻击的姿势，如果幼犬仍不撤离，则会遭受攻击(这种攻击并不会造成致命伤害，只是一种象征性的教训手段)，久而久之幼犬会明白低吼、龇牙咧嘴等行为是被攻击的前奏，就会停止行为以避免被攻击，有助于其在以后与其他犬互动中识别被攻击的前奏信号，也有利于其学习表达自己愤怒的信号。母犬通常被幼犬认为是这个独特犬群的领导者，母犬优先进食可以让幼犬习惯领导的优先权，有助于其日后融入其他犬群或人类家庭，成为一名遵规守矩的模范犬。

针对母犬的护食行为，需要做的就是在喂食的时候暂时性地将母犬与幼犬分离，保证幼犬充足的营养需求，辅助其断乳。

(3)针对犬主人护食性攻击行为的处理方法 针对犬主人护食性攻击行为主要是犬在家庭中等级地位不明确造成的。很多人试图用“打”来改掉犬护食的习惯，这种方法其实并不合适。因为犬护食是一种本能，是与生俱来的。在它护食的时候打它会适得其反，只会更激起它保护食物的欲望，可以从以下方面着手。

①喂犬时，在犬粮上方放一张白纸，在白纸上方放一块小点心。在犬看得见的地方，主人取下点心吃掉，然后将犬粮给予犬，不断强化主人的领导地位，不断强化主人优先进食的权利。

②在给犬喂食的时候，将食物放在手上喂，让犬明白手是食物的给予者而不是掠夺者。将好吃的食物或是零食放在手心上喂给犬，这种喂食方式很安全，犬会舔食，不会咬到手。犬习惯后，可以尝试性地把食盆拿在手上。

③让犬适应进食时有人在身边。在给犬喂食时，先把手放在它身上，一边抚摸它，一边把食物倒进它的食盆。它进食的时候不要停止抚摸，动作要轻柔缓慢，并可以跟它说说话，让犬明白你不会抢它的食物。抚摸不要冒进，要看犬接受的程度慢慢进行，可以从抚摸它的后半身开始，等它不反对的时候，再逐渐移向头部(这一过程有时需要数天才能完成)。犬适应进食时有人在身边和抚摸后，也就不再发出威胁。然后开始尝试端走食盆。在进食的整个过程中，如果发现犬有威胁的倾向，如开始皱鼻子、发出呼呼声、斜眼睛看人等，就大声呵斥，并端走食物。等犬安静下来后，就夸奖它、抚摸它，说“很好”，再给食盆。不断这样反复，直到犬不反抗。

(三)领地性攻击行为

1.原因分析

领地是犬日常生活的场所，食物的获取、繁衍后代、休息等主要发生在犬的领地范围之内，是犬誓死要保卫的地方。主人家的每块地方都是自己的领地，任何陌生人或动物的进入都是对自己的侵犯。领地性攻击行为具体表现为门一响犬就叫、陌生人进屋犬就扑咬等。

2.处理方法

对犬的领地意识所造成的对来访人不礼貌的行为要及时纠正，避免养成习惯。对于护卫型犬，应三成罚七成奖，同时要用同一动作让犬明白这是主人的朋友。避免采用惩罚的方式，在陌生人面前挨揍是一件很"丢人"的事，这样次数多了犬会形成条件反射，认为来人后自己的利益就受到侵害，这样一来就更加不友好了。需要注意的是，来访者可以给犬爱抚，如温和地交谈、抚摸，给犬食物等。若要犬养成拒绝陌生人的食物的习惯，则不可以给予食物。主人不要和来访者打闹，以防犬误以为主人受到攻击，因此挺身而出攻击来访者。

(四)优势性攻击行为

1. 原因分析

临床最常见的病例是犬的优势性攻击行为，主人常常叙说他们无缘无故地受到犬的攻击，然而详细的病史表明犬的攻击行为与优势序列有关。优势性攻击行为常发生在未去势的 2 岁左右的纯种犬，母犬和杂交犬偶尔也出现。

优势性攻击行为可针对家庭中某些或所有成员，犬可能不攻击强者。犬的优势性攻击与接近犬的"必须要素"(指犬生存和繁殖的必要条件，包括食物、饮水、休息处以及犬特别喜爱的人和动物等)有关，犬的这种反应即优势现象。在游戏过程中，主人可与统治地位的犬交换物品，而不遭到攻击。占优势的犬偶尔在特别喜爱的人和犬之间进行干预。最初，人在距离优势犬较远时，该犬仅发出攻击信号，如妨碍优势犬在床上或椅上睡觉时它常常嗥叫；随后，仅仅是在走近它时遭到攻击。

常常能引起攻击的刺激包括抚摸、修饰、按压、牵拉、试图使犬躺下、约束、戴上或拿掉牵引带或脖圈等。

最初，攻击可能是温和的、间歇的。随后，在许多情形下，犬的攻击变得更频繁、更强烈。优势性攻击的犬倾向于通过逐步升级的攻击来抵抗对它的惩罚或威胁。优势性攻击的信号是发出"呼呼"声、龇牙咧嘴、嗥叫或吠叫、猛扑、被动性地猛咬或引起损伤的扑咬。如果引起优势性攻击的刺激缓慢地作用于犬，犬可能首先发出警告信号，而不是立刻猛咬。对犬优势性攻击行为进行治疗的目的是避免犬对人的伤害，最终使犬习惯并接受引起其发生优势攻击行为的触发刺激。

2. 处理方法

理论上，生理性对抗能够改变或停止犬的优势挑战。然而，这仅在人能够取胜的情况下起作用。人们应根据犬的体形和体力、恫吓的程度等，来判定自身在体力上是否容易对抗该犬。一名强壮的人恫吓犬比一名在先前若干次小的优势挑战中失败的人更容易。后者若开始使用惩罚，犬的攻击程度常迅速而显著地上升。因而，治疗必须对主人和犬进行优势序列的更改。

这种异常行为的治疗包括改变主人和犬的优势序列，行为更改技术、去势和孕酮的治疗常能促进优势序列的改变。

更改犬的优势序列的技术是复杂的，且必须适应各种情形。因此，在治疗行为异常方面，除具备本身的专业知识外，还要求助于行为学家、犬主和犬。为安全起见，要巧妙而缓慢地更改处于统治地位的头犬。可以先令犬坐下或卧下，并渐渐地延长时间，在数天内对犬建立一种"不自由的生活"状态。犬若要获得想要的物品，首先必须坐下或卧下；犬想外出、进来或获得物品、抚摸之前，必须表现适度的顺从姿势。随着时间的推移，在犬想要获得某种物品之前，主人可额外地增加犬必须服从的要求，如犬想出去，必须忍受被抓住背部或轻压颈部等。主人逐渐使用较强的优势信号，但不得超过引起攻击刺激的阈值。例如，已经测定犬被抚摸 4 min 会引起攻击，因而主人最初应仅抚摸犬 2～3 min，数周后，主人逐渐地使犬习惯于更长时间、"更强烈"的抚摸，更紧地抓住其口鼻部，更容易将其推向侧躺并延缓，更用力地拉其颈部等。犬还必须能忍受其他犬的注视而不吠叫。在使用这些技术之前，有必要训练犬习惯于戴口笼。主人应逐渐地要求犬在先前表现优势性攻击的情况下表现顺从。

(五)疼痛性攻击行为

因为攻击行为也是一种保护性机制，所以犬会应用威胁或攻击行为来对疼痛做出反应。当犬突然出现攻击行为，尤其在主人接触其身体的特定部位时，应该考虑疼痛或疾病的存在。有效的治疗应是消除疼痛的原因，如果攻击行为反复出现，则很可能是犬形成了条件反射，即使在疼痛的原因消除后，其攻击行为可能还存在。

如果不可避免地要接触疼痛部位，且犬已形成疼痛性紊乱，所采取的方法应是减少犬学会攻击的可能性，避免使犬形成主人每次接触会引起疼痛的印象。主人应经常轻拍、抚摸和按压犬体的非疼痛部位，犬不表现任何攻击迹象时应获得奖励。如经常这样做，病犬则不会形成每次主人接触会引起疼痛的印象。这样犬将会把主人的接触与绝大多数抚拍、愉快的表现联系起来，而不与疼痛反应联系起来。

如果主人必须处理疼痛部位，动作要尽可能地轻，且犬不表现任何攻击行为时应获得奖励。也可以逐渐地训练病犬忍受对疼痛部位的处理。如对耳炎患犬的治疗，主人可首先手拿药物接近犬，若犬允许接近，则给其美味的食物；接着，主人用药膏管轻按犬的肩部、颈部等，犬不表现任何攻击应获得奖励；渐渐向犬头部靠近，并奖励犬忍受向耳朵的接近；当移到疼痛边缘时，轻轻地在患部涂上药物。如果必要的话，应将其固定起来，动作要谨慎，以防产生疼痛。如果犬忍受了整个治疗过程没有任何威胁的表现，应给犬一些美味的食物和充分的抚摸作为奖励。如果犬出现攻击性行为，不能让其获得任何食物或奖励，但要尽一切办法给其耳朵用药。主人为了犬以后能忍受处理，可轻按疼痛部位的远端，犬不表现攻击，则应获得奖励。在疾病治愈后，主人应继续对犬进行抚摸、轻按和处理患部，并持续一段时间，同时奖励犬的不攻击行为。

疼痛性惩罚引起的攻击行为是疼痛性攻击行为的一种具体表现。如果使用疼痛性惩罚，犬可能出现忧虑和攻击。有时，要求犬停止某种行为，惩罚是很方便和适合的。但如果惩罚引起疼痛，则应谨慎。另外，在犬害怕和忧虑的状态下，惩罚是禁止的。

(六)学习性攻击行为

学习性攻击行为的一个典型例子是上文提到的疼痛引起的攻击行为。在疼痛的原因消除后，犬的攻击行为可能仍然存在，因犬已形成了每当主人接近时会引起疼痛的条件反射。对这种异常行为的治疗实质是减少由于疼痛或害怕引起攻击的可能性。首先弄清引起攻击行为的刺激，然后将这种刺激逐渐作用于犬。只要犬不出现攻击行为，就应获得奖励。为了不出现攻击行为，引起疼痛的刺激应缓慢地作用于犬，且奖励要充分。

有时犬的攻击行为是由主人的强化所致。这种强化常常是无意识的。如主人可能认为某人来访时犬是忧虑的，或当一只强壮的犬接近自己的犬时犬是"心烦意乱"的，此时，犬对着可见的身影嗥叫或吠叫，主人总是抚摸犬或安慰性地与犬谈话。这种抚摸和安慰性声音立刻强化了犬的威胁行为。事实上，犬既得到了安慰，同时也强化了其攻击行为。为了消除这种强化行为，可以使用条件反射预防，也就是停止强化犬的这种行为，同时令犬从事一种与攻击行为不相容的科目。如果攻击行为是由疼痛或屈服所致，则应避免惩罚犬。

（七）亲本性攻击行为

犬及其他犬科动物在抚养后代过程中，群体成员有着不同的分工，如狩猎、运回猎物、担任向导以及提供隐蔽场所、为仔犬提供温暖和保护等。母犬及其他生活在一起的成年犬可表现强烈的攻击行为，以防仔犬受到潜在的伤害。尽管这些犬在先前从未表现过攻击行为，但对表现亲本行为的犬，主人应该谨慎，以防引起或强化犬的亲本性攻击行为。如果这种行为严重异常，主人必须处理母犬或其仔犬，可用逆条件反射办法，通过正增强非攻击行为来纠正其攻击行为。

假孕性攻击行为是亲本性攻击行为的一种特殊表现，类似于母犬照顾仔犬时表现出的护仔行为。犬假孕的表现是腹部扩张，子宫充血，乳腺发育和乳汁分泌。行为学方面的表现包括紧张不安，母亲般地照管和保护“代理”婴儿，做窝和守窝等。假孕母犬可表现一种或多种生理现象，这些现象常在发情后6～8周突然消失。生理现象伴随或不伴随行为消失而改变。

在对假孕犬治疗时，有些假孕犬可能表现攻击行为，因而主人应该谨慎对待，避免发生攻击行为。如母犬在发情后被切除卵巢，将不再出现这种行为。如果这种攻击行为不能消失，则应弄清引起攻击行为的刺激，并逆条件反射地作用于犬。应用药物治疗假孕目前尚未有定论。

（八）捕食性攻击行为

犬的捕食行为一般不被看作攻击行为，然而人们常将一些偶尔出现的捕食行为看作攻击行为。犬捕食的目标常常是小动物，如鸟、兔和松鼠等。有时，尤其在有其他犬协助的情况下，犬变得更易追逐和咬伤家畜。捕食性攻击人的行为在犬群中也易发生。最初，对捕食性攻击人的行为解释是捕食行为和领域行为，或被动性攻击行为的改向，这些行为逐渐引起人的损伤。控制捕食行为最有效的方法是限制犬接近目标动物。这就是说，要用适当的栅栏和皮带来限制犬，或用口令作用于犬。多只犬在一起可促进捕食行为的发生，甚至一只训练有素的犬与其他犬一起追赶动物时，很可能对主人的口令不做出反应。在主人身边不追逐运动物体的犬，当主人不在时很可能追逐它们。

以电刺激惩罚犬常常用于训练猎犬不得追赶非猎物。通过控制电刺激脖圈给犬施以电刺激。这种惩罚是有效的，但电刺激脖圈必须合适。在追逐行为突然发生的同时使用电刺激，刺激强度应以消除追逐行为而不产生忧虑反应为宜。只要犬一停止追逐行为就停止电刺激，而且，在犬每次追逐被禁止的动物时都应使用电刺激。但如果滥用电刺激脖圈，可使犬产生神经过敏或病态性恐惧，电刺激引起的疼痛也有产生攻击行为的可能。如犬是被其他犬诱发产生追逐，则电刺激脖圈和其他惩罚方法应尽可能少用。

（九）紊乱性攻击行为

研究表明，刺激或损伤脑的不同部位可产生各种攻击行为，所以大脑功能失调可导致攻击行为。与癫痫病有关的行为需满足下列标准。

（1）攻击行为与正常的当地品种的行为或学习行为不相符。

（2）同时发生其他神经病学的症状或病理生理性症状，如异常的脑电图、重癫痫病发作等。

（3）致癫痫药物（如吩噻嗪）可引起攻击行为。

（4）抗癫痫药物能抑制攻击行为。

有一只病犬(未去势的雄性拉萨犬)符合上述诊断标准。当饲喂食物时,该犬嗥叫着攻击饲喂者,并围着食物团团转。这种行为至少持续几分钟,然后犬重新开始采食。犬不会造成自体损伤,但如果某人的手或手臂放到犬活动范围内,犬肯定将其咬住。如向犬抛出一只羊毛毯子,也能引起犬旋转、转圈和攻击行为。在没有食物或毯子的刺激下,静脉注射氯丙嗪可立刻引起攻击行为。可能是促进癫痫发作的刺激增加了犬的兴奋程度,也可能是食物直接作用于神经系统引起嗅觉兴奋(嗅觉系统与边缘系统关系复杂),促使攻击行为发生。不同品种的犬,包括杂交犬,由食物引起的攻击行为都类似。

行为障碍也可由生化失调或异常放电所致。

传染病,尤其是神经系统的传染病也是攻击行为的一种原因。任何感染因子或炎症过程,尤其是在其侵害边缘系统时均可引起攻击行为。如狂犬病是公认的一种引起行为异常的疾病。

总之,人们可以应用行为更改技术、生理性干预和控制环境来减少犬的攻击行为,但不能保证犬永不出现攻击行为。犬主人应该明白,对良好行为的学习或病理性的攻击行为的治疗,是针对减少攻击行为复发的可能性,而不是保证消除所有的攻击行为。

与大脑功能紊乱有关的攻击行为并不能都预测,生理性紊乱所致的攻击行为对治疗并非都有反应。要弄清两次治疗之间犬未出现攻击行为的原因很困难。同时,也应该告诫犬主人治疗这类犬的潜在危险。

四、犬的异嗜行为

异嗜行为是指犬有意识地摄入非食物性物质,如碎石、泥土、橡皮、粪便等(母犬在哺育仔犬时,吞食仔犬的粪便是一种正常行为,目的是保持犬窝的清洁和回收部分营养)。异嗜行为不但极不卫生,还可能引发胃肠疾病。

1.产生原因

产生这种行为的主要原因是机体缺乏某种营养物质,如维生素、无机盐等,或寄生虫感染。

2.矫正方法

(1)由缺乏营养物质造成的异嗜行为可通过补充营养物质来纠正。

(2)寄生虫感染可通过驱除体内寄生虫的方法来纠正。

(3)非营养性异嗜行为可采取惩罚的方法矫正。

直接惩罚法是将异嗜物拿到犬的面前,当犬摄食时,立即大声斥责和击打,并将该物拿走。过一段时间,再将异嗜物移至犬面前,如犬仍要摄食,再次予以惩罚,直至犬不再摄食为止。有的犬慑于主人的惩罚,主人在时不敢摄取,主人不在时可能又恢复原状。这时要采用间接惩罚法,如在异嗜物上涂撒辣椒粉等刺激性强而对犬无害的物品,使犬摄入后感到辛辣难受而不敢再吃。或用喷水枪纠正,即主人拿几支装满水的喷水枪,藏在隐蔽处,发现犬欲摄入异嗜物时,立即向其喷水,使犬因受到惊吓而逃开。这样反复几次以后,犬就会克服异嗜行为。但必须注意不要让犬看见喷水的动作,防止让犬将喷水与主人的惩罚联系在一起,而应当让犬以为是摄食异嗜物的行为直接引起了喷水。

犬的良好行为

任务五　犬的良好行为

一、犬的社会化

幼犬可以从母犬及同窝的幼犬身上学习到一些最基本的"社交礼仪",过早将幼犬从母犬及同窝的幼犬身边抱走对其成长和性格有一定的负面作用。但是要培养一只性格良好的幼犬,仅仅依靠它和母犬的互动还远远不够,当它真正进入人类家庭之后,这个过程依然要继续下去。一只幼犬若要拥有与人亲近、活泼好动、没有明显问题行为等良好的性格,除遗传自父母的基因外,还有很重要的一部分来自后天的体验,这种体验的过程被称为社会化。

具体来说,社会化的过程就是让犬在幼年时期(4～20 周龄)尽可能多地拥有与其他人、动物或环境的良好互动体验,从而使其成年之后对于这样的经历也不会抵触甚至畏惧。社会化开始得越早,进行得越充分,犬成年后"处变不惊"的性格特征就越明显。这主要是由越来越多的养犬家庭希望自己将来能够有一只听话的宠物犬所决定的。

社会化这个概念其实并非宠物专用的词汇,社会学、社会心理学、人类学、政治学和教育学范畴内也有这个说法。人类的社会化,指的是人学习和继承各种社会规范、传统、意识形态等周围的社会文化元素,并逐渐适应的过程。对个人而言,社会化是学习同时扮演社会上不同角色的过程。个人社会化会受到地区文化的影响,因个人的成长背景不同,社会化的过程、内容也会随之改变。

犬的社会化,其实就是犬学习、了解、熟悉在人类社会中生活时必须遵守的各种规范,并适应这些场景的过程。之所以强调犬社会化的重要性,是因为随着养犬家庭越来越多,犬与人之间的接触机会也越来越多,所以犬在社会当中也会有不同的角色。在家庭中,它需要成为可爱机灵的伴侣动物;在社区里,它需要成为不给邻居造成困扰的动物;在宠物医院或者美容店,它需要成为听话的客户;在公共场所,它需要成为彬彬有礼的而不是让人感到惊讶的"朋友"。任何一个角色的失败都会让这只犬在社会中生活的质量变差,并间接导致犬主人的困惑,而社会化的过程就是在让犬学会扮演这些角色的学习过程,从而避免犬随着年龄、体形、活动范围的变化而变得不受欢迎。

社会化过程的核心是让犬在幼年时期尽可能多地拥有与其他人、动物或环境的良好互动体验,这其中有两个关键的词汇:第一是"尽可能多",第二是"良好"。良好的社会化过程必须二者同时满足,只有这样,社会化才有意义。

对于犬来说,良好的社会化过程开始得越早,对其性格培养的帮助越大。而成年之后,犬的性格、对意外的应对方式、学习能力相对都已经固定,可拓展的空间不大,就很难改变。因此,动物行为学家强调从幼犬时期就要有意识地给犬更多的生活体验,特别是考虑到越来越多的养犬家庭希望自家将来能够有一只听话的宠物犬,如果不想自己的犬将来出现胆小、对陌生人恐惧甚至攻击、爱叫等问题,那就要重视社会化。

人们已经知道社会化很关键,但是社会化同样要求不能冒风险。在犬的驱虫和疫苗没有完善之前,贸然接触健康状况不明的动物是危险的。此时可以从以下方面保证犬的社会化正常进行。

(1)在家庭里进行犬的社会化练习。当家里来客人的时候,可以邀请客人与犬进行短暂的接触,确定犬与客人的见面体验是良好的。特别要注意邀请儿童与犬互动。这样的体验要尽可能多,并保证每个人在跟犬接触之前都洗过手。

(2)寻找性格良好且身体健康的成年犬到家里与幼犬互动,在这个过程中时刻监控两只犬从见面到玩耍的过程,不要用太强势的犬,否则会给幼犬带来不好的体验。

(3)带着犬体验不同的地面或者高度,让犬对吹风机不再排斥,这些前期准备工作的目的是使犬日后到宠物店接受美容的时候可以更自在。

(4)开始着手让犬做一些准备出门的事情,例如适应外出遛犬时的装备,包括项圈和牵引绳。虽然犬此时还不能出门,但是要利用这段时间做好准备。

所有的社会化安排都是为了让犬能够对未来生活中可能接触到的事物产生良好印象,这样它就可以应付一些突如其来的事情,不会在准备出门或者乘坐交通工具的时候惊慌失措,也不会在第一次到美容店或者宠物医院接受美容或治疗的时候十分排斥。

二、遛犬

在很多宠物主人看来,遛犬主要是为了保证犬每天都有机会到室外排泄,从而保持室内的整洁。但实际上,遛犬的意义远不止于此。从根本上来说,遛犬是一个非常好的社会化机会,尤其是对幼犬而言,只有每天都与外界环境接触,犬的性格发展才会均衡。具体来说,遛犬的主要意义如下。

1. 保证运动量,维持身体健康

生命在于运动,从幼年到成年,犬对运动量的需求一直在增加,只有到了老年,运动量的需求才会随着身体各方面功能的下降而下降,但是如果前期的运动量维持得好,也可以延缓犬身体功能下降的时间。

遛犬是日常运动的基本内容,大部分的犬都可以通过散步、奔跑、嗅闻等方式锻炼肢体,发泄精力,减轻精神压力。对于一些擅长运动的犬来说,仅仅只有这些还不够,它们可能还需要一些运动量大的游戏才能满足身体所需。长时间得不到运动,犬的身体就会出现各种各样的问题,如肌肉萎缩、身材变形、肥胖等。

2. 拓展交际圈,增加见识

在遛犬的过程中,犬会接触到不同的人、不同的犬、不同的事物、不同的环境、不同的声音,如果主人能够有意识地管控这些体验,保证幼犬的体验都是愉悦的,那么这只幼犬出门之后的表现就会越来越好,不会出现遇到陌生人就大叫或者爱跟犬打架这样让人头疼的情况。这也就是遛犬在健全犬社会化方面的意义。

3. 养成友善、处变不惊的性格

遛犬的过程也是社会化的一种方式。遛犬过程中形成的对新鲜事物的良好印象与记忆可以帮助犬再次从容面对该事物。接触的新鲜事物越多,体验状况越良好,越有助于犬养成友善、处变不惊的性格,不会因对各种新鲜事物都感兴趣而养成爆冲的行为,不会出现唤而不回等漠视主人口令的行为,不会因对各种新鲜事物恐惧而形成胆小、害怕、不自信的性格。

犬如果不能享受适当的户外活动时间,它本身也会感到极大的压力,这种压力有可能导致它们在室内出现不同的行为问题，甚至引发生理上的病变，如关节炎、糖尿病等。所以无论犬体形是大是小，都应该保证它们每天都有出门的时间。

三、建立良好的社会等级

对于犬的起源问题，目前的主流观念认为犬的祖先是狼。在狼经过漫长地演变成犬的过程中，犬不但继承了狼的很多行为习惯，同时还完整地保留了狼的等级心理。在这种等级心理的驱动下，无论是在野生状态下的犬群还是融入人类家庭的犬都严格遵守着等级制度。这种等级制度维系着犬类生活的社会秩序，这种社会秩序呈线性排布，即头犬、二号犬、三号犬……在犬的家族中，犬知道自己的顺位，对于自己的地位绝不会搞错。犬的这种理智的等级心理，维护着犬群的安定，避免了无谓的自相残杀，保证了种族的择优传宗、繁衍旺盛。

犬在其等级心理的支配下，还会想方设法亲近主人或最高地位者，以获得他们的保护，在首领的影响下提高自己的顺位。正是由于犬的这种等级心理，犬才会服从主人的命令，忠于主人。如果犬对主人的等级发生倒位，则常出现犬威吓、攻击主人的不良行为现象。因此，把犬作为宠物的家庭需要对犬窃取主人领导地位的惯用手段保持时刻警惕，严防犬在不知不觉的情况下夺取主人的领导地位；同时，在犬的饲养过程中，主人还需要通过各种仪式化手段不断地确定自身的领导地位。

(一)犬窃取主人领导地位的惯用手段

(1)得不到主人注意的时候，脸上立刻出现不满的表现，主人呼唤犬的名字时，它会假装听不见，不予理睬。

(2)吠叫，取走吸引主人注意力的物品，从而让主人追它。如在主人安装刚刚买回来的书架时，它会跑过来将主人的工具叼走。

(3)在主人忙碌的时候，无端地来拱主人的手让主人抚摸它，如果主人没有回应它，它会毫不气馁地“骚扰”主人，直到主人按照它的要求给予爱抚后才会离开。

(4)出现抓挠地板、毁犬窝、拆沙发、撕床单等破坏行为，用极端的方法让主人注意它。要主人明白不理它的结果很严重，它有多生气。

(5)用身体贴着主人，倚着主人，直到把主人挤走。有的主人刚刚坐到沙发上，犬就会立刻靠近，表现出跟主人非常亲密，但最终主人发现自己被犬挤走了。其实，这就是它作为领袖对自己领地(沙发)的一种掌控。

(6)冲着主人呜咽、吠叫。如果在主人吃东西的时候，犬坐在旁边盯着主人看，并且会因为着急而发出呜咽的声音，乱扑乱抓企图从主人那里得到一些食物，那么这说明犬在这个家里的等级是完全不明朗的。有的犬还会对自己的主人护食，这也意味着犬把主人当成了自己的同类下属，不允许主人靠近自己的食物。

(7)当家里来人的时候，它希望得到更多的注意。例如，在主人和客人聊天的时候跑过来嗅闻客人，不听口令、乱叫或四处乱跑等。

(8)外出散步，犬随心所欲地走在主人前面，去它感兴趣或想去的地方。有的犬在外面甚至完全无视主人的口令。

如果以上 8 条，犬已经有 4 条或更多条符合，就该引起重视了。

（二）确立主人领导地位的方法

（1）确立主人地位的最佳时间是在犬3～6月龄，个性强的犬可能需要更长的时间。

（2）设定犬在家中的活动范围，非活动范围内必须得到主人的许可才允许进入。如果擅自闯入，要用禁止口令"NO"将它赶出去，口令要坚决果断。

（3）确定玩耍和散步的时间，玩耍结束后主人要把玩具收好，而不是扔给犬让它继续玩。散步的时候要求犬随行，走在自己的左侧或右侧都可以，但不是走在自己的前面。

（4）定时定量地喂饭给它，饭前要进行一小段时间的等待训练。让犬珍惜食物，同时也让犬明白主人是食物的提供者。在它挑食不肯好好吃饭的时候，不要用手去推或哄着它吃犬粮，这样只会助涨犬挑食的行为。

（5）在犬犯错误的时候和它对视，直到犬主动把目光转移不敢再看主人。

（6）在主人吃东西的时候，如果犬试图与主人分享，此时主人一定不能因为心软跟犬分着吃，相反，要无视它的存在。重复几次后，犬每次都讨不到吃的，自然就放弃了。

（7）不能和犬同睡一张床。作为领袖的主人，自己的床铺是作为领寻的专属空间，绝不能允许犬睡自己的床。

（8）对犬的命令和呵斥语气要严肃干净利落，不能犹豫或者心软。因为犬能很轻易地就捕捉到主人情绪的变化。

在犬尚未到家的时候，就应该对相关知识做一些了解，并计划好对犬早期的训练科目。实用性强的服从性口令要远远比"坐下""握手"更重要。主人应在最初相处阶段教会犬口令"NO"，让犬知道哪些事情可以做、哪些事情不可以做。确立地位是一个日积月累的过程，没有人能通过一次训练或者一件事就成为犬永远的领导者。

四、养成良好的生活习惯

确保犬与家庭成员的第一次互动体验是积极的、愉快的。在幼犬精神状态比较好的时候，每个人可以抚摸它的脖颈、肚皮及后背，如果幼犬没有表现出明显的害怕（如发抖），就对其进行奖励（可以用很碎的零食肉屑，只要让犬尝一点就够了）。换不同的人给幼犬喂食，让每位成员都和幼犬保持良好的互动。

订立明确的规矩，并保证每个家庭成员都熟知。如果不喜欢犬扒餐桌、扑人或者上沙发，那么从它还是幼犬的时候，就要明确这些规矩。很多时候，人们会因为幼犬太可爱而忘记这些规矩，以致养成不良习惯。

家庭成员之间要形成统一的认知，确定幼犬到家之后要学会的规矩，并且每个人都应该知道当幼犬遵守规矩的时候如何夸奖，破坏规矩的时候如何应对。

1. 不给犬餐桌食物，以免其养成扒桌子的习惯

有些人习惯在吃饭的时候将自己碗里的食物分给犬，这会导致两个主要问题：第一，人类的餐桌食物对犬来说营养不均衡，容易使其出现各种健康隐患，并形成挑食的习惯；第二，等犬长大之后，它们有可能会直接扒桌子，特别是大型犬，有的主人反而会觉得自己受到了冒犯而处罚犬，这将引起犬的困惑，并产生更多的问题。

要避免这个问题，除犬粮和犬零食外，不要给犬任何餐桌食物。如果犬在主人吃饭的时候

蹲守在桌旁乞食，所有人需要做的就是无视它。坚持两天就可以见到效果，犬自然不会再去乞食。

2. 不鼓励犬扑人的习惯，强化其看到人之后坐下的表现

扑人是很多大型犬常见的问题，但导致这种问题的根源却是在它们小时候被主人过度宠爱。例如，想避免幼小的金毛寻回猎犬在将来变成“大规模杀伤性武器”，主人一家同样要协商好，如果犬过来扒自己的裤腿，不要弯腰下去抚摸，而是应该无视，然后转身。等犬从裤腿上下来并坐下的时候，再对它进行奖励。这样就会培养其形成见到人就会乖乖坐下的好习惯。

3. 不鼓励犬对陌生人吠叫，让它学会友好地与陌生人接触

如果犬在幼龄期没有经常与陌生人接触过，那么它长大之后不免对陌生人产生紧张的情绪，有时候这种情绪会转变为吠叫。吠叫传递着多种信号，包括警戒、通知其他家庭成员、害怕等。主人最好在家里进门的位置准备好小零食，只要家里来客人，就邀请客人拿点小零食喂犬，这样做的好处有两个：一是让犬对陌生人不再感到紧张，使犬将陌生人与食物联系在一起；二是陌生人的帮助可以强化犬见到人就坐下的好习惯。

4. 学会定点排泄，在做错的时候不能处罚

刚到家的幼犬还没有定点排泄的意识，即使马上开始训练，也会有一段时间的适应期。在这期间，如果发现犬没有定点排泄，那么所有家庭成员都要明确一点，不要对其进行处罚，不要让犬对排泄这件事以及家庭成员产生压力。合适的做法依然是“无视”，像收拾地上的废纸一样将排泄物清理干净。唯一需要对犬进行回应的就是它在指定地点排泄的行为，这个原则可以套用在犬的任何行为上，假如认为犬的某个行为很讨厌，那就无视；如果喜欢犬的做法，那就奖励并跟它互动。

五、建立良好的排便习惯

宠物犬作为家庭中具有生命的毛茸茸的伴侣自然惹人喜爱，但是犬的活动往往局限在家庭范围之内，犬自由活动的广阔的空间在不断缩小。当犬在主人刚清洁过的地板上排尿、排便时，会给犬以及犬主人造成不小的困扰。

针对犬的排便行为训练，有多种方法可供选择。

1. 掌握犬的排便征兆及排便时间，及时将犬引导到合适地点排便

犬的排便经常发生在进食后、饮水后、刚睡醒时，且在排便之前会转着圈地嗅闻地面并做出排便姿势。因此主人可以根据犬的排便时间点及排便征兆合理确定遛犬的时间，让犬在室外进行排泄。这种方法需要主人及时清理掉犬的粪便，避免破坏公共环境卫生。

2. 利用犬的排便诱导剂，诱导犬在指定位置排泄

犬往往会选择在有尿液或粪便气息的位置排泄，可以取犬的尿液或粪便置于犬厕所内诱导其在犬厕所内排便。犬的嗅觉极其灵敏，即使在无肉眼可见粪便痕迹的区域也能探查到曾经在此排便的信息，因此在犬不恰当排便的区域需要彻底清扫并用其他让犬厌恶的气味掩盖犬排泄物的气味，如消毒液、甲酚皂。

3. 基于正向训练原理，进行犬定点排泄训练

(1)定点排泄的训练原理　通过操作性条件反射原理对犬的行为进行干预，当犬在犬厕所

内排便时予以奖励，在厕所以外的区域排便时予以忽略。这样的处理可以告诉犬在厕所内排便是主人需要的，犬为了获得奖励在厕所内排便的行为就逐渐增多。此外，将犬限定在用围栏圈起的小范围内，犬在厕所内排便的概率会大大提高，而在厕所以外的区域排便的概率会下降。随着训练的进行，逐渐将围栏内的空间扩大，然后逐渐拆除围栏直至围栏全部去除，分步骤、分阶段地测试犬在厕所内排便的稳定性。

(2)定点排泄训练使用工具 犬厕所、尿片、食盆、围栏、航空箱、饮水器等。

(3)用品布局

①水嘴。替代水盆，节省围栏内空间，避免犬活动时打翻水盆。

②厕所。带网格的厕所可以避免犬因各种原因啃咬尿片。

③航空箱。可以作为围栏内犬唯一的休息场所。

④垫子。在训练初期，垫子可以帮助犬建立窝的概念，帮助犬进入航空箱。但夏季垫子可能不会起到作用。

在训练中，物品的布局需要特别注意。犬厕所要放在远离人活动的一侧，避免犬见到人后兴奋得来回跑动，踩踏到厕所上的粪尿。经过航空箱训练的犬一般会在航空箱中休息，并且不会在航空箱内排便，因此犬只能在航空箱以外的犬厕所或物品间的空隙中排便。

(4)及时奖励 及时奖励犬在厕所内排便的行为至关重要，要强化到将来扩大、部分拆除或全部拆除围栏后犬仍然愿意去厕所排便的效果。

(5)变换用品布局 一般及时奖励 2 周左右，就可以尝试在围栏内调换物品布局。首先变换厕所在围栏内的位置，测试犬能否继续在厕所内排便。其次扩大围栏，测试在围栏内空白空间增大后犬能否继续在厕所内排便。然后打开围栏，测试犬在能够自由进出围栏的情况下能否继续在犬厕所内排便。如果犬还可以保持很好的厕所排便行为，就可以试着拆除围栏。拆围栏时也要一片一片地拆，每拆一片隔 2 d，突然全部拆除则情景变换太大，犬排便行为有可能会出问题。最后可以试着一点点挪动厕所位置，逐步移动到需要的位置。

在训练中，如果其中某一步骤效果不佳，则需要返回上一步继续训练。即使排泄训练完成，犬偶尔也会出现在厕所外排便的错误行为，此时应忽略犬的错误行为，避免因惩罚而导致错误的行为越来越严重。

任务六 犬的语言

犬的语言

一、气味语言

犬的嗅觉十分敏锐，对于犬来说，各种各样的气味是它们进行交流的主要媒介。尿液、粪便、肛门腺排泄物、唾液、皮脂腺分泌物、汗液等都包含了犬要交流的新的信息。

(一)犬解读气味信息的装置

犬认知世界的方法完全不同于人类，它们依靠强大的嗅觉获取外界信息，因此它们向外界传递信息的方式主要是通过气味来完成的。假设犬能进化出自己的文明，那么在那个世界中，可能不存在视觉设计，只存在嗅觉设计，那种嗅觉就是对信息素的包装和发挥。

有了信息素，那么就需要释放信息素和解读信息素的相应装置。犬身上用来解读信息素的装置是唯一的，即犁鼻器（或称贾可布森器、锄鼻器），用来辅助嗅觉。很多动物身上都有这一器官，但是人类的犁鼻器功能相对已经退化。动物的犁鼻器在获取到气味信息的时候，并不会将因此而产生的神经信息传至大脑的嗅觉皮质，而是传至下丘脑位置，考虑到下丘脑是主要的神经内分泌中心，这就可以解释为什么有些犬在闻到其他犬的气味时会产生侵略行为或者交配行为。

（二）犬的尿液

在所有有效的气味散发物中，尿液是最重要的一种。这一点从犬频繁地排尿和嗅闻其他犬的尿液就可以看出。对于犬科动物来说，尿液登载着犬世界的最新消息，而嗅气味就等于阅读其上的文字信息。沿途嗅一嗅电线杆或树干，对于犬来说就是为了及时了解当前的各种信息。当那些犬忙于品味城市街道两旁的植物或建筑物上的气味时，人们甚至可以幻想它们能把那些新闻大声地读出来："一只年轻的雌性贵宾犬已经来到这附近，要寻找一位伴侣，乳臭未干的公犬免谈。""一只强壮的青年金毛寻回猎犬在此巡视，现在它就是这儿的首领，如果有谁对此不服气想挑战的话，那最好先确定自己是否已准备好承受痛苦。"

犬类和人类在阅读方面存在的最大的区别是：人类可以悠闲地阅读一篇完整的报道或是文章，而许多犬则可能是在刚看完"标题"就被人用皮带牵走了。这主要是因为一般人都会认为自己的犬用鼻子去嗅其他犬的排泄物的行为是一件不干净甚至是令人恶心的事情，更不用说一些公犬有时甚至会出现喝尿的行为。一些性子急的犬主人会因为犬的这些行为而暴怒，从而去惩罚它们。对于犬的喝尿行为，其实严格来说，它只是在"舔"而不是"喝"，这是犬的一个正常行为。

犬的尿液中含有一些被称为信息素的化学物质，信息素类似于激素，一种动物发出的信息素可以被它的同类所感知，通常还会引起某种特定的反应，如交配的意愿或者激素水平的变化等。信息素常存在于体液中，尤其是尿液中，这是一个动物向异性同类传达"个人信息"的强大媒介。为了识别尿液中的信息素，有些哺乳动物会碰触尿液，并克制着卷起舌头去舔舐。舔到的尿液先停留在口腔，然后进入犁鼻器，最后通过一个小管道重新回到口腔。通过这个过程，犬会得知尿液主人的讯息，是不是发情了、目前的生理状态如何、多久前经过此地、年龄多大了等。舔尿液的多是公犬，当然有时母犬也会这样做，被舔的尿液多是母犬的尿液，特别是发情母犬的尿液。犬只是被性的原动力驱动着去舔尿，因为尿液中含有相当浓厚的异性气息。

犬的尿液对犬之间的交流起着非常重要的作用，它的意义主要表现在以下几个方面。

1. 尿液有吸引异性的作用

特别是交配季节，尿液对母犬来说是交配的意愿，对公犬来说则显示了社交的信心。犬经常漫游时排尿做"嗅迹标记"，并不停地搜寻嗅迹。母犬在发情期，常常在很大范围内漫游，并频繁地在经过的路上排尿。结果是为它住处附近地段的公犬布下了一串连续的开放式的吸引物，直引向它的住处。公犬成年后，在外出散步时，遇到转角或树干时，习惯暂停下来，抬起一侧后腿排尿，然后继续前进。如果让犬自由奔走，它总是倾向走经常走的道路。公犬比母犬更喜欢漫游，并且更善于利用这种标记。这种"嗅迹标记"行为使公犬知道母犬发情的信息，因为母犬在性冲动时分泌一种能使公犬兴奋的物质并经尿排出，于是公犬极力追踪母犬进行交配。

2. 尿液具有划定区域的作用

划定区域即标明领地，许多动物都有圈地为域的领土行为，犬至今仍保留这种习性。例如，犬喜欢在树干、墙角处排尿做标记就是这种行为。如果外来犬闯进另一只犬的领地，它的行动就会变得非常谨慎，当拥有主权的犬过来时，闯入者不敢看它，会假装忙于其他事，避免与领地犬厮斗，然后离去。

犬通常是沿着它平时行走的路线而固定一些明显的点，以标记它的领地。如公犬外出散步时，总是往固定的一些树干、路灯下或角落里排少量尿。一只犬的气味可以使另一只犬知道这只犬的领地、性别、年龄和健康等状况。有趣的是，一只体形小的犬经过体形大的犬留下的领地痕迹时，会尽量抬高它的后肢排尿来盖住体形大的犬留下的痕迹；而体形大的公犬路经体形小的犬留下的痕迹时，会尽量以低于正常的姿势排尿，以覆盖住体形小的犬留下的痕迹。但母犬的领地意识不像公犬那样明显，它只是在发情期为了告诉周围的公犬它正处于发情期而用尿液来标记领地界线或规定道路的记号。平时，母犬不像公犬那样护着自己的领地和自己在犬群中的地位，母犬只注意保护自己的仔犬，有许多母犬始终都可和睦地生活在一起，甚至可喂养其他母犬的幼犬。

3.尿液有布设环境的作用

犬可能在充满自己气味的环境中生活得很安全、很舒服。为了保持这种亲切的气息，犬会在各种异味源上排尿。例如，人们常常发现刚清洗干净的犬垫子很快就有了犬的尿味。

4.尿液有回程标记的作用

当犬远距离游走时，路途中留下的尿液气味可以为它提供回归时判定路线的依据，所以很少有犬会出现走失现象。

标记更多的作用是告诉别的犬这是它的尿液，它在这附近漫步的频率，它近期的功绩及它交配的意愿。通过这种方式，电线杆上那些隐形的气味就成了一个社区中心的“布告栏”。

公犬最乐意在消防栓和树干上排尿，原因之一就是犬喜欢在垂直的东西上“做记号”。如果把气味留在地面以上的物体上，就易于把气味传得更远一些。也许其中最重要的原因就是为了告诉周围的犬，到底是多大的一只犬在做记号。犬的体形是决定它在群体中地位的一个非常重要的因素。因为统治权对于公犬是非常重要的问题，所以它们就养成了抬起腿排尿的习惯，这样可以让它们尿得更高一些。而且所做的标记越高，其他犬也就越难超过它的标记或是遮住它所发布的信息。

许多犬拼命地想把自己的记号画得更高一些，以至于最后狼狈不堪。一次滑稽可笑的记号是由一只名为赛比的猴犬（非洲产的小猎犬，它在某些行为上与非洲的野犬极其相似）做出的。这只猴犬是一只已经发育成熟的公犬，它排尿的方式就和野犬一样，它会瞄准一棵树，然后直直地冲过去。等到了树旁的时候，它就会跳起来，高度可达 1.5～1.8 m。它在跳到最高点时会做个翻转动作，最后落地时就呈现一个完美的弧度，在翻筋斗的过程中排尿。当然，这个尿迹自然要比附近其他犬的高多了。

（三）肛门腺分泌物

犬的肛门两侧有两个囊，就是肛门囊（图 4-4）。肛门囊内的腺体有两个重要作用，一是在犬排便的时候润滑肛门，二是携带犬的“个人信息”。

在人们看来，肛门腺分泌的液体是闻起来让人难以忍受的污物，可是在犬的眼中，这些浓烈的味道中含有丰富的信息素，其中包括与一只犬有关的详细信息。当两只犬第一次见面的时候，嗅闻彼此肛门腺的味道就可以知道这只犬的基本情况，而经常见面的两只犬见面后依然

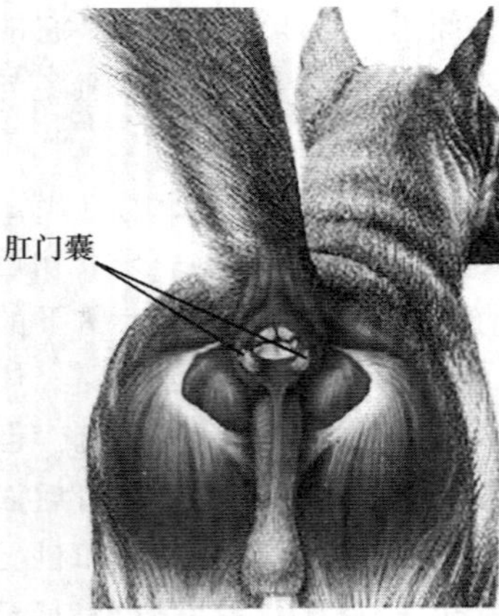

图 4-4 犬的肛门囊

会闻臀部，那是因为肛门腺的味道会随着犬生活状况的改变而发生细微的变化，这些变化能告诉其他犬这只犬最近的经历，包括以下方面。

1. 家庭地位

犬在家庭当中是处于比较强势的地位还是劣势的地位，这可以反映在它的肛门腺分泌物上。

2. 日常饮食及健康状况

犬的饮食结构、生理状况都会在肛门腺分泌物上有所体现。但是对于人类来说，这就如同一个混乱的地图，只有犬才能通过敏锐的嗅觉发现这个地图上面的正确信息。

3. 是否处于发情期或者是绝育

性信息在犬对外界传播的信息中占有很大的比重。当公犬性成熟之后，就会开始向外界散播含有性信息的信息素，尿液、肛门腺分泌物中都有这类信息。未绝育的公犬会出现比较频繁地在室内外排泄的情况就是因为这个缘故。

4. 其他

例如，一只犬的繁育经历、地域标记等。因为含有丰富的信息，所以一只犬肛门腺分泌物中的信息素有可能引发其他犬的情绪、行为上的变化，如性兴奋、攻击性、回避、恐惧等。当犬害怕或是受到惊吓的时候，其肛门腺也会本能地散发气味。所以很多犬都害怕兽医，作为检查的一项，兽医人员经常挤压犬的肛门囊（捏出里面的东西），以防肛门囊堵塞或感染。兽医身上经常会有这种气味，而这种气味会使犬产生恐惧。在犬的交流体系当中，肢体语言和声音只占一小部分，还有很大一部分信息是通过这种携带信息素的分泌物完成的，因此人们就能理解为什么犬见面之后会互相闻彼此的臀部了。

犬的粪便沾染了肠黏膜分泌物及肛门腺分泌物，因此粪便也能起到信息交流的作用。犬在排粪便前总是先对周围的环境仔细嗅闻探查，然后做出排便行为。犬并非随机选择排便地点，多是在其他犬排便的位置。

（四）唾液

当犬相遇时，最常见的行为是先互嗅对方的口鼻部。根据对方分泌的唾液，它们就可以知道对方是否刚吃过食物、吃过什么食物及身体的健康状况。

（五）皮脂腺分泌物

哺乳期的母犬利用皮脂腺分泌的信息素是最频繁的，通过这种方法，它可以缓解刚出生幼犬的压力。而在犬的情绪比较极端的时候，如在恐惧、愤怒或者其他原因导致压力过大的情况下，皮脂腺也会分泌出相应的信息。

（六）耵聍腺分泌物

耵聍腺位于犬的耳道及耳郭上，此处释放的信息以安抚类型为主，地位优势感较强的犬会比较频繁地使用这类信息素，而犬在自信或者警觉的时候耳朵直立也是因为这样可以把更多的信息素释放出来。地位相对较低、性格比较顺从的犬经常会有嗅闻、舔其他犬耳朵的行为，可能也是出于同样的原因。

（七）口周皮腺分泌物

口周皮腺位于犬的面部，包括下颌、嘴唇、脸颊、胡须等。犬在墙角、有植物的位置等蹭自己的脸和嘴部皮肤，这个行为代表着犬正在留下自己的信息。犬经常对其他人或者动物的面部表现出兴趣，这也是它们出于自己的生理特点向外界获知信息的一种表达方式。

（八）汗腺分泌物

汗腺位于犬的足垫和趾间皮肤上。这是犬最常用的释放信息素的部位之一，有些犬在排泄之后会用两只后爪扬土，这种行为多用来标记自己的领地。这种标记像箭指向中心并向四周放射出去，以做出醒目的标记，使味源易被发现。这可能会把一些新气味混进去，这些气味来自爪垫上的腺体；这也可能是一种补充性的视觉线索，可以把其他犬引到这里进一步研究这些气味。

（九）前尾腺分泌物

前尾腺位于犬的尾根处，主要向外释放性信息、身份信息和领地信息。犬通过不停摇动尾巴将这些信息释放出去，而一些不想被别的动物识别的犬则可能尽量压制住前尾腺上的信息，因此人们会看到恐惧的犬会把尾巴夹起来。

互嗅是犬的一个最为常见的行为特征，两只犬互相嗅闻的举动是一种交流。两只犬接触时都有一定的程序，即先互相嗅闻，再接触肩部被毛，最后检查外生殖器。它们通过互相嗅闻最能反映情感的外生殖器部位（这个部位的皮脂腺能产生对犬有极大诱惑力的气味），就可辨别该犬的性别、年龄、身体状况及其态度。一只年长的犬或头犬有权利检查年龄小及地位次于它的公犬、母犬、幼犬的外生殖器。除互相嗅闻外，无论公犬、母犬都有经常检查自己外生殖器和细心用舌舔以保持清洁的习性。这是犬的卫生保健，主人不应反对和斥责。

二、声音语言

犬通过声音传达意图的方法非常简单，而且这些声音也对肢体语言起辅助作用。声音的音调能够传达意图，从低音到尖锐的高音各不相同。

（一）声音语言的作用

1. 发出警报

犬会用一声吠叫（不一定是反复的吠叫）向群体中其他成员传达警报或警告。这通常表示它发现了非群体成员的其他犬、同类的捕食者或猎物，以使同伴们注意到。一旦唤起了群体成员的注意力，群体成员会集合起来，团结协作，共同对付潜在的威胁或猎取食物。

2. 唤起注意

当犬吠叫的时候，它是在告诉主人有不寻常的声音或者潜在的威胁需要探明和处理。如果主人置之不理，犬就会自己执行任务。这可能意味着它会表现出极度活跃的样子，从一间屋里蹿到另一间屋里，猛冲到大门处或跳起来，同时会一直吠叫。如果主人曾教会犬停止吠叫，经过良好训练的犬便会停止吠叫。它会明白主人正在处理那些声音或事件，或者在主人看来那些都不是威胁。

(二)声音语言的分类

犬的声音语言根据音调高低分为低音、中音和高音。低音包括玩闹的吼叫、进攻性的低吼;中音包括玩闹的吠叫、警戒的吠叫;高音包括表示顺从的尖叫、因受伤而发出的尖叫、请求的哀叫、离别时的长嚎或哀叫。而根据声音传达目的、意图不同,犬的声音语言分为玩闹的吠叫、警告的低吼和恭顺的尖叫。

1. 玩闹的吠叫

玩闹的吠叫是一种后天行为,说明犬想要引起主人的关注,或者想要玩接球或飞盘的游戏。犬之间也会这样叫,而且它们好像能分清警告和玩闹的叫声之间的区别,但是一些不善交际的犬可能会把这两种叫声弄混。这种玩闹的叫声意味着犬想要玩耍而感到兴奋,就像孩子们玩得高兴的时候会冲彼此大叫那样。

2. 警告的低吼

当犬低吼时,它可能是在打斗(对手可能是主人或另一只犬),或者是在准备攻击之前警告其他犬后退,不要冒险。有的犬在和主人互动时,可能会发出轻声的吼叫表示玩闹,音调没有那么高,并不是打斗时的低吼。

特别是在野犬之间,犬类的低吼表示紧急的警告。如果犬不想与同类分享猎物,便会发出占有欲极强的吼叫,以免周围逗留的犬也来分享猎物。如果母犬首领被公犬副首领喜欢,公犬副首领也会冲它狂吼。如果公犬之间要进行一场关于等级地位的较量,强势的犬会冲对方吼叫以示警告,给对方机会,让对方在受伤之前知难而退。低吼所传达的只与挑战和攻击有关,这也可以解释为什么犬对男主人低沉的嗓音做出回应的速度要比回应女主人轻柔响亮的声音更快。

3. 恭顺的尖叫

如果主人不小心踩到了犬的爪子或夹住了它的尾巴,便会听到它的尖叫声,这说明它受了轻微的伤。但如果它哀叫不停,则说明它受了很严重的伤。在犬的语言里,这种声音的音调是最高的。在自然界中,尖叫是表示顺从的信号,战败方以此向强势方表示自己处于弱势。在打斗中被对方压倒时,犬会发出尖叫,从而让对方松口或松开爪子。

当犬为了引起主人注意而低声哀叫时,这种请求或顺从的行为通常跟它们早期与母犬的分离有关(母犬可能会离开幼犬去休息一会儿,或者出去寻找食物)。幼犬通过这样的叫声表达想让主人陪它玩耍或者给它喂食的意愿。它会慢慢知道,这种顺从被动的行为有时会从主人那里得到回应,甚至还会得到与主人一同外出散步的奖励。如果主人把它单独留在家里,它会反复地低声哀叫,或者主人不在家的时候,它长嚎不止,这些都说明它对主人存在过度依赖,不愿离开主人。

三、肢体语言

犬的肢体语言指的是犬通过身体的一个或多个特殊部位甚至是整体表现向其他犬传递信号的表达方式。因为这种表达方式是犬与其他犬的沟通方式,所以信号的传递者必须能够通过精细的肢体变化来改变信号接收犬的行为。

犬身体的每一部分均可用来传递信息。犬的头、眼睛、牙齿、嘴唇、耳朵及面部各种不同的皱褶在犬传达信息过程中尤为重要；犬的喉部和颈部的不同转向角度以及与其他肢体部位形态变化的结合也能够确认其他信号；犬的躯干和四肢形态变化也是在一些简单交流中使用最多的一种信息传递方式。

(一)放松状态下犬的肢体语言

犬处于放松状态下时，身体各部分肌肉呈自然放松状态，因此犬的整体姿态看起来舒展而不僵硬。身体各部分的姿态表现为身体重心落在四肢，四肢放松，尾巴自然下垂，距离后腿较远，头部高昂，耳朵向上竖起而非指向前方，嘴巴轻微张开，舌头自然外露(图 4-5、图 4-6)。犬表现出该种行为姿态，表示其完全放松或非常开心。这是一种相对中性的站立姿态，表明犬此时并未受到环境中其他因素的威胁。同时，处于该种状态下的犬也比较容易亲近。

图 4-5　放松状态下犬的肢体语言模式

图 4-6　放松状态下犬的肢体语言表现

(二)警惕或专注状态下犬的肢体语言

警惕或专注状态下犬的肢体语言指的是犬面对异常情况或者陌生事物，需要进一步确认环境变化时肢体所表现出的沟通交流姿态。

身体各部位姿态具体表现为身体肌肉出现一定程度的收缩，而使犬的整体姿态较放松状态下略显僵硬。身体微微前倾，身体重心向前肢转移，面向前方，耳朵向前竖起(垂耳犬例外)，眼睛睁大，额部和鼻面部平滑无皱褶，嘴巴闭合，尾巴平行向后，既不僵硬也不呈刷子状，有可能从身体的一侧轻轻摆向另一侧(图 4-7、图 4-8)。

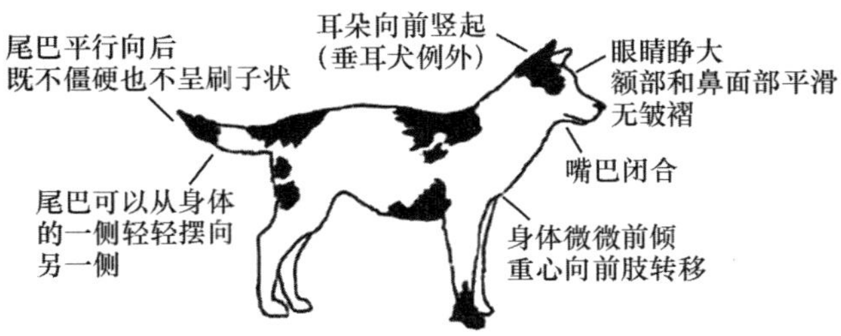

图 4-7　警惕或专注状态下犬的肢体语言模式

图 4-8　警惕或专注状态下犬的肢体语言表现

犬处于警惕或专注状态下，表明犬发现某种令其感兴趣的事物，或者警惕环境中出现的异常情况(包括陌生人、动物、异常声响、气味等)、通过这种姿态，犬努力去分辨异常情况是否会对自身造成威胁，它可能会保持这种姿态直至其做出进一步处理决定，或者是被人为处理而分心。

(三)玩耍躬身状态下犬的肢体语言

玩耍躬身状态下犬的肢体语言是犬在向其他犬或人做出邀请玩耍过程中所出现的一种特定肢体形态。在该状态下,犬需要时刻注视其他犬或人的动态以及期待它们的参与,需要保持高度的兴奋与期待状态。

玩耍躬身状态下犬身体各部分姿态具体表现为前肢压低着地,后肢相对抬高,耳朵向上竖起,眼睛睁大,嘴巴张开,舌头外露,尾巴斜向后上方竖起,不僵硬,也可能大幅度地摆动(图 4-9、图 4-10)。

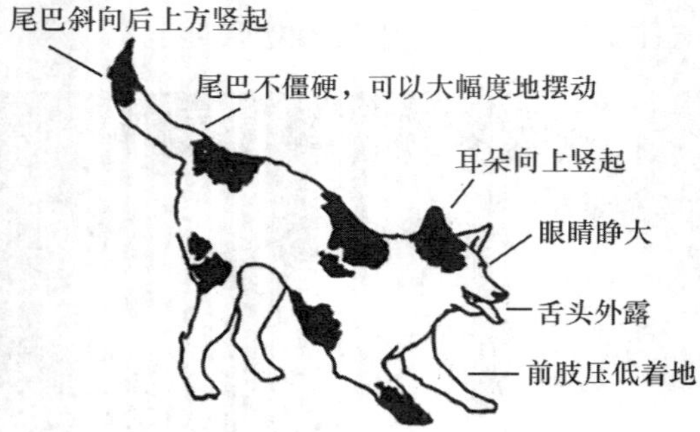

图 4-9　玩耍躬身状态下犬的肢体语言模式

图 4-10　玩耍躬身状态下犬的肢体语言表现

除上述姿态外,犬还会表现出以下行为:朝向互动对象高声吠叫,在互动犬或人参与玩耍之后,犬迅速进入无目的无方向的奔跑中,而互动对象则紧紧追逐,一段时间后,犬与互动对象发生追逐与被追逐的角色互换。

玩耍躬身状态下犬的肢体语言解读:在犬的世界中,上述的姿态被称为"玩耍躬身"。上述姿态无论是朝向犬还是人或是其他事物,表示的都是邀请玩耍的意思。如果互动对象参与,那么将进入一段开心的玩耍过程。

(四)支配性挑衅状态下犬的肢体语言

支配性挑衅状态下犬的肢体语言是犬向其他犬、人或事物宣称领导地位,支配性的强势沟通交流的肢体形态,其传达了"若不听从支配,将会发起攻击"的意图。从整体姿态来看,该状态下犬的肌肉收缩,身体僵硬,体形较放松状态大。

身体各部分姿态具体表现为身体前倾,四肢僵硬,直立着地以使身体呈现出更为强大的姿态,耳朵向前竖起(也可能因为肌肉收缩导致向两侧呈宽"V"形),额头以及鼻面部形成皱褶,嘴唇卷曲,嘴角前移,暴露前齿,眼睛睁大,颈背部毛发竖起,尾巴斜向后上方竖起,僵硬,呈刷子状(也可能小幅度地从一侧向另一侧摆动)(图 4-11、图 4-12)。

支配性挑衅状态下犬的肢体语言解读:这样的犬通常具有非常强的自信心和支配欲。犬通过这样的肢体语言来声明自己的社会支配地位,并让其他犬明白如果它们不听从自己领导将会受到攻击。支配性挑衅的犬通常已经做好攻击的准备,因为它们的挑衅性和自信心,很少会放弃自己的领导权;支配性挑衅的犬除非在受到压力至无路可逃的情况下,一般不会直接发起攻击。

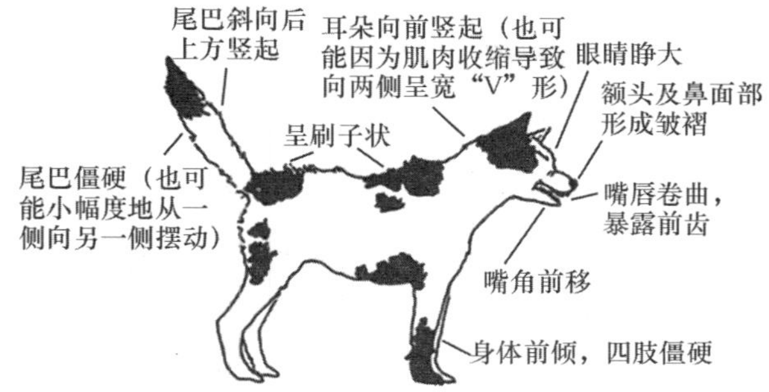

图 4-11　支配性挑衅状态下犬的肢体语言模式

图 4-12　支配性挑衅状态下犬的肢体语言表现

(五)防御性攻击状态下犬的肢体语言

防御性攻击状态下犬的肢体语言是犬面对压力，被其他犬、人或事物逼入绝境，走投无路的状态下采取的以保全自身为目的的挑衅行为。从整体姿态来看，该状态下犬的肌肉收缩，身体僵硬，体形较放松状态小。

身体各部分姿态具体表现为身体呈后退防御姿态，耳朵向后平贴，眼睛睁大，鼻面部形成皱褶，嘴唇轻微卷曲，嘴角结合处后移，同时暴露前齿与后齿，被毛竖起，尾巴夹于两腿之间(图 4-13、图 4-14)。

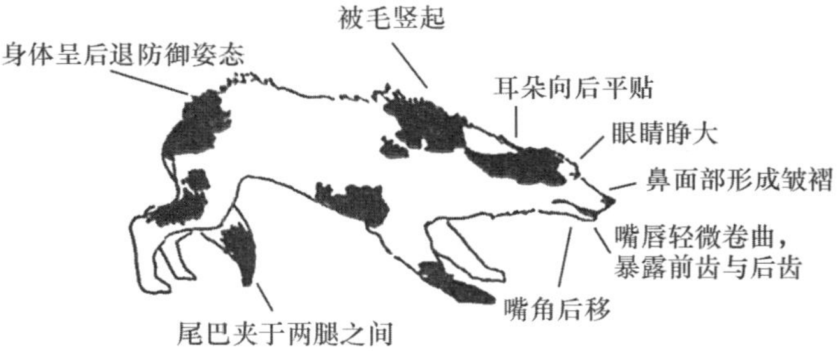

图 4-13　防御性攻击状态下犬的肢体语言模式

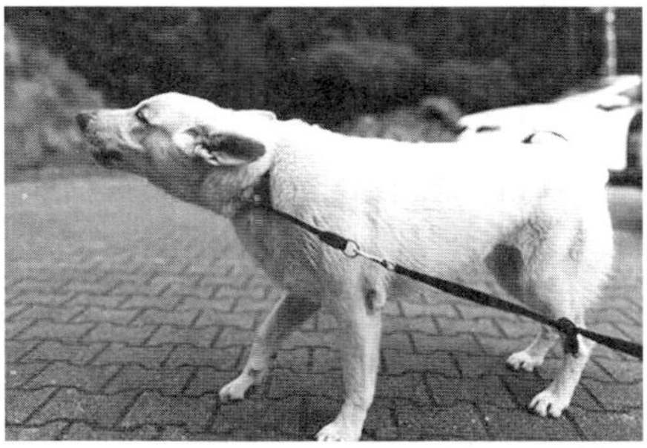

图 4-14　防御性攻击状态下犬的肢体语言表现

防御性攻击状态下犬的肢体语言解读：这样的肢体形态通常是犬面对威胁性事物时不愿意或不懂得以服从姿态来逃避攻击，而是采取以武力展示的方法来保全自身的一种行为。这种肢体形态同时包含了害怕与挑衅两种肢体形态，耳朵向后平贴、尾巴夹于两腿之间、嘴角后移暴露后齿代表了害怕，眼睛睁大、鼻面部形成皱褶、同时暴露前齿和后齿、颈背部毛发竖起代表的是挑衅。

(六)主动性服从状态下犬的肢体语言

主动性服从状态下犬的肢体语言是犬面对压力，以积极主动的姿态向支配欲强的犬或具有威胁性的人或事物表达服从信号的行为。这种肢体语言融入了多种安抚其他犬或事物的信号。

身体各部分姿态具体表现为身体压低，耳朵向后，额头平滑，鼻面部舒展，眼睛较小，眼神简单接触后迅速呈游离状态，嘴角后移，舌头舔支配欲强的犬的面部，一前肢抬起、蜷曲，也可能拨弄另一只犬，尾巴低垂，由紧张害怕导致足垫出汗而在地面上留下脚印(图 4-15、图 4-16)。

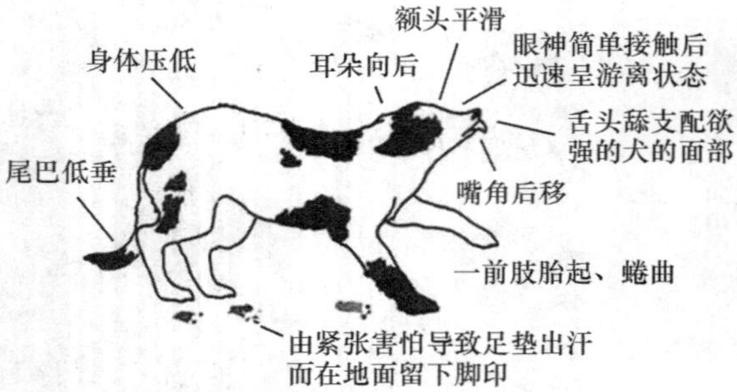

图 4-15　主动性服从状态下犬的肢体语言模式

图 4-16　主动性服从状态下犬的肢体语言表现

主动性服从状态下犬的肢体语言解读：这样的肢体形态通常是犬面对威胁性事物时以服从姿态来逃避攻击保全自身的一种行为。这种肢体形态包含了多种安抚对方的信号，如眼神避免直视、漂浮不定，舌头舔另一只犬的脸，一前肢抬起、蜷曲或拨弄另一只犬。这些姿态均传递了友好服从的信号，以此平息对方的愤怒。

（七）被动性服从状态下犬的肢体语言

被动性服从状态下犬的肢体语言是犬面对压力，以被动的姿态向支配欲强的犬或具有威胁性的人或事物表达服从信号的行为。与主动性服从姿态相比，该种服从更为强烈，犬的害怕程度也更为强烈。

身体各部分姿态具体表现为当其他犬靠近时，犬背部着地，四肢向上蜷曲，尾巴夹于两腿之间，眼睛半闭，避免眼神直接接触，鼻面部平滑，嘴角向后，耳朵向后平贴，同时，可能发出呜咽声，有可能因为极度害怕而排出少量尿液（图 4-17、图 4-18）。

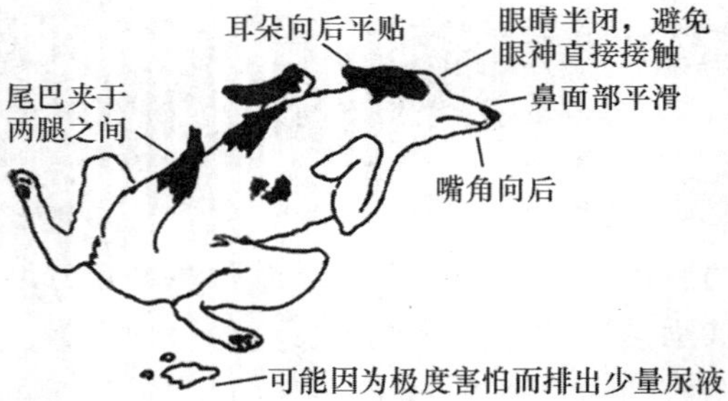

图 4-17　被动性服从状态下犬的肢体语言模式

图 4-18　被动性服从状态下犬的肢体语言表现

被动性服从状态犬的肢体语言解读：这样的肢体形态通常是犬面对威胁性事物时表现出的完全服从行为；犬通过这样的完全服从行为来避免身体的对抗。支配性强的犬通常会以胜利者的姿态站立于服从犬的上方，以此享受领导者的特权。

四、安定信号

安定信号是犬用于预防冲突、避免威胁、消除紧张、表达善意的动作表示（社交礼仪）。安定信号可以展示犬与犬之间的沟通技巧，让它们充分交流，表达互不侵犯的善意，从而避免冲突，甚至成为朋友。

动物行为学家通过对犬行为的观察，发现了30多种安定信号。这些信号有的经常发生，有的很少发生，有的表现明显，有的表现微弱或是发生的时间极为短暂。无论是以何种形式发生，安定信号都对犬之间的交流发挥了很重要的作用。以下是常见的安定信号。

1. 撇头

撇头(图4-19)，具体表现是很快地把头撇到一边，然后很快地再转回，或者撇头后维持一会儿再转回来。这个动作有时表现得很轻微，有时则表现得非常明显。

图4-19 撇头

撇头动作通常发生于两只犬相遇时，其中一只犬没有任何表示地快速接近另一只犬，另一只犬感觉不安就会出现这种撇头的动作。有时人与犬接触得太近，犬也会出现这个动作。撇头的动作是告诉对方它很不自在，请对方冷静下来。

两只犬在街头相遇，如果它们有足够的交往经验，它们常会同时撇头看其他方向1 s，然后再开心地相互打招呼，这样就会避免一些不必要的冲突。而一些没有经过这方面学习的宠物犬常不懂这种避免冲突的方式，它们见到同类就会兴奋地冲过去，容易引起对方误会造成冲突。

主人对犬过分溺爱也会引发犬的撇头行为，如主人用胳膊紧紧搂着犬的脖子或头；或很多人跟犬挤在一起，用相机对着犬照相等。

大多时候，这个信号将使对方的犬冷静安定下来，这种解决纷争的方式令人叹为观止。几乎所有犬都经常使用这个信号，无论是幼犬还是成年犬，无论地位高还是地位低。

2. 柔和的目光(眯眼)或转移目光

柔和的目光是指先眯起眼，然后以较为柔和的目光注视对方，而不是以威胁方式瞪着对方。通常，犬在被其他犬接近、关注而又不想造成冲突时才这么做。

转移目光类似于撇头，在两只犬相遇或一只犬被另一只犬直视时，友好的犬为了避免冲突，常常用转移目光来显示自己表示和平的意图。

转移目光这种安定信号也可以被人使用，当遇到凶猛的大型猎犬时，人们也可以使用这种方式来表达友好。

3. 转身

转身是以背面或侧面对着对方，这是一种极具安定意味的行为。当有的犬在玩耍中表现得极其兴奋后，冷静的犬会暂时中断游戏，开始转身侧向或背对着那些激动的犬，从而使游戏的激烈程度稍微下降。

转身这个动作也常会被犬用来制止其他犬的敌视或攻击行为。例如，两只犬在街角相遇，一只较为强势的犬可能会直冲过来，这时另一只犬可能会用转身这种行为表达自己不想发生冲突，那么对方冲过来的速度很快就会减慢，态度会变得柔和。

有时，犬也会把转身行为当作安定主人的方式。例如，主人对犬的行为极度愤怒时就会大喊大叫，却发现犬不但没被召回，反而在远处停下，背对着主人。犬的这个动作本意是使主人冷静下来，但却常常会被主人误认为是犬对主人的蔑视或不在意，反而引起主人更愤怒。

转身这种行为可以用来打断犬的不良行为，例如有的犬喜欢扑人，当它扑来时，被扑的人可以马上转身，让犬感觉不到人的关注，犬就会很快把腿放下、站好。

图 4-20 舔舌

4. 舔舌

舔舌（图 4-20）是犬在不安、有压力的情境下出现的用舌头舔嘴唇的行为，可能是大部分舌头伸出卷空气，也可能是小部分舌头的快速轻弹。这个行为常发生在犬被其他犬接近时，或人们在犬的身体上方弯下腰想抓它、紧紧抱着它时。此外，在面对不理解的事物或在主人情绪不佳时犬也会出现这种动作，如面对照相机时。

比起毛色较浅、看得到眼睛及鼻吻长的犬，黑色的犬、脸部毛量多的犬和脸部表情不容易看得清楚的犬经常使用这个信号，但是每只犬都可能出现舔舌动作，而且几乎所有的犬都理解这个动作的意义，无论动作出现的时间有多短暂。

从犬的正面观察较易看到它迅速舔舌的小动作，最容易观察到这个信号的方式是坐下来安静地观察，熟练之后，带犬散步移动时也能够容易地观察到。

有时舔舌动作是快速舔一下，人几乎看不到犬的舌尖伸出嘴巴外，而且时间极短，但是其他犬看得到，它们理解这个动作的意义并尊重它。

5. 定格不动或缓慢移动

当两只犬相遇时，体形较大的或地位高的犬常会主动地凑上前去嗅闻，而体形较小的犬则会停下来，采取站姿或坐姿，并保持一动不动，让对方嗅闻全身。如果地位高或体形大的犬只是经过而不去嗅闻，那么另一只犬可能采取缓慢移动的方式。

图 4-21 定格不动

定格不动（图 4-21）或缓慢移动的行为对犬具有安定的效果，有胆小的人在路上遇到体形较大的犬时，也往往会停下来或缓慢地走路，这时犬靠上来嗅闻一番就满意地离去。而如果人们因为害怕快跑或大声喊叫，反而可能激发犬的狩猎本能，从而引起犬的攻击行为。对于胆小的犬，人们也可以采取缓慢移动的方式去接近它，使它有安全感，以便接受人类的接近。

有时犬为了安定情绪激动的主人也会采取这种方式。例如，在国外的一次犬类运动比赛中，一只名为西巴的边境牧羊犬为了让附近不断挥动手臂、大喊大叫的主人安定下来，在赛场上的跑动速度越来越慢，最后竟站立不动，从而失去了比赛成绩。

6. 邀玩

邀玩（图 4-22）是指犬压低前躯，用两前肢的前臂骨触地，臀部高高抬起的动作。犬在出现邀玩动作时往往还轻快地摇动尾巴。邀玩常出现在一只犬想与另一只犬交朋友，但对方有点不确定或紧张时，也常出现在一只犬想邀请另一只犬一起玩耍时。如果犬的邀玩动作保持不动，也不摇动尾巴，那么这个动作则具有安定意味。

图 4-22　邀玩

邀玩动作是犬常见的行为动作，是犬跟其他犬快速熟悉、建立伙伴关系的非常重要的技能。

7. 趴下

趴下（图 4-23）也是犬常见的行为。平时犬趴下是为了休息，但当两只犬相遇时出现趴下动作则具有安定意味，这和躺下来腹部向上表示顺从不同。

趴下这个动作常由优势地位的犬使用，用以表示自己没有恶意，低位的犬不需要紧张。例如，两只犬在一条狭窄的路上相遇，胆小的犬远远地就停下、犹豫，这时另一只犬就可能趴下，让对方安心靠近、路过自己。

图 4-23　趴下

趴下有时也用于安定情绪激动的犬，例如，几只犬玩得兴高采烈、情绪激动时，一只较为冷静的犬就可能插到它们之间，把它们隔开，并出现趴下的动作，当它们的情绪安定下来后，这只犬再起来一起重新玩耍。

8. 打哈欠

打哈欠（图 4-24）是最为有趣的安定信号，表达的意思不是犬很困倦，而是犬很不安。打哈欠的动作常出现于下列情况：有人朝着犬弯下腰，发出生气的声音时；家中有人争吵时；在动物医院，有人直接从犬正前方走近时；当犬开心期待处于兴奋状态时（如将要带它出门散步时）；当主人要求犬做一件它不想做的事时；当训练时间过长令犬疲累时；当主人不让犬去做某事而喊“不可以”时，等等。打哈欠也是人类容易做出且很有安定效果的动作。当遇到有攻击性的犬时，人们可以试着通过对犬打哈欠来使犬安定下来。

图 4-24　打哈欠

9. 绕半圈靠近

对犬来说，相遇时笔直地冲着对方走去是种不礼貌的行为，常会被对方误认为是挑衅。所以成年犬在遇到犬或人时，通常会以这只犬或人为圆心，绕半圈或间隔一段距离以弧线经过（图 4-25）。

当主人牵着犬散步的时候，如果犬对前方经过的事物不安，主人就可以从远处走一条弧线

图 4-25　绕半圈靠近

图 4-26　嗅闻地面

图 4-27　甩动身体

图 4-28　分开

经过该事物。如果路径较狭不易绕路，那么主人可以让犬走在另一侧，通过主人的身体把犬和事物隔开，这样也有安定的作用。

另外，当人们路过一只表现害怕、有攻击行为倾向的犬时，如果使用绕半圈的信号，就可以使它安定下来。

10. 嗅闻地面

嗅闻地面（图 4-26）是犬经常使用的信号，在一群幼犬中可经常观察到这个行为。在以下其他状况下也常见：带犬出去散步有人接近时；周围环境纷扰、嘈杂时；某种物品令犬觉得不确定、害怕时。

犬嗅闻地面的行为可能只是迅速低头嗅地面又抬头的动作，也可能持续贴地嗅闻数分钟。当然，犬天生就爱用鼻子嗅闻，嗅闻是它们最爱的活动之一，其目的是获得讯息。然而，有时这个行为具有安定的作用（视情况而定），所以必须留意嗅闻发生的时间和情境。

11. 甩动身体

犬甩动身体（图 4-27）常发生在某种互动结束时，需要更换互动主题时，或者互动太过激烈需要降温时。如两只犬原本在雪地中打闹、摔跤，右侧犬突然停下来并“甩动身体”就是一种明显的安定信号。

12. 分开

犬将身体置于其他犬或人之间（图 4-28）也是一种安定信号。常见于其他犬过于靠近，并有可能发生打斗的情况下。这种情况在人类社会中也较为常见。第一种情形是，当两只犬在玩耍过程中表现粗暴时，第三只犬会将身体置于玩耍犬之间以分开它们。从人类的角度来看，通常认为第三只犬出于嫉妒心理破坏其他犬的玩耍活动。而事实上，第三只犬通过这样的行动来吸引玩耍者的注意，试图使过于激烈的玩耍活动平静、减轻它们的压力。

第二种情形，人们可以经常看到的是母犬使用该种方式来终止幼犬之间过于粗暴、激烈地玩耍。

13. 坐下、举前脚

犬坐下(图 4-29)、举前脚的行为是安定信号,用来安定其他犬或人。犬坐下及更强烈的信号(如坐下,加上背对某人或举起前脚)具有很强烈的安定作用。当犬希望其他迅速接近的犬冷静一下时常会这么做;当主人听起来太严厉或生气时,犬也可能会坐下来背对他或举起前脚。

图 4-29　坐下

安定信号还有很多,如扮幼犬、抓挠身体、摇尾巴,它们都在犬的交往中起着很重要的作用,使犬能安全、平和地相处。但并不是所有的犬都具有识别和使用安定信号的能力,所以在犬幼龄时进行足够的社会化训练,使它们学会犬类的社交礼仪就显得极为关键。

知识拓展

犬的生活习性

犬的生活习性

犬在长期的自然进化过程中,在自然和人为选择的双重作用下,逐渐形成了适于本物种生存繁衍的生活习性。犬的生活习性是有规律可循的,是可被认知的。认识犬的生活习性,有助于做好犬的常规饲养管理工作。更重要的是,对犬的生活习性合理地加以运用和引导,可以纠正犬的一些不良行为,培养其良好的习惯,从而达到调教犬的良好生活习性的目的。

(一)共性

1. 野性

虽经过几千年的驯养,犬的野性(如性情凶残)还有所保留,这些野性在某些特殊情况下会表现出来,从而出现犬咬人、伤人等事件。目前,大型、超大型烈性犬伤人事件时有发生,已引起越来越多人的重视,各地政府纷纷出台相关政策,限制超大型烈性犬的饲养。

2. 排汗习惯

犬较耐寒,不甚耐热。犬体表无汗腺,只有舌头和脚垫上有少量汗腺。在炎热的季节,犬常常张嘴伸舌,粗重地喘气,这是犬依靠唾液中水分蒸发散热,借以调节体温的最便捷有效的方法。此外,在犬的四个脚爪的肉垫上也有少量汗腺,炎热天气犬可舔脚垫散热,也可通过肉垫与地面的接触完成排汗。

3. 清洁习性

犬具有保持身体清洁的本能,如犬会经常地用舌头舔身体,还会用打滚、抖动身体的方式去掉身体的不洁之物。犬的皮脂腺分泌物有一种难闻的气味,容易粘在皮肤和毛上。因此,家庭养的犬应经常洗澡,除去犬体上的不洁物、异味等。在每一次训练结束后,可让犬游泳片刻,做好犬体的保洁工作。犬喜欢水,天生会游泳,让犬在清洁的水中游泳,是一种比较好的清洁方式。犬害怕眼睛和耳朵进水，因此在洗澡时要注意保护犬的眼睛和耳朵，防止进水。洗澡时还应保持适当的温度，以防犬着凉、生病。在炎热的夏季，可驯犬下河游泳。

4. 吠叫

吠叫是犬继承狼的一种行为习惯，原是犬联系同伴的一种手段，现多为犬与人联系的一种方式。在主人不在场或置身于一个陌生的环境中时，多数犬会叫个不停，其目的就是希望能引起人关注，或来陪伴它。在训练的过程中，驯导员可充分利用犬的这一习性，培养与犬的亲和力，也可利用之进行犬的吠叫科目训练。

5. 智商高

犬的智商较高，反应灵敏，神经系统发达，具有典型的发达的大脑半球，被公认为是世界最聪明的动物之一。犬的智商表现在对于特定信息的联系、记忆速度及自我控制与解决问题的能力。依靠其感觉器官的灵敏性，犬对于曾经和它有过亲密接触的人，会较长时间地记住其气味、容貌、声音等。

犬能对主人和驯导员发出的言语、动作以及表情等产生较强的理性理解力，并能在一定范围内洞察出意图，从而顺利地完成一些简单任务，如看门、追捕猎物等。在犬的调教训练过程中，最大限度地挖掘犬的智商，可训练出一些较有难度且极具观赏性的动作。

(二)适应性

犬的适应性强主要体现在以下两个方面：

(1)犬对外界环境的适应能力很强，能承受较热和寒冷的气候，尤其对寒冷的耐受能力强。但如果气候变化太剧烈，忽冷忽热，犬容易患病，尤其是一些娇小的犬品种。

(2)犬的适应性强还体现在犬的饲料的适应性上。犬属于以食肉为主的杂食性动物，所采食的动物性饲料含量在10%～60%时，犬都能很好地适应。

(三)合群性

犬是结群的动物，仔犬在出生后20 d就会经常与同窝的其他仔犬游戏，约1个月后会走出自己的窝结交新伙伴，此时正是更换新主人和分群的最佳时机。成年公犬爱打架，并有合群欺弱的特点。在犬群中可产生主从关系，使得它们之间能比较和平地成群生活，减少或避免由食物、生存空间等竞争而引起的打斗。

(四)忠诚性

犬与主人相处一定时间后，会与主人建立起深厚、纯真的感情，从而表现出极强的忠心和较强的依赖性。但若主人对犬不敬，常对之进行训斥或体罚，犬也会对他敬而远之。在犬的调教训练过程中，常出现主人在场时犬不听他人指挥的情形。因此，在训练时主人应回避，给驯导员足够的时间与犬建立感情，培养与犬的亲和力，以保证训练的顺利完成。

(五)嗜睡性

野生时期的犬是夜行性动物，白天睡觉，晚上活动。在被人类驯养后，其昼伏夜出的习性已基本消失，完全适应了人类的起居生活。与人类不同的是，犬每天的睡眠时间为14～15 h，但不是一次完成，而是分成若干段，每段最短为3～5 min，最长为1～2 h，比较集中的睡眠时间多在中午前后和凌晨时分。犬的睡眠时间因犬龄的差异而有所不同，通常是老年犬和幼犬的睡眠时间较长，而年轻力壮的犬的睡眠时间则较短。

(六)以食肉为主的杂食性

犬的祖先以捕食小动物为主,偶尔也用块茎类植物充饥。在被人类驯养后,犬的食性发生了变化,犬变成以肉食为主的杂食动物。虽然单一的素食也可以维持犬的生命,但会严重地影响犬身体的营养状况。

1. 采食速度快

犬的臼齿咀嚼面不发达,但牙齿坚硬,特别是上、下颌各有一对尖锐的犬齿,同时门齿也较为尖锐,易切断、撕咬食物。当采食大块肉时,犬能很快将肉撕开,经简单咀嚼立即咽下,体现了肉食动物善于撕咬但不善于咀嚼的特点;当犬采食粥样食物时,能用舌卷起,很快吃完。因此,犬的采食速度很快,属于"狼吞虎咽"的采食方式。

2. 对动物性饲料的消化能力强

犬是以食肉为主的杂食性动物,能较好地消化动物性蛋白和脂肪,但如果用全鱼肉型的饲料饲喂犬,常会导致"全鱼肉综合征"的发生。目前,一般在犬的日粮中添加30%~40%的动物性饲料,以满足犬对动物性饲料的需求。

犬喜欢啃咬骨头,但不是所有的骨头都对犬有益。对成年犬通常供应大的股骨、肱骨、肩胛骨、蹄骨、软肋骨,而鸡骨和带刺的鱼骨不可供给犬食用,以防发生意外;幼犬不宜饲喂骨头。

(七)食粪性

犬具有食粪性,其原因可能有以下三点:一是古代犬作为中型食肉动物,为避免其踪迹被其他动物发现和跟踪而食粪;二是长期找不到食物而以粪便充饥;三是犬患有胃肠疾病或缺乏维生素而使其食粪。犬的食粪性是一种不正常的行为,应予以制止。在日常的饲养及训练过程中,发现粪便要及时清理,努力减少粪源。

(八)换毛的季节性

犬季节性换毛主要指犬春季脱去厚实的冬毛,长出夏毛,秋季脱去夏毛,长出冬毛的过程。室内养犬一年四季都有被毛的脱落,尤其是春季和秋季会有大量的被毛脱落。脱落的被毛不但影响犬的美观,而且容易被犬舔食后在胃肠内形成毛球,影响犬的消化。因此,饲养长毛犬时,在春秋两季应经常给犬梳理被毛。

(九)繁殖的季节性

母犬的繁殖具有明显的季节性,通常在一年中的春季和秋季发情、配种。公犬的发情无明显规律。随着犬的家畜化进程不断推进,犬生活条件的改善,犬繁殖的季节性已不很明显。少数母犬常年不发情,多数情况下是由于繁殖功能障碍,如年龄偏大、肥胖或先天因素。饲料中缺乏某些对繁殖影响极大的养分,也可能导致繁殖功能低下或停止。

复习与思考

一、名词解释

1. 需求	2. 动机	3. 行为	4. 注意
5. 无意注意	6. 有意注意	7. 有意后注意	8. 注意的广度

9. 注意的分配　10. 注意的分散　11. 注意的转移　12. 肢体语言
13. 安定信号

二、简答题

1. 狼是如何进化成品种繁多的犬种的?
2. 简述犬的视觉特点。
3. 简述需求、动机和行为的关系。
4. 简述影响犬注意品质的因素。
5. 简述犬占有心理的常见表现形式。
6. 简述犬好奇的行为表现。
7. 简述犬的十大心理。
8. 简述犬的尿液标记作用。

项目五
猫的特征与行为

学习目标

❖ 知识目标

掌握猫的身体特点;掌握猫的生活习性和行为特点。

❖ 能力目标

能够利用猫的生活习性和行为特点;科学饲养不同品种的猫。

❖ 素质目标

人类与动物的和谐共生,需要我们每一个人爱护动物,从动物的心理和行为中汲取一定的知识,提升自身综合素养。

学习任务

猫的身体特点

任务一　猫的身体特点

一、猫的感官特点

猫体内器官的基本结构和哺乳动物相差无几,但是它们的感觉器官包括眼睛在内,都经过特殊变化,产生了捕猎动物所必需的有效变异。猫拥有敏锐的五感,包括视觉、听觉、嗅觉、味觉、触觉。

(一)视觉

猫是夜视高手,而且眼睛能反射光线,因此即使在光线微弱的情况下,猫也能看清一切。猫具有夜行性,在对于人类而言很暗的地方,只要有一点光亮,它们也能看清东西。即便是在夜里,只要有月光,它们就可以进行狩猎。

造就了猫宛如夜视照相机般视力的组织是位于它们眼睛视网膜下面的脉络膜。视网膜相当于照相机的胶卷,从瞳孔进入的光线聚焦于视网膜上,形成物体的像。位于视网膜下面的脉络膜的作用就如同反射板,能够将通过视网膜的光线再反射回视网膜。这样,微弱的光线在脉络膜的帮助下得到了二次利用,因此猫在暗处也能看见东西。猫的眼睛之所以会在黑暗中发光,也是因为一些光线被脉络膜反射回来。

眼睛面向前方,可以看清左右两侧的范围称为视野。人类的视野范围大约为 210°,而猫的视野范围则可达到 280°。换言之,猫可以清楚地看到位于它斜后方的猎物。

动物为了能在一瞬间捕捉到猎物,需要准确地把握和猎物之间的距离。支持它们这种距离感的是动物立体地看物体的能力。之所以能够立体地看物体,是因为两侧的眼睛看到的视野不一致。像猫之类的肉食动物,它们的眼睛面向前方,左右视野相重叠的角度(两眼视野)很广,因此它们立体地看物体的能力即把握距离感的能力非常优秀。然而,猫的眼睛也有弱点——视力比较差,只相当于人类的 1/10,它们只能看清 10~20 m 远的物体。

与此相对,猫眼睛的构造也有其独到之处,使其可以敏锐地发现其视力范围内活动的物体。即使距离 50 m 远,只要是活动的物体,猫也能准确地捕捉到对方的踪影,因此它们可以迅速地选择追赶猎物或逃命。

人们曾经认为猫和犬是色盲,然而目前得知它们可以区分红色和绿色,尽管有些模糊。它们难以区分色彩是由其眼睛的构造决定的。视网膜下面分布有感觉光线的细胞(视杆细胞)和感觉色彩的细胞(视锥细胞)。猫和犬为了尽可能多地感觉到光,其视杆细胞的数量比较多,而感觉颜色的视锥细胞比较少。因此,猫和犬并不能像人类一样辨别出五颜六色,它们处在一个色彩相对单一的世界里。

(二)听觉

猫的眼睛令人印象深刻,所以人们往往认为它们在生活中只依靠视觉就足够了。实际上,在猫的五感中最为敏锐的是听觉。猫对特殊音频的声音具有高度的敏感度,而且它还具有良好的捕捉声源能力,能够准确判断声源位置。

如果面对频率在 500 Hz 左右的低音,无论是人还是猫或犬,其听力都所差无几。然而,猫在高音方面的听力是人类无法企及的。猫耳朵的构造组合有利于它听取鼠等猎物发出的高音(超声波)。一般而言,人所能听到的最高音频率在 30 000 Hz 以内。与之相比,猫可以听到频率高达 60 000 Hz 的声音,这大约是犬听力的 1.5 倍。在敏锐听觉的帮助下,猫可以听到 20 m 外的鼠的脚步声。

猫凭借敏锐的听觉,可以分辨出猎物活动以及它们之间相互通信时发出的超声波,完美地捕捉到这一眼睛看不到的情况。经常会出现这种情况,当人还什么也没听见的时候,猫总是最先听到家人回来的脚步声,跑到门口去迎接。对此,人类可能会感到很吃惊,然而这对猫来说却很容易做到。

无论是人类还是犬,都是利用听到的声音在时间或强度上的差别来定位声源。猫有一项人类无法模仿的特技——它们可以让两只耳朵分别转动。它们一旦听到什么声音,就会迅速转动位于声源方向的那只耳朵,探察周围的情况,寻找声源。然而,无论其听觉多么出色,总会出现或多或少的误差。人类定位声源的误差为 4.2%,但猫的误差只有 0.5%。换而言之,猫可以准确地判断出声源的位置。

(三)嗅觉

嗅觉是猫的另一种相当重要的感觉。猫的鼻黏膜的面积约为 20 cm^2,鼻黏膜上大概有 9 900 万个神经末梢。而人的鼻黏膜的面积只有 2~3 cm^2,约只有 500 万个神经末梢。在鼻腔深处,猫还有犁鼻器,用于探测环境中的外激素,所以猫具有发达的嗅觉。

猫出生时嗅觉已经高度发育，幼猫对不良气味表现出强烈的躲避倾向。嗅觉在这一时期发育良好是十分重要的，它可让幼猫找到母猫的乳头。到 3 日龄时，每只幼猫会找到固定乳头，主要是用气味来发现和沿之前的路径寻找特定的乳头。当视觉发育后(3 周龄)，嗅觉会变得较不重要。

对于成年猫，气味是猫之间重要的识别标志，它们先是脸对脸嗅闻，接着脸对肛门嗅闻。气味也用于探索新环境、划分自己的地盘。

对于猫来说，常见的嗅觉功能如下。

(1)室外生活的猫可以通过嗅觉先大致确定猎物的方向，进而确定捕猎的方向。

(2)日常生活中，家养的猫可以凭着嗅觉判断出食物放置的位置。

(3)猫鼻对含氮化合物的气味异常敏感，猫吃食前都会先闻，它们可以用嗅觉分辨出变质、不新鲜和有毒的食物。

(4)母猫发情的时候可以分泌一种性分泌物，公猫则能凭借嗅觉找到母猫，进行交配，繁衍后代。

(5)刚出生的幼猫，眼睛并不能睁开，它们可以通过嗅觉找到母亲的乳头，从而喝到乳汁。

(四)味觉

作为纯粹的肉食动物，人们往往认为猫的味觉不会很丰富，其实不然。猫对于酸、甜、苦、咸都具有较好的辨别力，而且由于人类根据自己的喜好喂养猫，猫也形成了不同的口味。猫虽然依靠气味来判断食物，但这并不代表只要是闻起来诱人的东西它们就来者不拒。和人类一样，猫的舌头上也分布有感觉味道的细胞味蕾。味蕾可以分辨出酸、甜、苦、咸等各种味道。

各种味道中，猫对酸味尤其敏感，但是几乎尝不出来甜味。一直以来的实验证明，猫对砂糖没有反应，但也有越来越多的猫对砂糖的甜味表现得很敏感，这可能是由于它们吃到人类食物的机会在增加。

虽说猫能够分辨味道，但是它们的味蕾都集中在舌头的周围，舌头中间比较粗糙的部分几乎没有味蕾。对于原本是肉食动物的猫而言，味觉的首要任务就是分辨出眼前的肉美味与否或者是否腐烂，因此它们的味觉没有必要去特别细致地区分其他的味道。

(五)触觉

胡须是猫触觉器官中最敏感的器官，可以通过空气中轻微压力的变化来感知其他物体。与人的胡须不同，猫的胡须对它们来说是不可或缺的，因为它还是测量距离的量尺，将胡须剪掉，将妨碍猫的捕猎本领，尤其是在黑暗的夜里。如果摸一下它们的胡须就会发现，和它们身上的毛不同，猫的胡须很硬，让人感觉很结实。猫和犬的胡须与人类的不同，它们非常敏感，被称为触毛。这种触毛不仅生长在它们的脸周围，在其他地方也有，猫身体上每 1～4 cm^2 就有 1 根触毛。对猫和犬而言，普通的毛发根部也分布有神经，因此一旦毛上有异物，它们就能够感觉到。与之相比，触毛的根部聚集了数量惊人的神经细胞，即使只是轻微的刺激，它们也能非常敏锐地感觉到。

在前进中，猫会将部分胡须伸向前进方向，稍微撞到物体即有反应，这样可以避免撞到障碍物。此外，当猫想从某个狭小的空间通过时，也是利用伸向左右的胡须来确定自己是否能通过。

猫的睫毛也有类似的作用。猫前肢腕关节背部的毛触觉也特别敏感，这是食肉动物特点，因为它的前肢是用来抓捕猎物的。猫属于天生好洁的动物，经常将身上的被毛整理得很干净，整理好的被毛可以作为敏锐的触觉器。

与疼痛感相比，猫的温热感更加灵敏。猫的皮肤上有冷热感受器，以便感知周围环境的温度，寻找最温暖的地点睡觉或天冷时蜷曲身体。但是猫的身体对疼痛感觉相对较差，温度超过 52 ℃时，它们才感觉疼痛。因此，它们能蹲在人感觉很热的物体上，甚至被毛常常被烧坏了才有感觉。

二、猫的身体结构特点

猫属于哺乳纲、食肉目、猫科、猫属，其身体结构特点如下。

（一）骨骼

猫和所有的肉食动物一样，动作迅速、敏捷是其生存的基本条件，而猫的骨骼结构正符合这个特性。特别是脊柱松散的特点，使其躯体柔软，能够运动自如。猫能够自由、娴熟地变换各种姿势，其灵活程度足以让瑜伽高手瞠目结舌。猫柔软的四肢关节是毋庸置疑的，同时，它们的柔韧性还来自其宛如弓一样能够灵巧弯曲的脊柱。

人们常说猫“驼背”，其实那只是它们坐着或是蜷成一团睡觉时的姿态。当猫走路的时候，它们的背会突然伸得很直。然而当猫突然跑起来或是想跳跃的时候，它们会先将脊椎弓起来，再突然伸展开。猫将积蓄在脊椎里的能量突然释放出来，展现卓越的爆发力。

猫的脊椎还起到垫子的作用。当猫跳跃后着地的一瞬间，或是扑向猎物的时候，它们拱起来的脊椎便会缓冲随之而来的冲击力。

猫躯干部的椎骨都为不正形骨，肋骨为长的弓形骨。猫胸廓部的肋骨弓较小，胸廓比较狭窄且深，这种特殊的结构有利于它们通过比自己躯干狭小的通道。

猫前后肢骨的肩部和髋部为不正形扁骨，骨结构坚实，能抗压，这种特点保证了前后肢推动运动的坚固性。

（二）胡须

猫都有一副漂亮的胡须，它不仅是一种装饰，而且是猫的一种特殊感觉器官。猫的胡须触觉很灵敏，左右大约各 12 根，和眼睛有联动关系，一碰触到猫的胡须，猫眼会立刻闭起来。

猫胡须根部有极细的神经，稍稍触及物体就能感知到，有雷达般的作用。胡须是猫测量和探查的工具，当猫在黑暗处或狭窄的道路上走动时，会微微地抽动胡须，借以探测道路的宽窄，便于准确无误地自由活动。胡须是猫极为重要的触觉感觉器官。猫的胡须不能修剪，但会随着新陈代谢而自行脱落。

（三）毛发

猫的毛发从皮肤毛囊内生长出来，毛囊呈细长袋状。猫毛囊有两种，一种是只长一根毛的孤立毛囊，另一种是长有多根毛的复合毛囊。猫毛囊以复合毛囊为主，因此猫的被毛很稠密，大约 200 根/mm^2。被毛可分为针毛和绒毛两种。猫皮肤里还有皮脂腺和汗腺。皮脂腺的分泌物呈油状，能使被毛变得光亮、顺滑。猫汗腺不发达，故不能像人的汗腺那样参与体温调节。猫通过皮肤辐射散热或呼吸散热。

毛发是猫的一道坚固的屏障，它能防止体内水分丢失，抵御某些机械性的损伤，保护机体免受有害理化作用的损伤。在寒冷的冬季，皮肤及被毛具有良好的保温性能，使猫具有较强的御寒能力。在夏季，被毛又是一个大散热器，起到降低体温的作用。

毛发也是猫感觉器官的一部分，分布在眼睑、颊部等处的刚毛均具有极灵敏的触觉功能。

（四）脚趾与足垫

猫的前肢脚趾有 5 个、后肢脚趾有 4 个。脚趾平常缩在足垫间腺中，需要时伸出来作为武器或工具，锐利的趾尖便于捕猎、爬树。猫的前爪十分锋利，具有捕捉猎物，配合利齿撕碎食物，与敌人搏斗，攀登树木、墙壁和其他物体的功能。尤其在捕捉猎物和搏斗时，猫张牙舞爪，爪锋芒锐利。锋利的爪子借助于强健的四肢，使猫有极强的攀登能力。

猫每只脚掌下都生有很厚的掌垫，每个脚趾下又生有小的指（趾）垫。每个指（趾）上都长有锋利的三角形尖爪。尖爪平时卷缩隐藏在趾球套及趾毛中，只有在摄取食物、捕捉猎物、搏斗、刨土、攀登时才伸出来。猫厚厚的足垫起着极好的缓冲作用，能使猫行走时悄然无声，便于袭击和捕捉猎物，这也是猫成为捕鼠能手不可缺少的条件之一。厚厚的足垫还能使猫从高空中跌落下来时免受振动和冲击造成的损伤。这也是猫无论从高处跳下还是从高空中跌落均不会受伤的原因之一。另外，猫足垫上还有汗腺，因为汗液可以给足垫带来适度的湿气，所以它们的足垫还能起到防滑的作用。即使是在不平稳的地方，猫也可以灵巧地四处行走，这也是得益于它们敏感的肉垫能够感觉到脚下地面的情况。

此外，猫的足爪还具有试探温度、拍打玩耍等作用。

（五）舌头

猫舌头肌肉发达，转动灵活，舌头中央布满倒置肉刺。猫舌头表面由黏膜覆盖，其表面黏膜隆起，形成各类乳头。舌头中间有一条纵向浅沟，舌腔面及外侧缘光滑，质地也很柔软，没有乳头。

猫舌头表面的乳头可分为三类，即丝状乳头、菌状乳头和轮状乳头。其中舌的丝状乳头数量很多，表面被一层很硬的角质层膜覆盖着，尖端向后，呈锉刀状。这种乳头是构成猫舌头表面非常粗糙的主要因素。菌状乳头主要位于舌的两侧及后部，在舌边缘对着轮状乳头有一行特别大的菌状乳头。轮状乳头粗短，每个乳头被一沟包围着，沟又被隆起的皱襞所环绕，集中靠近舌根，呈“V”形排成 2 行，每行 2～3 个。这些乳头也是造成猫舌头表面凹凸不平、粗糙异常的原因。

猫舌头上的丝状乳头主要用来采食，使舌的表面颇似锉刀，可把肌肉从骨骼上分离下来，甚至能把骨头的表面锉平。但是这些向后倾斜的乳突对猫也有不利之处，即凡是进入口腔的食物只可咽下，不能反逆，因此猫常因误咽一些尖锐物体，如钢针、发卡、鸡骨和鱼刺等，造成胃肠内部的创伤。

猫的舌头并非仅用在帮助咀嚼食物上，还能用来梳理毛发和舔舐伤口，从而使被毛光泽漂亮，招人喜欢，并可防止伤口感染。它们的舌头十分长，还能弯曲形成勺状，以便于舔饮液体。猫的舌头很粗糙，这是由于上面有很多小突起。因为这些突起是顺着喉咙的方向生长的，所以很利于猫饮水。猫只要把舌头伸入水中，把水掬起来，水就会被留在它们舌头的突起上。因此，猫饮水的时候不会像犬一样发出“吧嗒吧嗒”的饮水声。

（六）阴茎

与其他动物不同的是，猫的阴茎并非呈光滑棒状，其表面有 100 多个 1 mm 左右的肉刺，朝着与阴茎尖端相反的方向，成分主要是角质蛋白，与构成趾甲的成分相同。

在公猫射精完成向后退出阴茎时，母猫会立刻发出“哇啦哇啦”的叫声，同时扭过头来对公猫实施“猫式猛击”。针对上述现象，有一种说法认为，由于公猫的阴茎上长有肉刺，当公猫将自己的阴茎从母猫的阴道中拔出来的时候，母猫就会感到刺痛——这种刺痛会刺激母猫排卵。由于母猫只有在交配的时候才会排卵，这就确保了它们较高的受孕率。虽然母猫需要忍受疼痛，但是从种群发展的角度出发，却是很合理的。肉刺除了可以刺激母猫排卵，还可以诱发母猫停止发情，并把其他公猫精液带出，这一点完全符合动物繁衍后代的自私心理。

任务二 猫的生活习性与行为特点

猫虽然被人类驯化了约 3 500 年，但未像犬一样完全被驯化，猫还保留自己的生活习性和行为特点。

一、猫的生活习性

猫的生活习性与行为特点

1. 天生爱洁净

在人们饲养的所有宠物中，猫是最讲究卫生的动物。猫每天都会用爪子和舌头清洁身体、洗脸与梳理毛发，每次都在比较固定的地方排泄，而且排粪后都将粪便盖好或埋好，这些习性都是人所共知的。

2. 强烈的好奇心

猫源于捕猎的好奇心，几乎会对周围所有的新鲜事物都感兴趣。例如，猫喜欢查看主人带回家的物品；喜欢钻进任何狭小的空间，尤其是擅长把自己挤进盒子里；喜欢从家中的最高处观察一切。

3. 喜爱吃肉类

家猫在被驯化的过程中依然保留着野猫的某些习性，喜食鼠和鱼也是家猫保持祖先遗传习性的一个方面，还有捕猎、孤独漫游和舔舐被毛等。

4. 喜欢夜游生活

野猫作为肉食性的捕猎动物，常常在夜间四处游荡，伺机狩猎，这一习性在家猫的身上也有着明显的表现。猫的眼睛非常敏锐，在光线很弱时甚至夜间也能清晰地分辨物体。这是猫眼在生理构造上表现出来的特殊性。

5. 喜爱睡眠

猫的另一习性是喜爱睡眠，在所有的家养动物中，猫的睡眠时间最长。在猫短暂的一生中，有 2/3 的时间都在睡觉。猫的睡眠和人不同，猫的睡眠每次时间并不长，一般不超过 1 h，但是每天睡眠的次数多，加起来时间就长了，而人每天一般都是用 8～10 h 整段时间睡觉。

二、猫的行为特点

1. 喜爱独来独往

在人类驯化的各类动物中，猫的生活保持着接近野生的状态，猫基本上是过着独居生活。

2. 自私、占有欲强

事不关己，高高挂起，但一旦猎物（如鼠等）出现，猫会迅速出击擒获猎物。这是猫经受长期自然选择的结果，符合自然规律，是猫本能的一种表现。

3. 行动敏捷

捕猎时动作迅速、敏捷而又善于隐蔽，这些特点猫也同样具备。因此，猫发达的骨骼、肌肉也必须符合这些特点。猫行走时具有最大限度节省体力和最小限度消耗体能的两种方式。猫行走基本上循着对角线移动四肢：前脚踏出一步后，对角线方向的后脚跟进，因此四脚移动的路线是左后脚—右前脚—右后脚—左前脚。猫的走路方式与猫的重心靠近头部有关，所以当猫后腿猛然挺进时，支撑躯体的是前脚。

4. 智商高、记忆力强

猫对生活环境的适应能力强，并能学会利用生活设备，如正确使用便盆，打开与关闭饮水器。猫能辨别人类的好恶举止，甚至能预感一些事物的发生，如主人外出等情况。猫还能预感某些自然现象，如地震及其他自然灾害的发生。猫的这些特点是由于猫的大脑半球发育良好、大脑皮层发育较完善。

5. 聪明伶俐、感情丰富

大部分猫即使在长大后，还怀有对母猫的思慕之情，正是这种感情才促使它们跟主人撒娇与玩耍。人类是让它们感觉轻松的朋友或伙伴，它们可以和人类自然而然地生活在一起。

6. 发育完善、感觉敏锐

猫的视觉、听觉、嗅觉、味觉和触觉等感觉敏锐。

7. 喜欢以自我为中心

猫的性格孤僻，喜欢独来独往，独立性很强，它们在长期野生生活中养成了一种以我为中心的自我主义的行为特征。因此，在猫的个体之间基本不存在群体的社会性，即使在某种环境下它们被迫在一起，其群体顺序及等级制度也不会像犬或其他动物那样严格。如人们可以训练犬帮助人类进行狩猎和牧羊等，但是猫从来不进行这种合作，它们捕捉小动物完全是为了满足自己的需要。

三、猫的社会行为

1. 领地行为

猫划分地盘的工具主要是自己的气味，因此它们巡逻的时候会时不时地排尿，如果其他猫闯入其地盘，它们体内的特殊器官就可以通过尿液的味道来分析排尿者的相关情况。

猫每天在自己的地盘巡逻时，都会举行一个重要的“仪式”——做记号。它们会在猎区的每个重要地点排尿，向外界宣告此处是自己的地盘。虽然猫给自己的地盘做了记号，但是这些记号并不具备击退那些图谋入侵的“敌人”的力量。

猫做记号就是在它们路过的地方留下印记，以表示自己的势力范围。另外，随着时间的推移，猫尿液的气味会发生微妙的变化，这样有利于让其他猫知道自己是在何时路过此处。当气味快要消失的时候，其他猫就可以堂而皇之地入侵这个地盘。

无论是公猫还是母猫都拥有自己的地盘，并且它们都会做记号。其中，未去势公猫的地盘意识最强烈，做记号也最频繁。

当猫膀胱里尿液的量变少的时候，它们并不会减少排尿的次数，而是会减少每一次排尿的量。因此，它们排尿的总次数是固定的。如果减少排尿量之后，膀胱还是很空的话，它们就会做出排尿的姿势，而不会真的排出尿来。

猫在巡逻的过程中，有时还会发现其他猫所做的标记。这时候，猫为了知道对方的身份，会将闻到的尿液气味送到犁鼻器，以收集信息。当猫知道对方的身份后，会在对方的记号上面留下自己的尿液，以此告诉对方它经过此处。

2. 社群结构

虽然猫过的是独居生活，但是它们会和住在附近的猫结成一个“社会”。有了“社会”后，也就相应地产生了维持“社会”均衡的等级关系。虽说是等级，却只划分为两个阶层，具有权威的猫首领和处于下级的其他猫。与犬不同，除了猫首领，其他的猫一律平等。

犬的等级划分是固定的，一旦决定了就会长时间地维持下去。猫则不同，它们会依据情况的不同而有所改变。换而言之，每只猫之间的关系都是可以替换的，具有很强的流动性。

几乎所有的猫首领都是未去势的公猫。猫首领受到其他猫的尊敬，当它遇到其他猫的时候，会接受对方脸蹭脸的仪式。其他的猫之所以这样做，是为了在首领身上留下自己的气味，相当于跟首领表示“我是您的同伙，请首领多多关照”。虽说猫首领仅限于未去势的公猫，但是首领却并不会像鹿王那样剥夺其他公猫的交配权，其他的猫也是可以自由交配的。

离开了母猫的庇护，即将开始独立生活的年轻公猫，需要经历一些考验才能加入猫社会中去。它们必须向成年的公猫挑战，经历一次次的争斗。这些争斗就是年轻公猫的“成年礼”。它们无论被打败了多少次，都必须继续挑战，只有当它们可以一动不动地坐在自己的地盘上的时候，成年猫才会认可它们是自己的同伴。当年轻的公猫拥有了自己的地盘，变成了独当一面的成年猫时，就要开始接受在自己的地盘长大的后辈年轻公猫的挑战了。

3. 相遇行为

猫喜欢独立生活，不希望和其他猫见面。如果外出巡逻见到其他猫，它们会佯装不知地走过去。如果相互之间目光对视，那么一场恶战就不可避免。

因为猫的猎区地盘往往是相互重合的，所以它们为了巡逻等原因外出的时候，就可能会在共有的地点不期而遇。每当这个时候，猫会做出很有趣的姿态，两只猫虽然脸上一副不认识对方的表情，但却都在丝毫不敢懈怠地观察对方。它们双方都会以一种极其紧张的状态擦肩而过。

猫之所以摆出一副很冷淡的态度，是因为过着独居生活的它们，希望尽量不要遇到其他的猫。有一种说法认为它们之所以排尿做记号，就是为了通知其他猫自己通过的时间，以尽量避免彼此碰面。同性之间，即公猫与公猫或者母猫与母猫之间，这种不想遇到对方的心情表现的尤为突出。

虽然不想遇到其他的猫，但是总会有不期而遇的时候。此时，它们会遵守一个礼仪，相互间避开对方的目光。对猫而言，如果对方从正面直视自己，就相当于挑衅。一只公猫只有在面对喜欢自己的对象时才会直视对方，如母猫、兄弟姐妹或是主人等。

因此，两只陌生的猫狭路相逢时，如果不小心目光相对，就会各自摆出一副气势汹汹准备打架的姿态，这种情况往往会演变为一场恶战。然而，两只猫之间基本上不会发生数次争斗。这是因为它们一旦打过一场，决定了胜负后，在下次相遇的时候，上次落败的猫就会立刻逃走。

4. 争斗行为

(1)争斗的序幕　猫是不愿意打架的动物，但两只猫打起架来又非常容易，相互之间只要稍微有个眼神不对，就可能挥爪相向。它们打架会有个前奏，这时主人要立即将它们拉开。

当两只猫相遇的时候，它们会摆出一副不认识对方的表情，尽可能地避免接触。然而，当它们在某种情况下四目相对的时候，就会立刻进入打架的状态。即便是在这种情况下，猫还是会尽量避免真的打起来。如果被打败，很可能会受伤，即使是打赢了，还是很有可能会负伤，因此猫都不想进行无谓的争斗。它们会先威吓对方，即将毛都竖起来，让自己的身体显得更大，从而让对方害怕。

如果对方对自己的威吓做出了反应，认为对手很厉害而逃走的话，当然是最好不过的。然而，如果两只猫势均力敌，又都充满斗志的话，它们就会维持威吓对方的姿态，继续盯着对方。当它们一步步地蹭着靠近对方的时候，争斗的序幕便就此拉开了。

从心底里想要避免争斗的猫，有时也要面对不得不战的情况，其中之一就是两只猫刚一见面就四目相对，变得骑虎难下。因此，如果两只猫相遇的时机不好的话，就有可能导致流血事件。

另外，在两只公猫之间，如果有一只猫想要入侵对方的地盘，另一只猫为了阻止对方的行为就会积极地发动进攻。当然，当公猫处于发情期的时候，也会为了争夺母猫而展开一场激烈的战斗。

母猫也会打架，尤其是在母猫抚养幼猫的过程中，只要有想要入侵猫窝的家伙，不管对方多么强大，母猫出于保护孩子的本能，都会以一种奋不顾身的决心向对方宣战。

(2)争斗中的休整　真正打起来之后，猫最常用的手段就是猛扑过去咬对方的颈部。在争斗之中，它们还会突然停下梳理自己的皮毛以平复心情，然后开始新一轮的打斗。

如果两只猫刚刚遇到就四目相对，甚至发出威吓对方也不逃走，这时，战争便开始了。猫的目标是准确无误地咬住对方的颈部。如果原本互相瞪视的两只猫开始蹭着接近对方，其中的一只猫会迅速地扑上去咬住对方的颈部，这就是“猫式猛击”。被攻击的猫仰面倒下，会用嘴防御想要咬自己的敌人，同时用前爪抓住对方，用后腿踢对方。由于对方也不得不采取同样的姿势，两只猫就会在地上到处滚，扭打在一起。

当猫激烈地争夺地盘的时候，它们不会对入侵者进行威吓，而是会突然发动进攻，瞄准对方的颈部，用前爪使出“猫式猛击”。如果对方实力很强，就会立刻以“猫式猛击”进行还击。然后，两只猫会保持着后腿站立的姿势，展开一场激烈的争斗。

在两只猫扭打在一起或是开展“猫式猛击”的过程中，如果突然有一只猫向后退，就表示争斗的第一回合结束了。两只猫会分开，并坐在与对方有一定距离的地方。此时，两只猫就如同忘记了争斗一样，会频繁地舔自己的身体，梳理皮毛。

令人惊奇的是，这种情况并不代表争斗已经结束，因为对猫而言，打架无疑是最为紧张的场面，当猫无法承受争斗高潮时的紧张感时，它们就会倾向于在暂时休整的时候梳理皮毛，以便让自己的心情平静下来。然后，等到猫的心情平复之后，它们就会立即进入第二回合。

猫在打架的过程中会掺杂暂时休整的环节，因此它们会反复进行几个回合，直到有一方认输，先行退出战斗为止。

(3)争斗的结束　再激烈的争斗也有终结的时候，猫的争斗规则是当有一方趴在原地不动，就说明它认输了。这时胜利者便不会再为难它，而失败者的服输也是真心实意地，不会再用阴谋诡计实施报复。

两只猫在你争我夺的时候并没有裁判，所以它们会依靠自我裁决来决定胜负。自认为已经被对方打败的猫，会在暂时的休战之后认输，即便对方再次发起攻击，它也不会站起来做出回应。这时，它会把耳朵紧紧地贴在后面，摆出防御的姿态，一动不动地趴在原地。这就是猫认输的标志。同时，只要胜者接受了败者的认输，就不会再继续攻击对方。这是猫之间的规则。

胜利的猫会以胜利者的姿态，得意扬扬地离开"战场"。尽管如此，为了保证自己能够随时迎战对方的反击，它会保持全身的毛都竖起来的姿态。战败的猫会等到对方离自己足够远的时候再悄悄地离开。胜利的猫不会完全离开争斗的场所，它最终会返回来，而战败的猫是不会再返回来的。

一场争斗结束后，交战的两只猫往往都会遍体鳞伤。有些身经百战的猫首领，身体的各个地方都会留下清晰的争斗后的痕迹。尽管如此，猫却很少因为打架而负致命伤。其原因在于虽然它们的攻击目标是咬住对方分布有大动脉的颈部，然而事实上，除去发动出其不意的攻击突然咬住对方颈部的情况以外，猫是无法成功袭击对方要害的。

争斗留下的伤口一般都在包括耳朵在内的头部、腕部等。而这些部位即使受了很重的伤，也一般不会直接致命。即使是异常激烈的争斗，如果其中的一只猫认为很危险从而认输的话，获胜的猫也不会再继续攻击对方。一般情况下，猫都会遵照这一争斗的规则，掌握分寸。

5. 集会

猫在白天独来独往，在晚上却会与其他猫集会。每天晚上很多猫都会在公园绿地、停车场或宽敞的院子等地方集会，静静地坐着。

猫会经常举行这种令人不可思议的集会，而且随着繁殖期的临近，猫集会的时间还会延长。通常情况下，猫会在半夜各自回家，但是临近繁殖期的时候，它们甚至会通宵达旦地举行集会。在繁殖期间，猫会在集会的场所进行交配活动。

晚上参加集会的猫，会在彼此之间留出一定的距离，蜷起身子坐着。这种集会实际上是很安静的。尽管有时也会有些吵闹的情况，但并不会发展成一场争斗。如果有些比较弱小的猫由于其他的猫离自己太近而感到不安，它们就会用低沉的叫声威吓对方，或是把耳朵耷拉下来，除去这些情况，猫都会表现出一副很平静的表情。在这其中，有一些猫甚至是以一种很友好的态度"出席"集会，它们互相舔对方的身体或是梳理皮毛等。

猫举办集会是为了确认生活在该地区的成员。由于猎物的数量有限，平时它们都是竞争对手，彼此之间无法建立亲密的关系。然而为了防御外部的入侵者、维持该地区的安全，共用一个地盘的猫之间就有必要加强合作。猫之所以在平时表现得很冷淡，而在集会的时候彼此以同伴相处，就是希望以此加强合作，维持地区猫社会的安定。

四、猫的行为解析

（一）猫的常见行为解析

1. 用沙子掩盖排泄物

养猫的人会发现，对猫进行排泄方面的管教非常容易，这是因为绝大多数的猫都喜欢在沙子上排泄，这一点似乎是由猫的遗传基因决定的，因为猫只要发现家中有沙子，就会把那里当作排泄的地方。另外，猫只要在某个地方排泄过，就会把那里当作卫生间。猫天生就有在沙子上排泄并用沙子掩盖排泄物的习性，对于产生这种神秘习性的原因，动物学家有着不同的猜测。

猫在沙子上排泄后，会很细心地用前脚把沙子覆盖在排泄物上。即便是在家里的卫生间，猫也会把沙子或是碎报纸之类翻弄得哗哗作响。尤其是在排粪之后，猫会越发精心地用沙子进行掩盖。

人们普遍认为猫用沙子进行掩盖，是为了隐藏排泄物的气味。因为如果残留强烈的排泄物的气味，就等于告知敌人或猎物自身的存在。

然而，人们通过一些详细的关于野猫的行为调查得知，在某个地区拥有一定势力的猫首领是不用沙子进行掩盖的。由此，出现了一种新的说法：那些对社会地位比较注意并且自身处于劣势的猫，是出于对猫首领的顾虑才用沙子掩盖自己的排泄物。如果此说法成立，那么猫之所以在自家的卫生间用沙子掩盖排泄物，是因为对猫而言，身形巨大并且给它们提供食物的主人处于优势地位。

2. 耍弄猎物，释放狩猎的欲望

猫在狩猎的时候，一旦用前爪抓住了猎物，就会迅速咬住对方的颈部将其杀死。它们将自己大且尖利的犬齿插入猎物的颈椎中，准确地切断对方的脊髓，从而将其杀死。

猫之所以能够准确地将犬齿插入形状复杂的脊椎连接处，并且切断其脊髓，是因为它们犬齿的根部有特殊的感觉神经。首先，猫会用犬齿咬住猎物大致的要害处；然后，一边深入，一边运用犬齿上的感觉神经进行搜索；最后，将犬齿插到准确的位置上。另外，猫也是利用犬齿上的感觉神经来确认是否切断了猎物的脊髓使其死亡。

猫一旦捕获了猎物，就会在一瞬间将其杀死。然而，如果是家猫的话，有时它们即使抓住了猎物，也只是用前爪像玩玩具一样地耍弄，或者追着猎物到处跑着玩。

对于被人饲养的家猫而言，狩猎这种本能的冲动是很难得到释放的。因此，猫可能会将积郁的不满发泄到猎物身上，从而一直耍弄猎物。

有的猫是由于不清楚吃猎物的方法才耍弄猎物，狩猎技巧来自母猫的传授，杀死或者吃掉猎物的行为也需要向母猫学习。首先，母猫会将已经杀死的猎物给幼猫，教会它们如何吃猎物。然后，母猫会给幼猫还活着的猎物，从而教会它们如何杀死猎物。没有接受过这些训练的幼猫，即使捕获了猎物也不知道怎么处理，从而不自觉地耍弄它们。

3. “咕噜咕噜”声的意思

猫喉咙里发出的“咕噜咕噜”声，原本是幼猫时期的信号。因为母猫要同时照顾好几只幼猫十分忙碌，所以幼猫就从喉咙里发出声音来告诉母猫自己很好。当幼猫吃乳的时候，嘴里无法发出声音，但是即使它们嘴里被填满了，还是可以用喉咙发出声音，因此，幼猫就用喉咙里发出的“咕噜咕噜”声来告诉母猫自己很好。当母猫听到幼猫发出“咕噜咕噜”的声音时，就会知道这只幼猫很好，不用自己担心。如果有的幼猫没有发出“咕噜咕噜”的声音，那么母猫就会把注意力放到那只幼猫身上。

如果人轻轻地挠猫的脖子或是抚摸它们的后背，它们就会陶醉地闭上眼睛，喉咙里还会发出“咕噜咕噜”的声音。人们大多认为这一熟悉的“咕噜咕噜”的声音就等同于幸福的信号。当猫感到满足的时候，它们的喉咙里确实会发出“咕噜咕噜”的声音。然而，当它们提出某些要求的时候，也会发出这种声音。

需要注意的是，当猫感到心情不好的时候，它们的喉咙也会发出“咕噜咕噜”的声音。例如，当人类把它们放到动物医院的诊断台上，或是给它们洗澡的时候。另外，当猫感到疼痛或是由于疾病、事故而身体状况非常不好时，它们也会从喉咙里发出“咕噜咕噜”的声音。这时主人就要将猫发出的“咕噜咕噜”声和它们感到满足时的“咕噜咕噜”声区分开，千万不要混为一谈。

4. 害怕洗澡和雨水

猫很讨厌水，几乎到了厌恶的地步。即使它们只是脚上不小心沾了水，也会慌慌张张地把水抖落下去。如果主人想给猫洗澡或者进行一些使它们浑身都湿透的行为，除非猫在幼仔时期已经习惯，否则就会被它们挠得遍体鳞伤。

猫之所以很怕水，是因为它们来自热带的沙漠。在沙漠中水资源原本就很匮乏，再加上昼夜温差巨大，如果猫的身体被弄湿了，汽化现象就会降低它们的体温，它们就无法安然无恙地度过寒冷的黑夜。因此，与在水里嬉戏或是浇水洗澡相比，猫更喜欢躺在沙子上进行“干洗”。

如果猫在外面被雷阵雨淋湿了回到家中，或者它们身上长了跳蚤的时候，主人别无选择，只能给它们洗澡。洗过澡后，主人会发现它们完全变了样，蓬松的身体已经不复存在，取而代之的是湿淋淋的被毛贴在身体上。猫之所以淋湿后会变成这副容貌，是因为它们的被毛不防水。

猫和犬的被毛是由具有保温效果的绒毛和保护绒毛的针毛(刺毛)两重结构组成的。犬的针毛比较厚，表面含有油脂，防水效果很好，因此可以防止它们柔软的绒毛被雨水淋湿或是被灌木丛等弄伤。而猫来自雨水和灌木丛都很稀少的沙漠，它们的针毛和绒毛一样柔软，而且防水效果不佳。这是因为在夜间气温骤降的沙漠中生活，与让针毛保护绒毛免受雨水的侵袭相比，让针毛和绒毛起保温作用更为实用。

5. 选择高处更安全、温暖的睡觉场所

对猫而言，一天中的大部分时光都是在睡梦中度过的，因此它们很重视睡觉的地点。一般来说，高处是它们的首选，因为那里更安全、更清静。此外，温暖舒适也是理想睡眠场所的必备条件。

高处是猫睡觉的优先选择，它们之所以喜欢高处，可能是因为它们的祖先生活在森林中，而在那里树上是比较安全、舒适的地方。在树上，猫不容易受到敌人的袭击，可以安心地睡觉。即使生活在城市中，猫也要随时面对很多“敌人”——附近的猫首领、朝自己狂吠的犬，或者大吵大闹的孩子们等。睡在高处，它就能够在第一时间捕捉到敌人来袭的信息，而且在必要的时候可以迅速撤退。

对猫而言，阳光灿烂的屋顶等地方应该是最理想的睡觉场所。如果是在室内，有很多猫都喜欢在电视机或者电饭锅上面睡觉。然而在夏季，它们也会尽可能地选择凉爽的地方。

6. 用身体磨蹭物体、主人和猫

当猫贴过来向主人撒娇的时候，它们会用身体的各个部位在主人身上蹭。除了脸和身体，它们的尾巴也会缠在主人的脚上。猫不仅对人如此，它们还会将身体在家具或小物品上蹭。它们这样做，是为了将自己的气味留在主人身上或家里的物品上。

猫身体的很多部位都有分泌气味的汗腺，如额头两侧、嘴唇两侧、颌的下部以及尾巴、足垫等。猫头部和尾部的汗腺用于将气味蹭在物品上，而位于足垫的汗腺则是为了在它们路过的地方留下自己的气味。另外，猫的肛门左右两侧也有被称为肛门腺的分泌腺，其主要作用是使它们的排泄物染上气味。不过，猫有时也会利用肛门腺的作用，将臀部在物品上蹭，以留下气味。

猫身体各处的汗腺会分泌一种带有气味的物质。猫经常将这种物质蹭到它们身边的物品上，以此来宣布对该物品的所有权。可以说，猫的这一行为是在给自己的地盘做记号。众所周知，犬用排尿的方式做记号，处于发情期的猫也会利用排尿做记号。另外，猫磨爪子的行为一方面是在修理指甲，另一方面也是在做记号。

猫之所以在主人身上留下自己的气味，是因为它们把主人看作能够让自己放心的伙伴。如此一来，当它们闻到该气味时就会感到非常安心。因此，请不要拒绝那些往自己身上蹭的猫。不仅如此，主人还可以抚摸它们，把自己的气味也留在它们身上。

当两只猫相遇时，如果感觉良好，想交朋友，它们就会相互摩擦，目的是让对方留下自己的气味，下次相遇就不会再陌生。

7. 讨厌异于主人性别的人（指成人）和孩子

猫对人也有自己的好恶选择，它们对与主人不同性别的人（指成人）抱有戒备心理，而对与主人相同性别的人（指成人）则没有认生的反应。此外，孩子也是它们特别反感的一类人。

如果猫的主人是独居的女性，那么有男性到家中拜访的时候，猫可能会感到害怕，或是满怀敌意地注视对方。相反，如果猫主人是单身男性，那么猫就会对到家中拜访的女性感到害怕。一般而言，如果客人与猫主人性别相同的话，猫就不会做出上述反应。因为猫对自己不习惯的东西会抱有戒备心理，所以猫会对与主人性别不同的人做出异常举动。

不仅如此，猫这一行为还和它们能够分辨人类的性信息素有关。虽然人类无法闻出性信息素的气味，但是猫却对该气味非常敏感，或许是因为猫不习惯的性信息素的气味给它们带来了某种威胁感。

除和主人性别不同的人之外，孩子也是猫讨厌的一类人。猫希望能够自由自在地生活，对它们而言，总是纠缠不休的孩子无疑是非常讨厌的。孩子总是会很用力地抱猫，或是抱的方式让猫感觉危险，这些都使猫惧怕孩子。另外，孩子总是为所欲为——揪猫的耳朵或拽猫的尾巴，这些举动都会让猫觉得厌烦。猫非常讨厌很大的声音，而孩子总是大吵大闹，高分贝的吵闹声会让它们的厌烦达到顶峰。

8. 踩乳

踩乳被称为猫的一种恋母的表现。因为幼猫吃乳的时候除了吮吸，还会用两个爪子捧着母猫的乳房一按一按地帮助乳汁分泌。幼猫长大离开母猫以后，很怀念母猫的时候就会找个柔软的地方站在那里，两只前脚在地上一蹬一蹬地，此种行为称为踩乳。猫踩乳的时候一般会表现出很满足、陶醉的表情。更科学的解释是，踩乳是幼猫在幼年期时增加母体乳汁分泌的一种本能。当幼猫长大后，这种本能被隐藏。当它遇到了类似的场景时，这种本能又被激活，但是已经不带有实际意义，可以说和“怀念母亲”并没有关系，很多幼猫和母猫一起长大后也会对母猫踩乳。这可以说是对“踩乳就能得到乳汁带来满足的愉快心情”的一种克隆。区别是“踩乳”和“愉快心情”这两件事跨越了“得到乳汁的满足感”而建立了联系，是一种心理学现象。

9. 将猎物带回家

猫的狩猎本能是与生俱来的，无法阻止，一旦看到猎物，无论如何都想去捕获。所谓本能，就是植根于动物为求生存的意识中的东西，实现之后会产生“快感”。而这种快感就是促使自己去做某件事的“动力”。例如，肚子饿了的时候想吃东西的感觉就是一种快感。正是因为有了这种快感，才会想吃东西。如果将吃饭与不舒服的感觉联系起来的话，也不会有人想吃饭了。同样道理，捕获猎物本身就带有一种快感，所以无法阻止它。

放养的猫在外遇到猎物的时候，即便不是很饿，也会先将其捉住，因为一旦看到了猎物，体内的本能就自动开启了。但是捕捉成功后，在家被喂养得很饱的猫是不会想着一会儿吃掉猎物，而是想把它藏在安全的地方。对于家猫来说，最安全的地方就是自己的家，所以它们会把猎物带回来。然而，到家的那刻，“藏在安全的地方”的本能就已经得到了满足，并且看到主人的脸后就忘记了“藏到安全的地方”这件事，便将猎物丢在地上。于是，猫像是将自己捕获到的猎物特意放到了主人的面前，而绝不是猫带给主人的礼物。证据就是如果主人试图将猎物拿起，猫必定会拼死抵抗。看到自己的猎物被别人拿走，猫立刻会做出本能反应。家猫即使具备了这些本能反应，也会有中途被切断或没有正确联结好的情况。

10. 洗脸

猫一般都是在采食后洗脸，先用舌头舔舐嘴的四周，接着再开始洗脸。仔细观察会发现，猫最先洗的是位于嘴角的胡须。用舔过的前爪去擦胡须，再舔舐前爪，舔完再擦胡须，如此反复。接下来再用另一侧的前爪使用同样的方法去擦另一边的胡须。胡须清理干净了，才开始全身的清洗工作。这样一来，采食后嘴周围、胡须上的污垢以及脸上的脏物就洗掉了。由于无法直接舔到脸，只能用舔过的前爪来反复擦洗，洗脸也很像在用舔过的爪子来擦脸。

猫原本是杀死活的猎物之后再食用的，吃完后嘴边、脸上、身上都脏了，不处理很不清洁。于是，猫养成了采食后将嘴边和脸清理得干干净净的习惯。特别是当人们看到猫如此专心致志地清理胡须的场景后，就会知道胡须对于猫来说是很重要的感觉器官。

同样是肉食动物的犬，在采食后脸上也会变得很脏。但犬却不会像猫那样热衷于洗脸。因为猫是通过埋伏突袭对手的动物，所以不喜欢在身上留下任何气味。如果有体臭的话，猎物们就会发现猫的存在从而逃跑。实际上，短毛的猫即使不用香波，也不会有犬身上的那种体臭。因此，猫不仅是为了去除污垢，同时也是为了消除体臭，才需要如此认真地洗脸。

(二)猫的异常行为解析

1. 成年猫虐杀幼猫的原因

正常情况下，母猫无论发生什么情况都会守护幼猫，然而有时候却会出现母猫杀死幼猫的情况。一般而言，这种情况发生在母猫分娩或抚育幼猫的时候，如果其他的动物或人靠近，母猫感到危险才会杀死幼猫。

有一种观点认为，公猫会在拒绝跟自己交配的母猫分娩的时候，出于忌妒杀死它的孩子。

公猫是否出于忌妒另当别论，但确实曾发生过公猫把幼猫偷出来，再将其就地咬死的情况。

为了让自己的遗传基因继承下去，其他的雄性动物也会出现杀死幼崽的情况。很多猴子或狮子就有这种行为。当猴群或狮群中出现了新的首领后，新上任的首领就会杀死前首领的幼崽。人们推测新的首领之所以这样做是为了让雌性尽快发情，增加它们生出带有自己遗传基因的幼崽的机会。

因为猫并不是群居生活，所以无法将它们的例子和这些动物的例子相提并论。然而，公猫之所以那样做，可能也有让自己的遗传基因继承下去的考量。

2. 猫死去后很少发现其尸体的原因

随着年龄的增大，很多猫身心功能衰退，甚至会出现痴呆的症状，这时它们会找一个隐蔽的地方静养，往往也就悄无声息地死在了那里。

只要猫不是遇到了交通事故，人们是不会在室外很显眼的地方看到猫的尸体。一般情况下，人们都是在家具后面或库房等人类不易发现的地方发现猫的尸体。为此，人们常说"猫死去的时候会销声匿迹"。

然而，这并不意味着猫之所以销声匿迹是因为它们意识到自己快死了。大多数猫可能是因为生病而身体虚弱，所以想找个人类不易发现的地方待着，却在此期间内死亡。野生的猫即使身体不舒服也会尽最大努力让自己表现得很有活力。然而，当它们的身体状况越来越糟糕的时候，它们就会找一个敌人不易发现，比较安全的地方进行疗养。对猫而言，在人类社会中，这种安全的场所便是花园的草丛、家具后面或库房等。

3. 猫装死的原因

猫是十分谨慎的动物，时时刻刻都紧绷着神经，在受到大的刺激之后，有些猫由于紧张过度而休克，这就是所谓的"装死"，有些猫还会因此留下巨大的心理创伤。

有些猫在险些遭遇交通事故，或是被犬袭击，或是经过一场激烈的争斗之后，会像死去一样一动不动。此时主人会很担心它们死了，其实猫只是由于肌肉僵硬而动弹不得而已。这种情况是由于猫过于震惊或兴奋而陷入了休克状态。

其实不仅是猫，很多动物在遇到危险的时候都会"装死"，追捕猎物的动物只会对活动的东西才能产生追踪、捕捉的反应。为此，有人认为正是由于"只要不动就不会被攻击"的动物界规则的存在，动物才会装死的。众所周知，广泛分布于美洲大陆名为负鼠的哺乳动物就会有意识地装死。

即使不采取装死的方式，猫有时也会由于强烈的恐惧或兴奋而做出各种强烈的震惊反应，如意志消沉、食欲不振、气喘、流口水，藏在隐蔽的地方，战战兢兢地生活，极端厌恶人类的碰触等。有些猫还会做出一些不可思议的事情，如明明不是在做游戏，却跳起来去捕捉根本就不存在的猎物。

4. 猫处置食物怪癖

在人的喂养下，猫对食物的处置有诸多怪异的行为。例如，它们喜欢在饭后储存食物，对于不想吃的食物，它们连看都不看，当食物比较大时，它们还会叼到一边慢慢享用。

一般情况下，猫都是在剩下食物的时候做出上述举动的。野猫有一个习性，它们会把自己吃剩下的食物就地掩埋。它们之所以储存食物，是想在饥饿的时候吃。

猫对食物的好恶可谓泾渭分明，如果主人拿出它们讨厌的东西，它们会连看都不看。这经常让主人困惑不已。猫有时也会由于任性地挑剔食物而将某些食物埋到土里。这并不是因为猫想把食物储存起来,而是它们认为“这根本就不是吃的”,所以表示拒绝。

有时候,主人把食物放在盘子里摆到猫的面前,它们却偏会把食物叼到外边去,找个房间在角落里偷偷摸摸地吃。从主人的角度出发,猫的这一习惯是最令主人感到头疼的,因为房间里到处都是食物的残渣。然而,对于那些无法一口吃掉的大块食物,猫就是想在人看不见的地方自在地享用。野生的猫为了不让其他的猫夺走自己的猎物,就会把猎物运到一个秘密的地方吃掉。家猫也是如此,一旦食物的尺寸达到一只鼠的大小,它们就会做出这样的事情。为了防止房间里到处都是猫吃剩的东西,主人最好把食物切成它们一口就能吃下去的尺寸。

知识拓展

猫的繁殖行为

(一)公猫的发情行为

发情期间,公猫受到母猫性信息素的刺激,欲望逐渐高涨,开始尽可能多地在母猫的周围留下自己的气味,发出尖锐的叫声,以此发出爱的邀请。

1.公猫早于母猫发情

在发情期间,公猫想要交配的欲望会逐渐高涨,它们往往会表现得比母猫更加急切。母猫从发情期的前几天起,开始分泌性信息素。同时它们还会把身体在各种各样的物体上蹭,以留下自己的气味,另外,母猫尿液的气味也会变得和以往不同。公猫受到这种性信息素的诱惑会早于母猫一步进入发情期,于是它们会聚集在母猫周围。然而,此时母猫并没有正式进入发情期。

公猫不仅比母猫先进入发情期,它们发情的时间也比母猫长,在母猫发情期的基础上,前后各延长1个月左右。由于每只母猫发情期的起止时间会有细微的差别,公猫这样做是为了保证自己一旦发现发情的母猫就能做出回应。

2.发情公猫行为表现

公猫一旦进入发情期就会发出尖锐的叫声,并在平时不排尿的地方频繁地排尿。另外,它们还会将身体往母猫身边的东西上蹭,以此来宣告自己的存在。尤其是在母猫进入发情期之前的时间,公猫的这些行为就更为常见。如果是生活在同一个家里的两只异性猫,公猫还会把玩具叼到母猫面前,在对方面前自鸣得意地摆弄着玩。公猫之所以这样做可能是想利用玩具来吸引母猫的注意。

如果公猫的情绪不断高涨的话,它们就会频繁地舔自己勃起的阴茎。有时候公猫的情绪已经高涨到顶点,母猫却表现得意兴阑珊。在这种情况下,有的公猫会骑到母猫或是弱小的公猫身上,做出“爬跨”的异常行为。

(二)母猫的发情行为

1.母猫掌握交配的主导权

不管公猫的情绪多么高涨,只要母猫无心配合,它们也是无法进行交配的。从这点来看,母猫处于比较强势的地位。另外,即便它们打败了竞争对手,也不一定就能成功交配,虽然公猫不会对自己的交配对象挑三拣四，但是母猫却会凭自己的意愿来择偶。一般而言，母猫都会选择比较强悍的公猫，但是有些母猫也会喜欢一些并不那么强悍的公猫。

在一场争夺母猫的战争过后，胜利者会闻一闻“战场”的气味或是稍稍退后几步。在极为罕见的情况下，母猫会趁着这个空隙迅速地接受战败的公猫。这说明，交配的主导权始终掌握在母猫的手里。

2. 母猫的发情行为表现

在发情季节里，母猫大约会以 10 d 为一个周期多次发情。最初，即使母猫听到公猫发出邀请的声音，它们也不会做出什么反应，一旦有公猫靠近的话，母猫还会威吓击退对方。然而随着母猫欲望的高涨，它们最终会主动诱惑公猫。

母猫为了诱惑公猫，会一边扭动身体，一边在地上时而向左时而向右地打滚。母猫在打滚的过程中还经常会做出出人意料的举动——突然停下来开始洗脸，之后继续在地上打滚。另外，母猫还把自己的身体到处蹭，以留下自己的气味。母猫的这种行为不仅会在公猫面前表现，有时它们也会对自己的主人表现。

母猫虽然是在诱惑公猫，但是从它自身的角度来讲，这不过是在为后面的交配做准备工作。再过几天，母猫的这种行为会越演越烈，当它们从心底里想要接受公猫的时候，就会抬起臀部，扬起尾巴将自己的外阴部暴露出来。

(三)猫的交配行为

虽然交配之前母猫会有较长时间的引诱行为，但实质的交配过程却比较短暂。在交配过程中，它们相互之间又咬又挠，给人感觉好像在打架。

1. 猫的交配行为表现

一旦母猫认定了某只公猫，就会在公猫面前打滚展露“媚态”。然而，一旦公猫想要靠近的话，母猫就会马上逃走，尽管只是退后一点点。另外，母猫还会重复在地面打滚或是背对公猫趴在地上的行为。当母猫让公猫感到恼火不已的时候，公猫会突然扑到母猫身上去。它会从侧面压在母猫身上，轻轻地咬住对方的脖子以制服对方。这时，如果母猫不逃走的话，双方的交配工作便会在瞬间完成。

2. 母猫的刺激性排卵

公猫在射精后只要向后一退，母猫就会立刻发出“哇啦哇啦”的叫声，同时扭过头来对公猫实施“猫式猛击”。这时，公猫会吃惊地急忙躲开。有一种说法认为，由于公猫的阴茎上长有肉刺，当公猫将自己的阴茎从母猫的阴道中拔出来的时候，母猫就会感到刺痛，这种刺痛会刺激母猫排卵。由于母猫只有在交配的时候才会排卵，这就确保了它们较高的受孕率。虽然母猫需要忍受疼痛，但是从种群发展的角度出发，却是很合理的。

3. 交配的场所

对于那些能够自由地跑到外边去交配的家猫或者野猫而言，它们一般都会选择在比较冷清、狭窄的地方交配。因此，人们很少能够亲眼看到两只猫交配的场景。本书中关于猫的性行为的内容，都是在能够观察到的范围内的情况。而在接近野生状态下的猫的发情、交配行为，可能更为复杂。

五、猫的分娩行为

在交配之后数天，母猫就开始出现妊娠反应，此后逐渐变得大腹便便。到生产临近的时候，母猫会变得心神不宁，开始急切地寻找理想的生产地点。

1. 妊娠母猫的身体变化

猫的妊娠期平均是 63 d。母猫从交配后大约第 3 天开始，便表现出一些妊娠反应，如食欲不振、呕吐等，另外，母猫的乳头开始变成粉红色。母猫交配后大约 30 d，它的妊娠反应就变得非常明显了，不仅全部乳头会变成粉红色，连乳房也会变得膨胀。另外，这个阶段可以看到母猫的腹部也开始膨胀。此后，母猫的腹部会越来越大，它们的食欲也会变得越来越旺盛。

2. 分娩场所的选择

随着生产的临近，母猫会坐立不安地四处走动。它们这样做是为了寻找到一个适合生产、哺育的地方。对母猫而言，理想的地点要具备以下条件：一是安静，可以保证母猫独处；二是昏暗，人类看不到。如果是饲养在室内的母猫，它们会积极地寻找平常没人进来的地方。这时，它们往往会把房间里弄得乱七八糟。

如果母猫在室外生产，那么地点的选择就必须符合一个重要条件：不会被犬、乌鸦或其他猫发现。人们经常可以看到这样的情况：不知什么时候，野猫在自己的库房里生了一窝幼猫。也许对于那些生活在城市的猫而言，没人进出的库房附近是个比较理想的地点。

出于动物的本能，母猫大多不希望自己生产的过程被人类看到。然而，那些平时很依赖主人的母猫，却经常选择在主人身边产幼猫。经常会出现这种情况——主人明明在一个昏暗、安静的地方给母猫准备好了生产用的箱子，最后它却在主人的床上生下了幼猫。

3. 母猫的分娩

经过 60 多 d 的妊娠待产之后，分娩时刻终于到来。分娩时，母猫有一个重要的举动就是咬断脐带、舔舐幼猫，这不但是幼猫的身体需要，也是它们确定母子关系的关键一步。

(1)每只母猫一窝产下的幼猫数量差别很大，1～8 只不等，平均每窝 4 只。年轻及年老的母猫所产的幼猫数量偏少，但是也有母猫可以一窝产 10 只以上幼猫。由于母猫只有 8 个乳头，在这种情况下有的幼猫就会吃不上乳。

(2)母猫在分娩当天停止进食，变得坐立不安。等到阵痛来临的时候，母猫会用力收缩腹部，生下第一只幼猫。

刚刚出生的幼猫都是被包裹在羊膜中的，所以母猫的第一个任务就是舔幼猫的鼻子和嘴周围，把羊膜弄破让幼猫呼吸。之后，母猫会咬断脐带，吃掉胎盘。由于胎盘中富含营养成分，母猫这样做就可以暂且不用出去狩猎。接下来，母猫会舔幼猫的身体将其被毛弄干。做完这些，母猫便可以暂时松一口气。

在生下第一只幼猫之后，大概过 30 min 母猫会生下第二只幼猫。同样的，母猫会重复上述的一系列动作，直到舔完最后出生的一只幼猫。母猫的分娩过程长达 2～6 h。

复习与思考

简答题

1. 简述猫的视觉特点。
2. 简述猫的听觉特点。
3. 简述猫的嗅觉特点。
4. 简述猫的味觉特点。
5. 简述猫的触觉特点。
6. 简述猫的生活习性和行为特点。
7. 简述猫掩盖粪便行为的原因。
8. 简述猫害怕洗澡、讨厌下雨的原因。
9. 简述猫死后会销声匿迹的原因。
10. 简述猫“装死”的原因。

项目六
宠物驯养的基本知识

学习目标

❖ 知识目标

学会宠物训练的基本知识；掌握宠物训练的基本原则、方法和注意的事项。

❖ 能力目标

能够掌握宠物训练的基本方法和应用。

❖ 素质目标

借助宠物训练的基本原则和方法，使学生理解学习的重要性，将工作做实做细。

宠物训练的
基本知识

学习任务

任务一　宠物训练的基本知识

一、宠物训练的基本原理

动物的学习是动物借助于个体生活经历和经验使自身的行为发生适应性变化的过程。一般说来，动物的行为如果在特定的刺激条件下发生了变化，就可以认为是一种学习。动物的学习方式是多种多样的，最主要的是条件反射，除此之外还有印记学习、模仿学习、习惯化学习、玩耍学习、顿悟学习等。大脑神经系统的基本活动过程是反射。根据反射活动形成的过程，可将反射分为非条件反射和条件反射两种。

1. 非条件反射

非条件反射是先天性的、与生俱来的一种反射，如仔犬生下来就会吮乳、呼吸、排便、排尿、自卫等。这种反射比较稳定，也是建立条件反射的基础。

（1）食物反射　即获取食物，维持自身生存所需。宠物见到食物并对其产生浓厚兴趣时就会分泌唾液。宠物主人可通过对宠物的饲养管理，建立和加强宠物对主人的依恋性。同时，主人可利用宠物的食欲引诱宠物做出某些动作，并通过食物奖励来加强和巩固宠物的正确动作。

(2)自由反射　宠物(尤其是犬)爱与主人玩耍,喜欢到户外运动,借以挣脱居室对自身活动的限制,获得自由。为了防止宠物犬在训练过程中产生紧张和厌恶情绪,影响训练效果,常用"游散"作为一项重要的奖励手段和调节犬神经系统活动状态的有效措施。

(3)猎取反射　这是野生动物摄食的主要手段。宠物在家养后,这一本能在某种程度上已逐渐退化。在训练过程中,可通过耐心细致而又巧妙的诱导,充分调动宠物犬对获取所求物的高度兴奋和强烈占有欲,这是培养犬追踪、鉴别、搜索能力的重要基础。主人也可利用这一反射作为犬调教训练过程中的奖励手段。

(4)探求反射　宠物通过对新异物品和环境的探求、嗅认,探明其对自己有无危害,以采取相应行动,这是动物适应生存环境的一种本能反应。宠物犬表现出这一本能后,主人要及时鼓励,这既是培养犬胆量的一种方法,又是培养犬警惕性和诱导犬嗅认气味的生理基础。

(5)防御反射　宠物犬为维护自身安全表现出的对陌生人的警惕,对进攻对象进行扑咬或躲避即防御反射,其中表现为扑咬的是主动防御,表现为躲避的是被动防御。主人要因势利导,既不能让犬"吃亏",也不能让犬滥施"淫威"。这是培养犬凶猛、机警素质的基础,也是培养犬扑咬、守候、看守等能力的生理基础。

(6)姿势反射　姿势反射是指宠物协调躯体姿势平衡的能力。在训练中可利用宠物固有的自然动作姿势及机体的平衡反应,通过正确诱导和适当强制,使宠物完成某些基础科目的动作。

2. 条件反射

条件反射是后天获得的、在动物的生活中逐渐形成的一种反射。动物在后天的生活中要保证正常的生理活动,需要适应不断变化的生存环境,为此,必须在非条件反射的基础上,借助于高级神经中枢(大脑皮层)的功能活动,建立起比非条件反射的数量更多、适应性更强的条件反射。也可以说,条件反射是动物在一定的生活条件下建立起来的,是不稳定和一时性的、既容易产生也容易消失的一种反射。人们教给宠物的每一个训练动作都是条件反射,必须定期地进行重复训练,不断强化,才能使其得到巩固。否则,经过一段较长的时间后,条件反射就会淡化、消失,犬学会的动作也就会忘掉。

(1)经典条件反射　每当犬饥饿并看到食物时,唾液分泌量会增加,这是犬与生俱来的天性,其生理功能是唾液有助于促进食物消化,这是自远古时代野犬被驯化以来人们见惯了的现象。19 世纪俄罗斯著名科学家巴甫洛夫在俄罗斯实验医学研究所生理系的实验室中孜孜不倦地做着一项实验。他的实验对象和工具非常简单,一只犬、一个铃和一包犬食。巴甫洛夫每次喂犬前,就摇一阵铃,经过多次重复,一个意义深远的现象出现了:有次巴甫洛夫摇了铃,但没有给犬食,当犬听见铃声时,唾液不由自主地流了下来。这说明经过多次重复铃声与食物的结合后,只要单独使用铃声刺激而不用再结合食物,同样也能引起犬的进食反应,铃声对犬已具有食物信号意义,犬的这种行为的产生称为条件反射。为了与后来发展的操作性条件反射相区分,巴甫洛夫发现的条件反射被称为经典条件反射(图 6-1)。

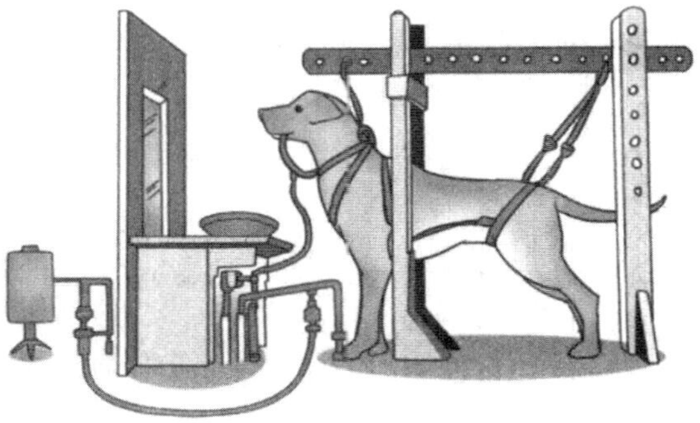

图 6-1　经典条件反射实验

在条件反射发生之前,刺激与行为之间

存在一种自然的关系。食物可以诱发犬的唾液分泌反应，此时食物称为非条件刺激，诱发的唾液分泌反应称为非条件反射。铃声可以诱发犬的定向反应，即对新异刺激表现出的一种一般性注意反应，但却不能诱发犬的唾液分泌，这时铃声称为中性刺激。在实验中，铃声与食物经过多次匹配后，单独呈现铃声时，犬也出现了唾液分泌。也就是说，经过条件联系的建立，中性刺激铃声有了诱发原来仅受食物制约的唾液分泌反应的某些力量。由于发生了学习，最初的中性刺激现在称为条件刺激，单独呈现条件刺激所引起的反应则称为条件反射。条件反射的反应程序是刺激在前，行为在后，行为是刺激的结果，犬对刺激的反应是既定的。它的联系表现为：刺激→动作→强化→条件信号活动。经典条件反射的指导意义在于以下几点。

①行为的获得。食物反复与条件刺激相匹配，被试对象会对条件刺激做出反应。在条件作用获得的过程中，条件刺激与食物之间的时间间隔十分重要，二者只有在时间上非常接近，才能被认为是相互关联的。

在宠物训练前期，条件反射尚未建立或条件联系不稳固时，要注意手势、口令和食物的时间搭配，一般手势和口令同时下达，在宠物做出相应动作反应后立即给予食物，在中后期，可减少食物的给予。

②消退与自发恢复。当条件反射出现之后不再呈现食物时，对条件反射做出的条件反应则会变得越来越弱，最后消失，这便是条件作用的消退。但是，当条件反射再次单独出现时，条件反应又会以很微弱的形式重新出现，条件反应又会自发恢复。在宠物出现不良联系的时候，可以采取停止训练一段时间的做法，待宠物的不良联系消退以后再进行重新训练。但切勿出现上一次的错误训练手法，否则，宠物又会将不良联系自发恢复。

③刺激泛化与刺激分化。宠物一旦学会对某一特定的条件刺激做出条件反应以后，其他与该特定条件刺激类似的刺激也能诱发其条件反应。这种条件反应自动扩展到条件反射以外的其他刺激上，即刺激泛化。新的刺激与条件刺激越相似，其诱发的条件反应就越强烈。引起泛化的刺激对于引起的泛化反应来说，有时是不准确的，因此，在许多时候，需要把一些类似的刺激进行分化，即通过选择性强化和消退，使宠物学会对条件刺激和与条件刺激类似的刺激做出不同的反应。如在犬的坐、卧、立等服从科目的训练中，可以多用手势，以避免由音调的相似性导致犬对口令做出错误反应。又如，在训练初期，不同科目之间应该有一定的时间距离，使犬对各个科目有单独的理解，不至于相互混淆。当犬对各科目都能轻松完成时，再进行系统的整体训练。

经典条件反射使犬学会了对单独出现的特定刺激做出反射性反应。它解释了动物是如何学会在两个刺激之间进行联系，从而使一个刺激取代另一个刺激建立联结的。但是在经典条件作用中，犬做出的反应都是由刺激诱发的不由自主的反应，是无意识做出的，而诱发犬反应的刺激则是由环境安排的，它们是否出现以及何时出现都不受其自身的控制。

(2)操作性条件反射　斯金纳(B. F. Skinner)是 20 世纪美国行为主义学派最负盛名的代表人物，也是世界心理学史上最为著名的心理学家之一。他以小鼠和鸽子等动物为被试对象进行了精密的实验设计，提出了有别于巴甫洛夫提出的条件反射的另一种条件反射行为(即操作性条件反射，是由机体自身发出的反应，与任何已知刺激物无关)，并将二者做了区分，在此基础上提出了自己的行为主义理论——操作性条件反射理论。

斯金纳关于操作性条件反射作用的实验，是在他设计的一种动物实验仪器(即著名的斯金纳箱)中进行的。箱内放进一只小鼠或鸽子，并设一杠杆或键，箱子的构造尽可能排除一切外部刺激。动物在箱内可自由活动，当它压杠杆或啄键时，就会有一团食物掉进箱子下方的盘中，动物就能吃到食物。箱外有一装置记录动物的动作。斯金纳箱如图 6-2 所示。

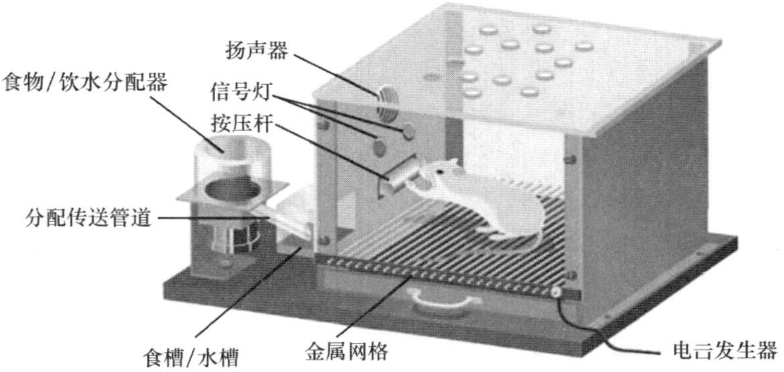

图 6-2　斯金纳箱

斯金纳的实验与巴甫洛夫的条件反射实验的不同在于以下几点。

①在斯金纳箱中的被试动物可自由活动，而不是被绑在架子上。

②被试动物的反应不是由已知的某种刺激物引起的，操作性行为（压杠杆或啄键）是获得强化刺激（食物）的手段。

③反应不是唾液腺活动，而是骨骼肌活动。

④实验的目的不是揭示大脑皮层活动的规律，而是为了表明刺激与反应的关系，从而有效地控制有机体的行为。

斯金纳通过实验发现，动物的学习行为是随着一个起强化作用的刺激而发生的。操作性条件反射的特点是强化刺激既不与反应同时发生，也不先于反应，而是随着反应发生。有机体必须先做出所希望的反应，然后得到“报酬”，即强化刺激，使这种反应得到强化。学习的本质不是刺激的替代，而是反应的改变。

操作性条件反射作用由三个部分组成：辨别刺激→提供行为结果的信息；操作性行为→动物的自发反应；强化物→继行为之后出现并与行为相倚。

操作性条件反射的指导意义在于以下几点。

①奖赏。动物做出某种反应，得到正强化，那么，此种反应发生的概率便会增加，表明正强化对行为塑造有重要作用。如犬无意表现出吠、凶猛性等人不能强迫的本能行为时，应抓住时机，立即给予奖赏，这将会增加这些行为出现的概率，为以后的训练做铺垫。

②消退。动物做出以前曾经被强化过的反应，如果这一反应之后不再有强化物相伴，那么此类反应在将来发生的概率就会降低。消退是一种无强化的过程，其作用在于降低某种反应在将来发生的概率，以达到消除某种行为的目的。因此，消退是减少不良行为、消除坏习惯的有效方法。例如，刚接触驯犬的人在训练基础服从科目时，不免会对犬的一些不良联想、不良行为也进行奖励。随着训练知识和经验的积累，才发现自己的犬存在很多行为缺点，这时，就可以采用消退的方法，当不良联想、不良行为消除以后，再重新进行训练。

③惩罚。当动物做出某种反应以后，通过呈现一个厌恶刺激，以抑制此类反应。但是，惩罚并不能使行为发生永久性改变，只能暂时抑制行为，而不能根除行为。因此，惩罚一种不良行为要与强化一种良好行为结合运用，才能取得预期的效果。这主要是针对犬本身一些不良的本能行为。犬乱咬人畜的坏习惯通常是因为其对人畜的攻击行为曾经被主人奖励。要改变

这种不良行为，就需要在它下一次攻击人畜行为出现的当时，给予一个惩罚，让它明白这种行为不应出现，多重复几次，可以达到目的。

经典条件反射与操作性条件反射理论是解释动物一切学习现象的两个普遍适用的原理，二者对驯犬有着广泛的指导意义。

(3)如何训练动物建立和强化条件反射　训练动物学会各种本领的过程就是使其形成条件反射的过程。由上述原理可知，无论是引起非条件反射还是条件反射，都需要有刺激——非条件刺激和条件刺激，两种刺激结合使用时，可以使条件反射强化。例如：训练犬做出“过来”的动作，从命令发出到犬“过来”，这是一种反射，属于条件反射刺激。当把“过来”的声音刺激和让犬做“过来”动作的刺激结合起来使用时，就会使犬大脑皮层的不同区域产生两个兴奋点。在未形成条件反射时，这两个兴奋点之间没有任何联系，无论你喊多大的声音，多么用力挥手，犬都不会过来。如果同时将两个刺激联合起来，即同时使用若干次后，这两个兴奋点就会发生联系，以后只要发出“过来”这个口令，而不必挥手，犬就会听话地走过来，这就是条件反射的形成。人们就是利用动物能形成条件反射这一生理特点，按照人们的目的对动物进行一系列的训练。在训练动物建立和强化条件反射的过程中，应注意以下几点。

①必须将条件刺激与非条件刺激结合使用。条件反射是条件刺激与非条件刺激相结合的结果，没有非条件反射，条件反射是不能形成的。如“衔取”是犬的本能，属于犬的非条件反射，是建立条件反射的基础。在训练中，只要配合适当的衔取物和口令(条件刺激)，就可将犬训练成按训练科目要求的“衔取”动作要求去做。

②从两种刺激的作用时间来看，条件刺激的作用应稍早于非条件刺激的作用，这样建立条件反射就快，并且也巩固，否则，条件反射就很难形成，即使形成也是很缓慢的、不巩固的。这就要求我们在训练时，给宠物的口令、手势等条件刺激必须先于发生在身体的某个部位的非条件刺激。只有这样，才能使宠物很快学会所教的动作。如果两种刺激同时给出，条件反射的建立就比较慢。如果非条件刺激先于条件刺激，则宠物很难学会教给的动作。

③必须正确掌握刺激的强度。过强或过弱的刺激都不会产生好的作用。当然，应考虑宠物的神经类型和对刺激的敏感程度，往往同一强度的刺激作用于不同的宠物个体时，其效果是不一样的。一般来说，只有当条件刺激的生理强度弱于非条件刺激的强度时，才能建立起条件反射。

④建立良好的条件反射，必须使宠物的大脑皮层处于清醒和不受其他刺激干扰的状态。如宠物正处于瞌睡或精神沉郁状态，条件反射的形成就会很慢，甚至不形成。

⑤与建立条件反射相关的非条件反射中枢必须处于兴奋状态。非条件反射是建立条件反射的基础。如果非条件反射中枢缺乏足够的兴奋，要建立条件反射是十分困难的。例如，犬在吃饱后参加训练，此时犬食物中枢的兴奋性就很低，如果再用食物作为非条件反射刺激来强化条件刺激，则其作用就不大。

3.印记学习

印记学习是指主要发生于生命早期的牢记现象，是指动物在幼龄时期，通过嗅、视、听觉器官，记住某些与自己相关的事或物。这些事或物，特别是对动物幼龄时自身有重大利害关系的外界刺激所形成的印记，往往能影响它以后的社会关系和许多行为。如出生后便与父母隔离的小鸭和小鹅不仅会跟着人走，也会跟着一个粗糙的模型鸭，甚至跟着一个移动的纸盒子走。一只小羔羊也会跟着一个用奶瓶喂养它的人走，不管它饥饿与否都这样，即使当小羔羊断乳归群后也会走近或跟随曾经喂养过它的人，并把该人当成自己的父母。通过印记学习，人们可以让宠物（如雏鸟）更容易接近饲养者，接受训练调教。

4.模仿学习

模仿学习是指动物通过观察其他个体的行为而改进自身技能和学会新技能的过程。这种学习类型在社会性动物中出现的频率要比非社会性动物多得多。在群体生活中，动物通过直接或间接观察、模仿其他个体的行为，从而对其他个体的行为动作进行复制、重演，借以增加经验。

动物总是通过观察其他动物怎么做，然后自己才学会去做某件事。例如，鹦鹉靠观察能够学会拿掉食物盘上的盖子。在试验中，先让一只鹦鹉观察示范鹦鹉用下面三种方法中的一种拿掉盖子，即用爪抓、用喙啄、用喙推。试验证实，观察者总是采用它所观察到的示范鹦鹉的方法去弄掉食物盘上的盖子。

通过模仿的学习方式可以加快宠物训练的速度，如幼犬通过模仿会从母犬的行为中学到许多生活经验，猎犬会从老猎犬身上学会如何捕猎等。

5.习惯化学习

习惯化学习是最简单的一种学习类型，它在动物界也最为常见，具有很大的适应意义。习惯化学习是指动物对那些反复出现但又无生物学意义的刺激逐渐变得无动于衷，直至不再反应的行为现象。这种方式的学习不是使动物增加反应，而是通过习惯化学习过程，消除某些不必要的反应。如鸟类起初会被安放在田间的稻草人吓跑，渐渐地它们就不再害怕了，甚至会在吃饱之后停在稻草人的手臂上梳理羽毛。

在训练时，驯导员将犬带到比较陌生的环境，开始时犬往往表现兴奋，或者恐惧、不敢乱动，或者到处探索，忙得不亦乐乎。但随着在这个环境中训练次数的增加和时间的延长，犬逐渐对周围的环境不再表现出兴奋，这种变化就是习惯化学习的结果。

6.玩耍学习

玩耍学习是一种高兴和愉快的活动，人类和动物都需要玩耍，并要经常进行玩耍，尤其是儿童和幼小的动物。玩耍的类型多种多样，最常见的一种就是打斗和追逐，幼犬、幼猫等动物进行自娱的方式之一就是互相扭斗、抱握和攻击。玩耍的第二种类型是演练玩耍，如小马驹需要演练跳跃和奔跑技能，年长的灵长类动物需要演练纵深跳跃、翻滚和滑行等基本动作。第三种类型的玩耍是摆弄一件东西，常被称为探索玩耍。一个新的刺激或新的物体常可吸引动物去接近、去触摸、去抓、去咬、去嗅，并从不同角度观察它，这种玩耍有利于动物认识新的事物和发现有用之物。第四种玩耍是社会玩耍，指亲代与子代之间或同龄个体之间的玩耍，如母猩猩常与幼猩猩玩耍、成年犬与幼犬玩耍等，这些玩耍大都是战斗游戏，最常发生在捕食动物中。

对于玩耍的适应意义，人们常认为有三个方面的假说。第一是生理方面，玩耍有助于提高动物的力量、耐力和肌肉协调能力。第二是社会方面，玩耍是各种社会技能的演练，有助于各方面社会关系的建立和维持。第三是认知方面，如学会特殊的技能或改善整体感知能力。

7.顿悟学习

顿悟学习是指长时间得不到答案，但突然间答案会在脑海中闪现的情况。顿悟学习的最好例子是 Wolfgang Kohler 所研究的黑猩猩行为。在一次试验中，一只名字叫 Sultan 的黑猩猩首先学会了把一根木棍作为工具探取笼外地面上的苹果。在它学会使用木棍后，再给它两根可以插在一起的木棍，接插后木棍的长度刚好可以探取苹果。黑猩猩先试图用每根木棍去够，甚至设计用一根木棍的顶端去推顶另一根木棍，但因两根木棍没有接好，还是无法取回苹果。黑猩猩经过一个多小时的尝试失败后，好像放弃了尝试，开始拿着木棍玩起来，但后来它好像突然明白了，一手拿着一根木棍，一端对一端地把两根木棍接起来，接着跑到笼边用加长的木棍够取到了苹果。

我们在训练动物过程中可能会遇到动物顿悟的现象，有时怎么训练动物，它都不能明白主人要表达的意思，但一段时间后，动物突然开窍，使训练迅速进行下去。

二、宠物训练刺激方法

在调教和训练中，宠物每一种能力的形成都是通过一定的刺激有效地作用于宠物的神经系统的结果。在宠物调教中使用的刺激，按其性质可分为非条件刺激和条件刺激两类。其中非条件刺激包括机械刺激、食物刺激和引诱刺激，条件刺激主要是指口令、手势等。

1. 机械刺激

机械刺激指用生理刺激法或疼痛作用法（包括按压、牵引、拉扯、手打、鞭打、轻拍、抚摸等）作用于宠物的皮肤，通过引起宠物的压觉、触觉和痛觉，迫使宠物正确地做出相应动作或制止某些不良行为的一种手段。机械刺激法除轻拍、抚摸可作为奖励外，其余的均属强制手段，能引起宠物的痛觉，这种方法多用于神经系统坚强的犬，如警卫犬的抑制力训练，训练出来的动作比较正规且巩固。机械刺激的缺点是在运用了较强的刺激后，宠物对训练的信任感和依恋心理遭到挫伤，结果经常使宠物害怕驯导员，被动地完成训练项目，宠物对训练项目没有丝毫兴趣。并且，采用这种方法训练出来的动作一般比较刻板、固定。

使用机械刺激时的注意事项。

（1）刺激强度要适当，一般以中等强度为宜。不同强度的机械刺激会引起不同强度的反应，在训练中，既要防止使用超强刺激，使宠物产生超限抑制或消极防御反射，又要避免不敢使用刺激或刺激过轻，妨碍条件反射的形成和巩固。

（2）刺激部位要准确。刺激宠物的不同部位会引起宠物的不同反应，因此训练时，要明确刺激部位，选择与训练动作相适应的部位，才能收到应有的效果。

（3）掌握好刺激的时机。机械刺激的使用应稍晚于口令或手势刺激，否则会影响条件反射的形成和巩固。

（4）与食物刺激结合使用。这种训练方法常要与食物刺激相结合，可缓和机械刺激所导致的抑制和被动，调动宠物的兴奋性，使宠物迅速建立条件反射。

2. 食物刺激

食物刺激是用食物作为刺激来奖励宠物的正确动作或诱导宠物做出某种动作的一种方法。食物刺激对宠物有重要的生物学意义，易于引起宠物的食物反射，能使宠物出现主动趋向状态，主动地按照训练者的意愿完成动作，从而得到希望的食物。这种方法最容易在驯导员与宠物之间建立感情联系，并且迅速形成条件反射。这种方法的缺点是宠物做出的动作不够规范，有许多宠物饱食后对工作失去兴趣，完成任务不彻底，缺乏坚韧精神，不能保证在训练中不间断。

使用食物刺激时的注意事项。

(1)作为刺激物的食物要美味可口,通常是宠物平时吃不到,但又很喜爱的食物,并且食物块要小,便于携带。

(2)食物奖励时不允许将食物抛到地上,而应放在手上让宠物进行舔食,或进行抛喂,防止宠物养成在地上捡拾食物的坏习惯。

(3)要掌握好使用食物刺激的时机。对于食物欲求强的或处于饥饿状态的宠物,食物刺激效果很好,而对于吃饱的或食物欲望小的宠物基本没什么效果。

(4)与机械刺激结合使用。食物刺激与机械刺激结合使用,可以取长补短,既能保持宠物的兴奋性,又能保证训练动作规范和准确。

(5)对宠物的食物奖励要有所区别,如一个极好的努力结果应将宠物非常喜欢吃的食物作为奖励,而良好表现应将它比较喜欢的食物作为奖励。

3. 引诱刺激

引诱刺激是指通过相应的声响、物品、动作等诱使宠物做出正确的动作。引诱刺激具有一定的诱发性,对条件刺激有增强作用,能提高宠物相应神经中枢的兴奋性,并能直接诱发宠物的某一动作或增强某一动作的反应强度。引诱刺激诱发的动作兴奋、活泼、自然,但容易形成抵消条件刺激作用的不良联系。

引诱刺激的注意事项。

(1)以驯为主,以诱为辅。引诱刺激在训练中只能作为辅助手段,而且使用的次数不能太多(一般不超过 3 次),以防止引诱刺激完全代替正式的口令、手势,影响训练的后续进行。

(2)正确利用引诱,防止恶习产生。利用其他受驯过的宠物的行为或动作来引诱受驯宠物做出想要的动作或行为,可提高受驯宠物的兴奋性,加快训练的进度。但是,示范宠物的不良行为或动作也同样会被受驯宠物学会,因此示范宠物的选择很重要。

4. 口令

口令是指宠物驯导员向宠物发出由一定语音组成的简短的声音刺激,通过作用于宠物听觉引起相应活动的一种训练方法。口令作为条件刺激应与相应的非条件刺激相结合,才能使宠物对口令形成条件反射,日常训练中常与手势结合使用。宠物不能听懂人的语言,但能正确区分同一口令的不同音调。对宠物的要求不同,所发出的口令音调和语气也不同。训练中常用的口令音调有三种:普通音调的口令,音量中等,带有严格要求的意味,用以命令宠物做出常规动作;威胁音调的口令,声音严厉,语速较快,用来迫使宠物做出动作或制止宠物的不良行为;奖励音调的口令,声音温和,用来奖励宠物所做出的准确动作。

使用口令的注意事项。

(1)口令发声要简明清晰,一经采用则不要随意更改,否则会影响训练效果。

(2)训练口令必须简短明了,一般不要超过三个字。如果口令冗长、复杂,易使犬混淆不清,训练中如能配合手势和表情则效果更好。

(3)口令要有独立性,且在一个训练中不能重复发出。

(4)口令使用时不要带口头语。

5. 手势

手势是指利用手和臂的一定姿势和由形态动作组成具有指令性的形象刺激,通过作用于宠物的视觉来指挥宠物的一种条件刺激方法。手势刺激必须经常与非条件刺激结合使用,同时给予非条件刺激的支持、强化，防止已建立的条件反射消退。日常训练中手势常与口令结合使用。

手势刺激的注意事项：

(1)手势要明显、形象。选定和运用手势时，应注意各种手势的独立性、易辨性、确定性和准确性，并保持一定的挥动速度，也应与日常习惯性动作有明显的区别，以防止混淆而干扰训练。

(2)使用手势要始终保持规范，每种动作仅能使用一种手势。

(3)手势使用时要保证动物能看到手势。

任务二　宠物训练的方法

一、传统训练法

无论是对警犬、猎犬、玩赏犬，还是玩赏猫、玩赏鸟，训练科目都很多，为使受驯宠物都能根据主人的口令、手势或眼色顺利地做出动作，准确地完成各项任务，必须掌握正确的训练方法，使它们迅速形成良好、稳定的条件反射。

1. 诱导训练法

诱导训练法就是在训练中利用食物、物品、自身行为以及其他因素，诱导宠物做出某些动作，借以建立条件反射的一种手段。此法带有引导性，能引起宠物的食欲兴奋，尤其是宠物爱吃的食物，比较容易使宠物兴奋，从而积极参加训练，能较快地学会动作。由于这种刺激是主动的，宠物做出的动作就自然活泼，愿意执行，特别用于科目的训练效果较好。但其缺点是，不能保证宠物在任何情况下都能按要求顺利、准确地做出动作，尤其在方法使用不当时。

诱导训练法根据方式又可以分为食物诱导法、新异诱导法和动作诱导法三种。

(1)食物诱导法。食物诱导法是利用宠物对食物的兴奋诱使宠物做出一定动作的一种方法。在使用该方法时要注意，所使用的食物必须是宠物喜欢的食物，而且当宠物完成动作时，要及时给予食物作为奖赏。

(2)新异诱导法。新异诱导法是利用宠物对新异刺激的探求反应诱使其做出一定动作的一种方法。宠物有很强的好奇心，可以利用这一点来进行鉴别训练。

(3)动作诱导法。动作诱导法就是利用驯导员的动作引起宠物兴奋，从而使宠物做出一定动作的方法。如对犬“前来”科目的训练，可以使用驯导员假装后退的动作诱使犬前来，从而完成训练。

使用诱导训练法时，要掌握好诱导的时机，诱导应与一定强度的强迫手段相结合。这样既可保证训练的顺利进行，又可保持宠物的兴奋性。应防止以诱导代替口令和手势的做法。要防止因诱导而产生不良习惯，尤其是行为中止的习惯。如有的犬只衔取动的物品而不衔取静的物品，就是由训练中不注意而造成的。要根据宠物的神经类型和特点适当运用。如对于沉着、安静、兴奋性不太高的宠物可多用，而对于兴奋、灵活的宠物宜少用。

诱导训练法只适宜在训练的初期使用，当宠物理解要求的动作后就要及时停止使用。

2. 强迫训练法

强迫训练法就是使用机械刺激和威胁音调的口令，迫使宠物准确地做出某个动作的一种方法。强迫的方法主要用于每一训练科目的初期，即在训练初期为了加强形成条件反射，或在外界诱因的影响下预定科目进行不下去时使用，但要注意以下两点。

（1）运用强迫时，要注意及时、适度，口令与相应强度的机械刺激相结合，与奖励相结合。过度的强迫易引起宠物的抑制和影响宠物对主人的依恋性。当宠物做出正确动作后，为缓和宠物的神经状态和巩固条件反射，要给予充分的奖励（给食物或抚摸等），使宠物懂得该干什么，不该干什么。

（2）要因宠物个体而异、因科目而异，慎重使用，以免产生不良后果。

3. 禁止

禁止是为了制止宠物不良行为而采取的一种手段，包括用威胁音调发出"非"的口令，同时与强有力的机械刺激相结合使用。如犬追扑家畜、家禽，随地捡食或乱咬人时，就应发出"非"的口令，同时结合强有力的机械刺激加以制止。使用禁止口令时应注意以下两点。

（1）制止宠物的不良行为时，主人的态度必须严肃，制止一定要及时，最有效的时机是当宠物有不良行为表现时立即制止。态度严肃绝不是打骂的代名词，每当宠物闻令即止时，要给予奖励。

（2）刺激强度必须根据宠物的特点分别对待，尤其对幼龄宠物更应注意。当"非"的口令已形成条件反射，即宠物能闻令即止时，也应经常地结合机械刺激使用，以免反应消退。

4. 奖励

奖励是为了强化宠物的正确动作、巩固已养成的能力、调整宠物的精神状态而采取的一种手段。奖励的方法有奖食、抚摸、准予游散和表扬（发出"好"的口令）等。一般在科目训练的初期，为了使宠物迅速形成条件反射及巩固所学会的动作，都应采用奖食、抚摸为主，结合表扬。奖励时要注意以下两点。

（1）奖励必须及时，并应根据不同情况采用不同的奖励方法。

（2）奖励时，主人的态度必须和蔼可亲。

5. 对比训练法

对比训练法的特点是在训练中既运用机械刺激法，也应用食物奖励法。运用机械刺激法绝不是用暴力或粗鲁的行为来强迫宠物接受这样或那样的姿势训练，而是在机械刺激法训练后立即给宠物以食物奖励。对比训练法将机械刺激法和食物奖励法的优点有机地结合在一起，扬长避短，互为补充，能在训练者和宠物之间建立起最牢固的关系。此法也是犬训练中最基本、最常用的方法。

6. 模仿训练法

模仿训练法是利用训练有素的宠物的行为去影响或带动被驯宠物的一种方法。在实际训练中一般用作辅助训练方法，常用于牧羊犬、猎犬的训练，在伴侣犬和玩赏犬的训练中较少使用。如给一只训练有素的犬发出"叫"口令或刺激时，其大声叫的行为往往可引起初驯犬也跟着叫。

二、响片训练法

宠物的训练方法——响片训练法 1

宠物的训练方法——响片训练法 2

1. 响片训练法简介

正向训练法是近年迅速兴起的一种新式训练法，该法提倡用积极、向上的方式训练宠物，拒绝使用传统的对宠物伤害较大的方法。经该法训练的宠物，会逐渐喜欢上训练，而且每次训练时表现得更为积极、热情，更有自信。

响片(图 6-3)训练法是正向训练法的一种，它的出现使训练变得更加简单，更加有效。20 世纪 60 年代，著名心理学家斯金纳博士是首位提议以响片训练宠物的人，之后他的助手 Karen Pryor 着手研究这一课题，直到 1992 年美国成立行为分析协会后，这种训练方法才被正式推广应用，并掀起了一阵强烈的响片训练法热潮。响片训练法经过不断发展、修正，已经成为一套理论与实践双优的训练方法，特别适用于家庭宠物的训练，被业内人士称为最有效、最快捷的训练宠物的方法。

2. 响片训练

响片训练法简单易学。这种训练法在使用前先让动物对响片声产生联系，就是进行响片训练。

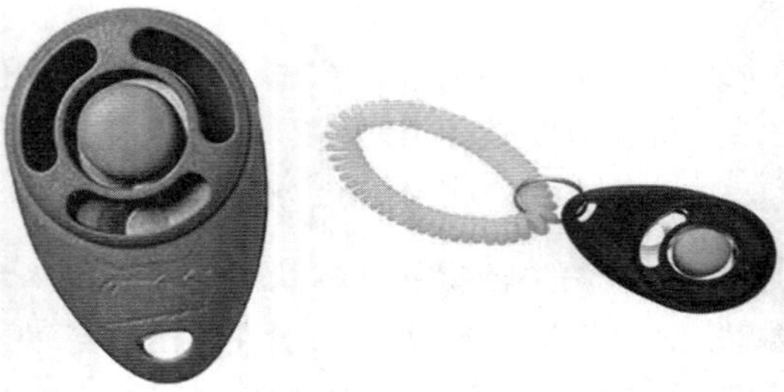

图 6-3　各式响片

(1)建立宠物与响片的联系　带宠物到清静无干扰的环境中，等宠物安静下来后，靠近宠物坐下。摁下响片(图 6-4)，“咔嗒”一声，给予零食，重复操作 10 次，每次都要及时给予奖励食物。10 次后，休息一会。继续重复操作数次，让宠物建立响片一响就意味着好事来临的印象。

(2)继续加深响片印象，进行关注力训练　在每次响片响时，宠物都能够把注意力放在主人身上后，就开始关注力的训练。以下每项训练各重复 10 次。

①先把食物放于宠物鼻前，让宠物嗅，摁下响片，发出“咔嗒”声，给予零食奖励(图 6-5)。

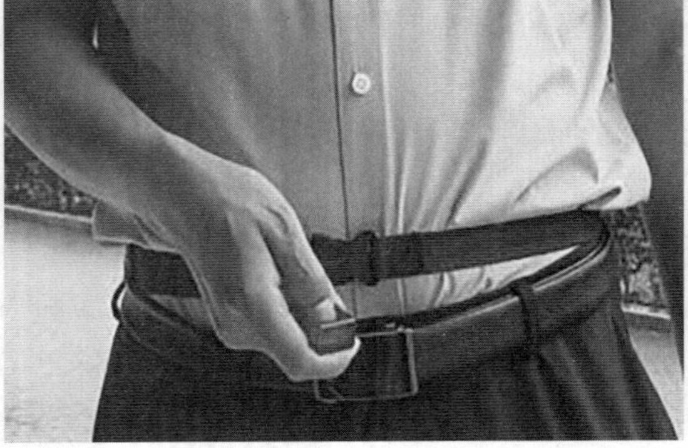

图 6-4　响片按动

图 6-5　按动响片后给予犬零食

②把食物放于宠物与人之间，让宠物看，摁下响片，发出“咔嗒”声，给予零食奖励。

③把食物放于人的眼前，让宠物看，摁下响片，发出“咔嗒”声，给予零食奖励。

④把食物放于人的眼旁，让宠物看，摁下响片，发出“咔嗒”声，给予零食奖励。

(3)响片训练法的注意事项。

①按响片就一定要给奖励。只要按下响片，就必须给予零食，这样宠物会明白响片的“咔嗒”声是即将获得零食的“承诺”。响片的“咔嗒”声不是一种赞美，而是人与宠物之间的协约，因此，即使错按响片，也必须给予零食。

②响片先，强化物后。训练时一定先按响响片，再出现强化物。一定让宠物明白是响片的声音带来了强化物。最佳搭配时间是在响片按响后 0.38 s 内出现强化物。训练时尽量把零食放在手中、口袋里或专用训练包内。

③通过响片建立互动关系。响片训练对宠物而言是一种游戏，这个游戏的含意是你有宠物想要的东西，但是宠物必须为你做某些事才能得到。

④响片代表行为结束。按下响片代表行为结束，因此，请勿使用按下响片来代表“继续动作”的意义。

⑤响片不是遥控器。请不要将响片的“咔嗒”声作为吸引宠物注意的信号。

⑥用响片训练时不要使用机械刺激。宠物情绪不好时，请不要使用响片，也不要将责骂、处罚、猛扯牵绳等纠正行为的手法用在响片训练，否则，你不仅会失去宠物参与响片训练的自信心，同时也让宠物对你丧失信心。

响片训练是一种可促进你和宠物的亲密关系的训练方法，因此训练的过程必须是很愉快的。不要去理会，更不要去处罚或否定你所不满意的行为，因为每次正向强化宠物一个行为时，你和宠物的关系就会更紧密而坚固，而处罚即使有效，但它也会不断减弱你和宠物之间的关系。

⑦训练要由简入繁、由低到高，循序渐进。刚开始时应将训练目标设定得很低，让宠物一定成功，而且屡屡成功，同时规划安排宠物的训练环境，让其无法犯错，这样的训练成效会超出你的预期，而且更有效率，宠物会更喜欢响片训练。每次仅改变你要求宠物行为的一个小条件，如改变训练位置、改变场所、改变环境场合，唯一不变的是提示(响片)。

⑧训练先从捕捉开始。一开始先不要教宠物坐、趴下及不许动，否则宠物不会去尝试各种可能的动作，导致宠物只会乖乖不动，而失去更多可以标记行为或动作的机会。

⑨训练宠物要先训练自己，见好就收。宠物每次能坚持精神高度集中的时间是有限的，尤其是幼犬。训练课程安排应该短而且频繁，并持之以恒。一天 3 次，每次 10 min 的训练效果绝对比一天一次，每次 30 min 好很多。而且每天持续一点点地训练也远比很久才一次、每次花很长时间的训练有效。

3.响片训练的基础

响片训练的原理是操作性条件反射原理，其训练基础是强化和惩罚。

(1)强化　强化是指行为被紧随出现的直接结果加强的过程。当一个行为被加强时，它就更可能再次出现。强化分为正强化和负强化两种。正强化和负强化都是加强行为的过程，也就是说，它们都会增加某种行为在将来出现的可能性，这一点极为重要。正强化和负强化的区别仅在于行为的结果本质不一样。

①正强化：在一定的情境或刺激的作用下，某一行为发生后，立即有目的地给予行为者以正强化物，那么，以后在相同或相似的情境或刺激下，该行为的发生频率将会提高。这种有目

的的利用正强化物来提高行为出现率的行为改变原理称为正强化原理，简称正强化。在正强化中随着行为出现的刺激称为正刺激。

正强化原理强调行为的改变依据行为的后果而定。如果后果是愉快的、积极的、满足行为者需要的，则其行为的出现率就会增加。所以，正强化又可以说是奖励的同义词。

［**例 1**］一天，主人正坐在沙发上看书，犬走到主人身边坐下，安静地等待。主人发现后，对犬表扬一番，并拿出食物奖励这种良好行为。以后，每当主人坐在沙发上看书时，犬都会安静地待在一边不予打扰。

［**例 2**］一次，犬看到主人从门外进来，高兴地跑上前去，抬起前肢搭在主人身上，并欢快地想要用嘴去舔主人。主人对犬的亲切表现很满意，高兴地拍了拍他，并表扬一番，甚至拿出食物奖励。此后，该犬每当遇到主人进门后都会兴奋地跑上前去，扑在主人身上。

②负强化：是指当个体正在承受厌恶刺激，且个体表现出期望的良好行为时，便立即撤除其正在承受的厌恶刺激，那么以后在同样的情境下，该行为的出现次数就会增加。负强化的作用与正强化的一样，都可以增加行为的出现率。

负强化包括两个阶段：首先，当不良行为出现时给予厌恶刺激（主人把搞破坏的犬关入犬笼）；其次，当良好行为出现后就消除厌恶刺激（犬安静后将其从犬笼放出）。

［**例 3**］一只犬被主人关在笼子里，犬很想到笼外自由活动，于是，开始不断地哀号，想让主人放它出来。犬的哀号让主人很是心烦，最后，为了避免它的吵闹，主人还是决定把它放了出来，它也就停止了哀号。在这个例子中，主人把犬从笼内放出的行为就是一种负强化，即为了避免听到犬的哀号（消除厌恶刺激）。以后遇到这种情况，犬主人就更有可能向犬妥协。同样，为了从笼内出来，犬哀号的频率可能更高，时间可能更长。

［**例 4**］一只犬在室内搞破坏时被主人关进犬笼，于是开始叫，结果叫了很长时间主人也没把它放出。当它叫累了闭上嘴后，过了一会儿主人走来，给予它一些食物并把它放出，数次后，它就学会了被关进犬笼时保持安静。

(2)惩罚　惩罚是指在某种情境或刺激下产生某一行为后，及时给予行为者厌恶刺激或撤除其正在享用的正强化物，以降低该行为在相同或相似情境或刺激下的出现率。而惩罚物则是指被惩罚对象所不喜欢或不需要的，并令其不愉快的刺激，也称为厌恶刺激。

惩罚有两种方式，一种是正惩罚，另一种是负惩罚。

①正惩罚：是指一个行为之后，立刻跟随一个厌恶刺激物（惩罚物）的出现，那么，作为结果，这个行为将来再次发生的可能性就会降低。例如，当犬对儿童表现攻击性行为时，犬主人马上狠狠地猛拉几下它的牵引带，以后它攻击儿童的行为就会慢慢减少。

②负惩罚：是指一个行为发生之后，跟随一个正在享用的正强化物的撤除，那么，作为结果，这个行为将来再次发生的可能性就会降低。例如，一只犬有很强的护食行为，每次它吃食物时，人们就不能靠近，即使犬主人也不行。于是，犬主人开始在它吃食时故意靠近，每次它出现护食的迹象时，犬主人都会把它正在享受的食物拿走，当它安静后再继续喂给它。慢慢地，它的护食行为减少了。

(3)使用惩罚的弊端

①强烈的惩罚可引起不良的情绪反应。无论是动物还是人类，疼痛的刺激都会使其产生

愤怒情绪，并会产生无端的攻击性行为。例如，一些受到惩罚的个体会迁怒于他人，表现出不礼貌或攻击行为。惩罚可能引起不安、恐惧、焦虑等情绪反应。

②容易产生条件惩罚物。与惩罚有关的事物都可能成为条件惩罚物，使惩罚的副作用泛化。如一只犬在街上受到人的攻击，以后它对街上遇到的人都会产生厌恶，开始逃避街道上的人或动物，甚至引发攻击等不良行为。

③惩罚容易使被训练者模仿。观察到别人频繁使用惩罚的个体更有可能在相似的情况下使用惩罚，儿童尤其如此。对他们来说，观察学习在他们良好行为和不良行为的养成方面都起主要作用。例如，为了惩罚女儿的错误行为，母亲使用了责打的方式，观察到母亲的做法后，女儿在玩过家家时也对她的布娃娃使用了同样的方法。

④惩罚容易导致使用者上瘾。由于惩罚对不良行为的抑制效果明显，且使用方便，很容易造成使用者上瘾，而忽略了惩罚效果的短暂性、不良行为在惩罚后的易重现性，以致使用者越来越依赖惩罚，造成恶性循环。

⑤惩罚只能抑制旧行为，并不建立新行为。惩罚只告诉宠物们不应该做什么，并不指导宠物们应该做什么。对于宠物的行为，应该强调建立新的良好行为，而不仅只是消除旧的不良行为。如果运用不当，惩罚的消极作用会大于积极作用。尽量使用自然惩罚，以取得效应，只有其他方法无效时才采用惩罚。

4.响片训练的基本方法

响片训练与传统训练是有很大区别的，因此该训练方法也与传统训练的方法相差很大。

(1)捕捉法　捕捉法又称为懒人法，是指完全不用手势、零食、声音、动作等提示，耐心观察宠物的行为或动作，一旦宠物自发做出训练者所期望的行为或动作时，立刻摁下响片并随之给予食物奖励，继续等待宠物下次出现该动作或行为，再摁下响片给予食物奖励，直到宠物能频繁地出现期望的动作为止。

捕捉法驯犬的要素有以下几点。

①及时发现要捕捉的行为，并对捕捉到的行为进行加强。需要捕捉的行为或动作，通常是宠物很少出现的行为或动作，或是有趣的动作，这些动作一旦被捕捉，就可以根据动作的特点演化成一个个表演节目，曾经有人通过捕捉的方法训练犬学会近百个表演节目。

②给捕捉的动作或行为加上信号。通过不断地对捕捉的动作或行为进行奖励，宠物很快就会知道我们是要它做出刚才的动作，一旦宠物知道了这一点，那么期望的动作或行为就会频繁出现。当这些动作或行为出现达到一定频率后，就可以在宠物每次行为或动作出现前加上一个信号(口令)。通过不断巩固，宠物就会对该信号形成条件反射，以后宠物听到该口令后就会做出相应的动作或行为。

③确保宠物依令而行。在宠物听到口令能做出相应的动作或行为后，就可开始刺激控制的训练，就是自发的行为或动作不再给予奖励，依令而做的动作才能获得奖励。

(2)诱导法　诱导法是指利用零食、动作、玩具等诱使宠物做出训练者期望的动作或行为的训练方法。一旦宠物做出期望的动作或行为后，摁下响片，给予零食奖励。

使用诱导法时要注意，每次只能在训练初期使用，待犬能数次做出要求的动作或行为后就不能再用，而且每次使用的次数不能太多。

(3)塑形法　塑形法是指完全不使用零食或手势等提示，仔细地观察宠物的行为或动作，一旦宠物开始做出训练者所期望的动作或行为时，立刻摁下响片并给予零食奖励。也就是说，把训练者期望的行为或动作分解步骤，各步骤都以捕捉法来训练，逐渐达成训练者期望的行为或动作。

图 6-6 标的法

(4)标的法 标的法(图 6-6)就是教导动物用身体的某一部位接触或跟随另一外来引导物(目标物)，逐步去塑造预定的目标行为的训练方法。引导物是根据训练需要而演变或制作出来的训练工具，可以是驯导员的手，或是自制的木棒、激光笔等。标的法的训练可分为 8 种方式。

①简单目标：就是刚开始让动物知道怎样与目标棒接触。比如教犬到某个地点去，就可先用目标棒去碰它的鼻子(是我们主动去碰它)，当碰到它了，就给予食物强化。通过这样的训练，让动物认识到目标棒是怎么回事，这是最简单的一种方式。

②合成目标：就是将目标物停留在一个地方，让动物主动去碰，如果训练的时候就直接从合成目标开始，那么，动物很可能会去咬目标物，这个时候，动物已经学到了我们不希望得到的一个行为了。等到他不咬的时候，我们才按响板。

③跟随目标：驯导员拿着目标棒吸引犬跟着，每当犬用鼻子要去触碰目标棒时，就把目标棒向前移，始终让目标棒和犬鼻子保持一定的距离，这就是跟随目标。跟随目标有两种：一种是永远不让它碰到这个目标棒，比如让犬学会转圈，它就能慢慢地明白，是要它去追目标棒；另一种是让动物碰着目标棒，跟随目标棒走，比如让动物到一个房间、进一个门，都可以采用这种方法。人本身也可以当作目标物，让动物跟随人走。

④延长目标：我们要求动物在一个地方保持停留状态，刚开始的时候，我们可以要求它停留 1 s、2 s，然后变成 1 min、30 min……(需要循序渐进)。延长目标就是指时间的延长，如在动物园的动物可用外出坐车、抽血等场合。

⑤目标多样化：就是目标物的多样化，可以用目标棒、手或者墙上的某一点，更高级的就是全身都可以成为目标物。

⑥全身接触：就是目标物(棒)上的一个点在身体上移动，可接触身体任何部位。这也是医疗行为训练中重要的一环。

⑦多种目标：同一时间内，可有多个目标物接触动物身体的各个部位。

⑧从 A 到 B：让宠物从一点出发，到另一点。如训练鸟从鸟笼飞到主人的手上。

5. 塑形十大原则

(1)逐渐提高增强标准的幅度，但不可过大，这样训练对象才有不断被增强的机会。实际应用这个原则时，意味着当你提高行为标准时，应该把要求定在动物已经可以达到的行为范围内。如果你的马匹能够跳过 80 cm 高的障碍，有时还高出 30 cm，便可以试着把一些障碍调高到 100 cm，但是要把所有障碍都调高到 100 cm 就是自找麻烦，虽然动物有能力做到，但它还无法经常出现这个行为，如果把障碍调高到 120 cm，结果肯定是失败。

无论现在或未来，调高增强标准的快慢与动物的实际能耐无关，不管它是不是只可能跳过 270 cm 高的长腿大马，也不管它平常是否跳过 130 cm 高的牧场围栏。调高增强标准的快慢与你透过塑形过程达到的沟通效果有关，如果动物清楚你的增强原则，就可以早点调高标准。

每次调高增强标准时，你便改变了规则，所以你必须让训练对象有机会发现，虽然规则改变了，但只要它多费点儿劲表现，仍然可以轻易获得增强物，而且继续维持旧标准的行为有时已经不管用了。然而它只有在达到新的增强标准时获得增强才能够学会这一点。

如果你把增强标准调得过高，要求它做出超乎过往能力的行为（不管它平常是否出现过这个行为），你都是在冒险，因为它的行为可能因此完全瓦解，它在跳跃过程中也很可能形成不良习惯，例如临阵拒跳或撞掉跳杆，你必须耗时费力才能根除这些不良习惯。所以塑造行为最快的方法（有时也是唯一的方法），就是调整增强标准时，调高的幅度必须很容易让动物持续进步，即使每次进步只有一点点。持续进步仍然比强求快速进步，可能失去所有良好表现的冒险做法更能快速达到你的终极目标。

（2）每次只针对行为的某项特性进行训练，不要企图同时塑形两项特性。这句话的意思并不是指在同一段练习时间内不能训练多种不同行为。在任何一种课程里，我们都可能先练习动作，然后练习速度。以网球练习为例，我们可能先练习反手拍，然后再练正手拍，之后再练习步法及其他，这么做可以减少单调无聊的感受。好的指导教师会不断变化练习项目，当一个项目有些进步后就换到下一个项目。

不过，训练每项行为时，你应该每次只针对一项增强标准做练习。假如训练海豚溅水，如这次因为水溅得不够高而不给增强物，下次又因溅错方向还不给，海豚将无法领悟出希望它做什么。一份增强物无法传达两种信息，因此应该先对溅水的高度进行塑形，直到满意为止，然后针对溅水的方向（不管溅水的高度）进行塑形，直到它学会了溅水的方向，等到两项增强标准分别达成之后，才能要求它同时达到这两项标准。

（3）进行塑形时，先“变化性增强”目前符合增强标准的行为，然后提高增强标准。许多人自始至终都反对在训练时使用正增强物的概念，他们认为，这么一来，宠物可能一辈子都得给零食才能获得好行为。但事实正好相反，利用增强物的训练方法其实可以使你解脱，不再需要时时留意这个行为是否发生，这是“变化性增强”发挥的作用。

变化性增强的意思是指一个行为有时会被增强，但有时不会。当我们进行教导行为时，通常采取连续增强，意思是增强所有符合要求的行为，但是如果只是想维持行为的出现，偶尔才会给予增强。

然而，当利用厌恶刺激做训练时（多数人刚开始训练时都会这么做），通常会学习到一个原则。每当动物出错或行为不佳时务必进行纠正，如果不这么做，行为就会越变越糟。许多犬被牵引绳牵着时，因为可能会被猛抽处罚而表现得很乖，但是只要一放开牵引绳，它们的行为就变得极不稳定。许多青少年和朋友外出时都会做一些不敢在父母面前做的事，这是因为他们完全明白在什么环境下处罚不会出现，这就是“阎王不在，小鬼作怪”的道理，这也是厌恶刺激做训练的副作用之一，既然处罚意味着“不可以这么做”，缺乏厌恶刺激的意思就是“现在可以做了”。相反，正增强的训练方法不仅不必增强每个正确反应，而且在学习过程中还必须偶尔忽略反应不增强。

塑形法的重点在于选择性地增强某些反应，这样动物的反应才会一点一滴地改善，直到达到新的目标。所有行为都非一成不变，当预期出现的增强物被跳过省略时，接下来出现的行为将会有些不同，因此偶尔省去增强物的做法可以让你挑选出表现较强烈或较佳的反应，这种做法称为“区别性增强”，即只选择某类反应增强，例如增强符合“较快”“较长”或“面朝左”等要求的反应。

但是对经验不多的学习者而言，原本一直能够获得预期的增强物，现在却突然得不到了，这个情况可能让学习者大感吃惊。例如幼犬坐下来，你按下响片就给零食，它坐下的动作越来越迅速，表现出越来越开心的样子，“你看！我坐下了！按响片吧！”突然间，有时候坐下却不管用了。如果你的幼犬尚未学习接受偶尔不会出现增强物的状况，它很可能会失望地放弃，或者退步回到原来表现较差或较为迟疑的反应。

在学习阶段短期使用这种间歇性增强时只有另外一个好处，如果你的训练对象能够容忍偶尔给增强物的情形，当你不增强某个原本足以增强的行为时，学习者不但会重复这个行为，而且第二次的行为很可能会更为剧烈。“嘿！我做到了，你没看到吗？你看，我又做了一次！”这个加剧后的行为称为“削弱突破现象”，它可以让你更快达到目标行为。精通塑形法的人为了激发更不同或更强烈的反应，甚至可能刻意不给增强物，犬类行为学家盖瑞·威尔克斯称此技巧为“利用削弱突破”。

当训练对象学习到增强物跳过一次没给并不代表行为做错了，只是代表它可能需要再试一次时，塑形过程便由连续增强转为区别性增强(挑选更好的动作、更长的时间、越快达成行为的反应等)，然后转回连续增强(当完美行为出现时，专有名词称此为“符合增强标准”的行为)，这时已没必要故意采取间歇性增强，因为训练对象已经能够忍受变化性增强了。

最后，当行为的各项特性都达到满意程度时，它通常已经变成动物能够自然出现的行为之一。你可以要求这个行为成为其他更复杂行为的一部分，把标准动作、速度与距离等都融合成一个大行为(比如参加赛跑、执行任务或进行每日活动)，这个大行为即成为受到增强的行为，这时你可以将它转为间歇性(或维护性)增强，只要偶尔按下响片或说声“谢谢!”，即可维持行为的流畅表现。高频率正增强方式(训练初时可能经常按响片给予食物的频繁动作)这时就可保留起来，等到训练新行为时再运用。

(4)针对某项行为特性采用新的增强标准时，要暂时放宽其他特性的旧增强标准。学过的东西不会被忘记，但是处于吸收新技能的压力下，原来已学习得很好的行为有时也会暂时瓦解。例如，有一次在某歌剧的首次着装预演时，指挥家因为合唱歌手连连唱错而大发雷霆，他们好像全然不记得自己辛勤练习之后的歌唱成果，这是因为他们第一次穿着厚重戏服、站在梯子上，而且必须边动边唱，适应新要求的过程暂时干扰了先前学成的行为，等到预演快结束时，他们的音乐学习能力又重现了，并不需要有人从旁指导。海豚驯导师称这种现象为“新水池症”——当海豚移入新水池时，你可以预期它会“忘记”所有它知道的行为，直到它“适应”了这个新水池为止。在新情境下，如果你因为训练完成的行为出错而指责自己或其他人(或其他动物)，这便是很糟的训练方式。通常此类错误可以很快自我更正，而指责则容易导致动物情绪不安，而且有时容易聚焦在错误上，使错误更难改掉。

(5)永远抢得先机。进行行为塑形时，必须事先完善计划整个行为塑形过程，这是为了确保当动物突然大幅度进步时，你仍能知道下个要增强的动作是什么。海豚驯导师曾经花 2 d 时间塑形一只刚捕捉到的海豚跳过一根高出水面几十厘米的横杆。当这个行为训练得很好之后，他把横杆调高了十几厘米，海豚不但立刻跳了过去，而且轻而易举。很快地，驯导师把横杆越调越高，这只刚学习跳跃的海豚在 15 min 内已经能跳过高 270 cm 的横杆。

这类“突破性”的塑形表现随时可能发生，在人类身上当然也能看得到这种现象，许多高智商动物也不例外，人或动物突然对自己被要求出现的行为“恍然大悟”(以上例来说，是跳得更高一点儿)，于是便照做了。虎鲸以能够达到塑形目标的能力而著名。虎鲸驯导师说：“只要把行为写在黑板上，再把黑板放在水里，虎鲸就会按要求表现，完全不需要训练它们。”

当动物突然出现大幅度进步时，驯导师可能会因此措手不及。原本打算要从 A 行为训练成 B 行为，可是动物只经过两次增强就突然表现出完美的 B 行为，这时驯导师心中最好先有个底，知道接下来要做 C 行为和 D 行为，否则将会不知道接下来要增强哪个行为。

对受驯对象而言，行为的突破常是件令人兴奋的事，动物似乎也很喜欢“啊！我知道了！”的感受，而且它们常会冲来冲去，表现出兴高采烈的样子。因此行为出现突破时便成为能够迅速大幅度进步的黄金契机，如果驯导员未做好准备，不知道接下来该做什么，使动物一直维持在低水准的表现，除浪费时间外，最严重的伤害可能是使动物打消动机或感到厌烦，于是它将来工作的意愿便会降低。

(6)塑形中途不可更换训练者。塑形过程中撤换训练者将冒着让进度变慢的风险，不管移交时多么仔细讨论过增强标准，但每个人的要求标准、反应时间以及期望进步的程度一定会有些差异。训练对象在适应这些个别差异之前，最终影响的就是使动物丧失被增强的机会，在某种程度上这也是种“新水池症”。

每个训练对象当然可以有多位不同的教师，由不同教师教授语文、算术或足球并不会有什么问题，但是学习单一行为时，在塑形期间或半知半解期间，逐步提高的增强标准最好能维持一致性，每次必须由同一位教师负责塑形某一个行为。举例来说，家中若有两个孩子和一只犬，两个孩子都想教犬把戏，你可以让他们去教，但是他们得教不一样的把戏，免得可怜的犬困惑不已。

(7)当一训练项目停滞不前时，就要寻找另外的方法。所有的训练计划都是人类单方面的构思，只是“一厢情愿”，就算与动物有着密切的关系及信任，但是在沟通上始终都不可能完全地了解。因此就存在着许多的问题，会使训练受阻。例如，一头曾被棒子打过的犬，你收养了它，建立了非常好的关系，但你不了解它的经历背景，你尝试用一目标棒去引导它做出某一行为，曾是朋友的它会完全失控。这是因为它曾有着极不快乐的经历留在脑海之中，这就是经典条件作用留下的烙印，这将令训练停滞不前。操作性行为训练的特征之一就是给予动物选择的权利。如果你是一位正强化的驯导员，你知道行为训练是双向的，可以很快地察觉到动物的反应，评估你原有的训练计划，带领你的朋友渡过这一难关。你可将原有的长目标棒改成短目标棒，把原有的较远距离改为近距离。当你循序渐进地教导时，你的动物朋友逐渐地认识到今日今时的棒与那时的棒不同，是一根能给它带来好结果的棒。

(8)不可无故中止训练。这项原则也适合平常在家里临时对孩子的塑形行为，如称赞学校作业、欢迎返家的人、鼓励孩子等。这种非正式的塑形行为有时增强这里、有时增强那里。然而在较正式的情况下，例如授课或塑形动物的某个行为时，在训练时间结束之前，训练者应该专注在训练对象或课程上，这不只是礼貌或良好的自律行为，也是一种绝佳的训练技巧。当训练对象试着获取增强物时，与训练者就已有了一个协定，如果这时候训练者开始与路人聊天、接电话等，建立起来的协定便被破坏，增强物停止出现并非由于训练对象犯了错，这种做法造成的伤害可能远比训练者单纯错失增强好时机更加严重，它可能无意中处罚了一些当时出现的良好行为。

当然，如果想向训练对象表达责备之意，“移除注意力”是个好方法。海豚驯导师称此为“暂停时间”，用来纠正错误行为，如把装鱼水桶拿起来离开 1 min 是少数几个用来对海豚表达“不行！”或“错了！”的方法之一，通常非常有效。移除注意力是很有效的工具，所以不要草率滥用或不当使用。

(9)如果行为越表现越差,请回顾所有塑形的步骤。我们都知道在多年荒废之后再度尝试说某种语言、背诵某首诗或骑脚踏车时那种非常不安的感觉。有时外在因素会暂时使熟练的行为消失,例如上台紧张而无法好好讲出背得很熟的演讲词,或是跌倒而严重影响攀岩能力。有时候后学习的内容会遮蔽掉原来所学过的内容,或者与其抵触,因而出现混合出现的情况,就像你努力想说出某个英文单词,但却说出汉语一样。

有时处罚或其他不好事件的副作用会干扰相关的行为。身为律师的爱犬人士摩根·史贝克特提及某次服从竞赛时,每只比赛的犬都避开某个特定赛场角落,那里藏有什么不好的事吗?只有那些犬才知道答案。

有时已经训练良好的行为仍会变得很差,而且永远找不到原因。如你的犬在服从竞赛中一向表现杰出,但这次它竟然在 3 min 坐下等待的比赛项目中起身,游荡到赛场外头,谁知道原因?有人在乎原因是什么吗?这种时候,你需要的不是合理的理由,而是有效的解决方法。修正这类退步最快的方法不是硬碰硬,不应坚持训练对象的行为一定得完全恢复到令你满意为止,也不应坚持在完全恢复后才予以增强。正确的做法是回想所有塑形的过程,并且很快地重新经历塑形的步骤,到新情境(在公共场所、在雨中等)中进行增强。每个步骤只要增强 1~2 次就好。

(10)在训练进展很好时停下训练。每次塑形训练应该多久,取决于训练对象的专注力。猫似乎在十多个增强物之后就会变得烦躁,所以训练 5 min 可能已经算是相当久了,训练犬和马匹可以久一点。结束训练的"时机"比停止训练的"时间点"来得重要,你永远都应该在训练进展很好时结束训练,不但每回训练都应该这么做,而且每回训练到不同阶段(将改换训练下个行为时)也应该这么做,也就是说,只要达成了一些进步就停止。

最后达成的行为会记得最清楚,所以你必须确定最后一个行为是值得增强的好表现。但见到三四个好反应时(如犬完美拾回指定物件),我们常会兴奋过头而想一看再看或一做再做,所以一次又一次地重来,设法重现佳绩。但这只会很快让训练对象疲累、行为变差、不断出现错误。身为训练者,要强迫自己见好就收,这需要有些胆识才做得到。这样你可能在下次练习时发现,训练对象与上次结束练习时相比,表现更佳。

三、宠物训练的基本原则

1. 循序渐进,先易后难

对宠物完成某一动作的训练,必须遵循不可急躁冒进的原则。每一个完整的动作都不是一次就能完成的,必须经历一个循序渐进、先易后难的训练过程。如衔取动作包括了"去、衔、来、左侧坐、吐"等一系列条件反射,才形成一个固定的动作,以后只要听到这一体系中的第一信号,犬就会自觉完成这一系列动作。在完成动作训练(或称能力培养)过程中,一般应经过以下 3 个阶段。

第一阶段:培养宠物对于口令建立基本条件反射阶段。此阶段只要求宠物能根据口令做出动作。此时,由于是初步建立条件反射,训练场所必须清静,防止外界刺激的诱惑和干扰。对宠物做出的正确动作要及时奖励,不正确的动作要及时而耐心地纠正。

第二阶段:条件反射复杂化阶段,即要求宠物把每一个独立的条件反射有机地结合起来。此时,环境条件仍不应复杂,但可在不影响训练的前提下经常变换环境,提高宠物的适应能力。

对不正确的动作和延误执行的口令，必须及时纠正，用强制手段适当加强机械刺激的强度，对正确的动作一定要奖励。

第三阶段：环境复杂化阶段，就是要求宠物在有外界引诱的情况下仍能顺利执行口令。在进行鉴别训练时，为使宠物的大脑活动保持高度集中，仍应在安静的环境中训练，以免影响鉴别的准确性。同时，因宠物而异，遵循训练条件难易结合、易多难少的原则，培养宠物适应复杂环境的能力。

2.因宠物而异，因个体而异，分别对待

宠物种类不同，其性格和神经类型也不相同，即使是同一种动物，也应对不同个体采取不同的训练方法。

(1)宠物犬的训练　宠物犬的训练，因不同的神经类型而有所差异。

①兴奋型犬。这种犬的特点是兴奋性强，抑制性弱，形成兴奋性条件反射快而且巩固，形成抑制性条件反射慢并且易消失。因而，在训练中主要是培养、发挥其抑制过程，不要急躁冒进，以免引起不良后果。

②活泼型犬。这种犬的特点是兴奋和抑制过程都很强，转换也灵活，训练中形成兴奋和抑制性反射都很快。对于这类犬要使用适当的训练方法，若训练方法不当，易产生不良联系。

③安静型犬。这种犬的特点是兴奋和抑制过程都较强，但转化灵活性较差，其抑制过程相对要比兴奋过程稍强。也就是说，在训练过程中形成抑制性条件反射较快，而且形成的反射也较巩固。所以，在训练中应着重培养犬的灵活性，适当提高其兴奋性。

④被动防御反应型犬。这种犬的特点是遇到惊吓或害怕的事物，就会采取消极的被动防御，影响训练的进行。对于这种犬，主人(或驯犬员)接近时，一是要用温和的音调和轻巧的动作，防止使其突然受到惊吓，导致其长期不敢接近主人(或驯犬员)而影响亲和关系的建立；二是遇到犬害怕的事物，要采取耐心诱导的方法，使犬逐渐消除被动状态。

⑤探求反射较强的犬。这种犬对于周围环境中的某些新异刺激很敏感，经过多次接触，仍不减退和消失，这与犬的灵活性和适应性不良有关。对待这种犬，平时应注意多进行环境锻炼，使其逐步适应。每次训练前，先让犬熟悉环境，尽量选择清静、无外界刺激诱惑和干扰的训练场地。训练中当犬出现探求反射时，主人要设法把其注意力引到训练科目上来，也可适当使用强制手段抑制探求反射。

⑥对食物反应强烈的犬。对于这种犬应充分利用其所长，多用食物刺激法进行训练。但对食物反应强烈的犬，容易接受各方来的食物，影响有关科目动作的建立。一只训练良好的警犬或玩赏犬，应能拒食别人给的食物和不随地捡食。因此，要加强“禁止”训练，使犬养成良好的习惯。

⑦凶猛好斗的犬。这种犬基本上属于兴奋性高的犬，要适当加强机械刺激，强化其抑制过程。在管理训练中要严格要求，加强依恋性、服从性和扑咬训练，以充分利用其所长，但要防止它乱咬人、畜。对于少数凶猛而胆小的犬，应加强锻炼，防止它受到过分刺激，使它逐渐变得胆大。

此外，还可能遇到其他类型的犬，一定要根据不同的情况分别对待，训练时要扬长避短，循序渐进，巧妙地应用条件反射与非条件反射的刺激加以训练。

(2)观赏猫的训练　猫的独立性格很强，自尊心也很强，不愿听人摆布，所以训练时要和蔼，像是与猫玩耍一样。即使猫做错了事，也不要过多的训斥和惩罚，不然猫对训练有了厌恶性反射，将影响训练效果。

训练猫的最佳时机是在喂食前，因为进食的猫愿意与人亲近，愿意与人沟通，食物的诱惑会使猫的训练变得容易。

(3)观赏鸟的训练　驯鸟者要根据鸟的形态、习惯和特长，做到扬长避短、因势利导，最终的目的是使“鸟尽其才”。如让舌短而软的鸟学说唱、让凶猛的鸟学捕猎，利用鹦鹉嘴和爪能握物的特点训练其爬梯子等。

3. 八分规则

在训练宠物时，初学者经常会感觉训练的进度不如自己想象的快，怀疑自己的方法是否正确，或是自己的宠物智商是不是存在问题等，其实这种想法只是驯导员由于缺乏经验而产生的自我动摇而已。对于初学者而言，如果能把握“八分规则”，就可以增强自己训练的信心，一步步走向熟练、成熟。

所谓“八分规则”，就是当你有八成的把握宠物会做出你要求的动作时，你就可以对它进行下一步的训练了。例如，我们在训练犬“转圈”的项目时，先要训练犬去触碰目标棒，当我们喊出“碰”的口令后，十次中有八次犬完成了主动去触碰目标棒时，就可以进行下一步训练了。如喊出“碰”的口令后，在犬去触碰的瞬间，移动目标棒，让犬跟随目标棒转一个小圈。

在训练时达到八成就可以进行下一步，而不是非要达到十成，因为宠物在训练中受各种因素的影响，很难有 100％的稳定情绪和稳定发挥，总会有各种各样的意外，所以能有 80％的成功率就算是比较稳定的了。只有在训练达到一定程度后，宠物的训练才可能出现更高的成功率。

“八分规则”既是确定的口令对宠物的行为有意义的规则，又是增强训练的时长、距离，或进入更复杂训练的一种标志。

4. 强化原则

宠物训练的过程也是强化其行为的过程，对宠物的强化要遵循以下原则。

(1)连续强化　在每个项目刚开始训练的时候采用。每当宠物有正确的行为或动作时都及时地给予强化对宠物很重要，它能够大大地提高宠物训练的兴奋性和信心。如用塑形法训练犬坐下，刚开始时，只要犬坐下就给予奖励，经过数十次、数百次这样简单的动作重复，犬的坐下能力就很稳定了，即使现在加入新的动作难度或进入复杂的环境时它也能执行。

(2)间隔强化　在训练进行到一定程度后，不是宠物做出的每一个正确动作都给予奖励，而是当宠物能成功地完成三次或四次动作后才给予奖励。

(3)随机强化　随着间隔强化的使用增多，宠物理解“只要做，迟早会有奖励”时，在宠物多次做出正确行为或动作后，随机给予奖励，宠物就会有更好的动机做出相应动作。按照这样的进程进行训练，就能不断地接近所期望的训练目标。

四、宠物训练的注意事项

每位宠物爱好者都希望自己有一只听话、能按主人意图办事的宠物，这就要进行适当的训练。训练效果的好坏，除与犬、猫的素质有密切关系外，驯导员也应遵守以下几点。

(1)驯导员一定要有耐心和毅力，切勿急躁和粗暴。有的宠物领会主人的意图比较迟缓，而有的宠物生来就有“反叛”心理，如果某些动作一时教不会，采取粗暴的行为时(如谩骂、踢打等)，反而会引起宠物的畏缩和惊慌。

(2)要坚持到底，不能半途而废。不要希望所有的宠物都是"天才"，很多动作都是靠习惯养成的。因此，训练中必须反复多次地进行，直到宠物学会、做对为止，切勿中途放弃或迁就。

(3)驯导员只能由一人担任，特别是驯犬时，切忌因多人训练造成口令和要求各异而使犬无所适从。即使一人训练时，也应前后口令相符，不能任意改变。任何禁止的口令，都不能"破例"。

(4)训练口令必须简短明了，一般要求不超过 3 个字。如果口令冗长、复杂，易使宠物混淆不清。训练中如能配合手势和表情则更好。

(5)每次训练的时间不要过长，最多不超过 15 min。凡是宠物做对动作时，要及时给予奖励(抚摸、表扬或给它爱吃的东西)。

五、 影响宠物训练的因素

(一)宠物神经活动的影响

宠物的神经活动，除有益于训练的非条件反射和条件反射外，还有非条件抑制和条件抑制。抑制和兴奋是神经活动的两个方面，这两个方面对有机体的生命活动是同等重要的。训练中可以借助神经系统的抑制过程来消除宠物的某些不良联系。此外，抑制过程还可以保护大脑皮层神经细胞不致过度疲劳和被破坏。

1. 非条件抑制

非条件抑制和非条件反射一样，都属于先天遗传的本能活动，也可以认为是一种抑制性的非条件反射。非条件抑制又可以分为外抑制和超限抑制。

(1)外抑制　在宠物的神经系统中，由新异刺激作用所引起的新异神经活动，对于原来兴奋性反射活动的抑制现象，称为外抑制。外抑制也就是我们通常遇到的一种活动的出现对原来活动的制止现象。例如，正在训练的犬做某一动作时，突然在犬周围出现了犬所不习惯的刺激，如行人、车辆、路过的犬、膀胱膨胀、饥饿、局部炎症等，这种刺激立即就引起了犬的探求反射，致使犬停止正在表现的动作，导致训练中断。外抑制的产生，主要是因为新异刺激的作用在犬的大脑皮层内引起比较强的兴奋过程。同时，在这一兴奋过程的周围产生很强的抑制过程，如果发生条件反射的兴奋部位正处于这一抑制区域内，就会失去兴奋效应而变为抑制。

条件反射受外抑制影响的程度是不一样的，新建立的、不巩固的条件反射受到的影响较大，已巩固的条件反射受到的影响小。新异刺激的程度越大，影响越大；新异刺激的程度越小，影响越小。因此在训练的初期，要尽可能地选择新异刺激较小的环境进行训练，以避免宠物产生外抑制。当宠物能顺利地按照口令和手势做出动作时，再逐渐地进入比较复杂的环境进行训练。

能引起宠物外抑制的刺激有些是可消退的刺激，有些则是不可消退的刺激。如生疏环境、行人、路过的其他动物等，都是宠物可以习惯而不致影响训练的。而雌性宠物发情、发病、便意等刺激则是永远可以产生外抑制现象的。因此，对于那些可消退的外抑制，应用适当的锻炼来加以清除，而对于那些不可消退的外抑制应加以预防和避免。

(2)超限抑制　由于刺激的强度过强,超过了大脑皮层神经细胞功能的限度而产生的抑制,称为超限抑制。超限抑制具有保护功能,能防止皮层细胞的活动能力遭到破坏。过分频繁而单调的刺激作用也能引起超限抑制。

大脑皮层神经细胞兴奋性的提高是有一定限度的,因而当刺激强度超过这一限度时,不但不能增强其兴奋反应,反而会显著降低或不再发生兴奋反应。强度超限越大,其抑制过程也越深。例如,突然而强烈的声响,如雷声、炮声等,可能引起某些犬在数日内完全处于抑制状态,不仅条件反射被抑制,而且连某些非条件反射也受到抑制,甚至可能还会引起神经症状的产生。

在训练中,过分大声的口令或过于频繁地重复同一动作的训练,不仅不能使宠物做出正确的动作,反而会导致超限抑制的产生,使训练效果越来越差。当宠物产生超限抑制后,经过一段时间的休息,宠物又能非常兴奋而顺利地做出动作,这是犬的神经系统从超限抑制中恢复的缘故。在宠物训练中,当发现宠物由于频繁训练出现超限抑制时就要果断停止训练,让其休息。

2. 条件抑制

条件抑制是后天获得的,只有在一定的条件下才能产生。它是在大脑皮层发生条件反射的相应中枢内,由原来的兴奋过程本身主动而逐渐地转化和发展起来的,因此又被称为内抑制。条件抑制按其发生条件的不同分为消退抑制、延缓抑制和分化抑制等。

(1)消退抑制　已经形成的条件反射,如果只使用条件刺激,而始终不给予相应的非条件刺激强化或使条件刺激的作用长期停止,就会逐渐地趋于消退。消退的实质是由于大脑皮层原来产生条件反射的中枢内,由条件刺激所引起的兴奋状态因条件的改变而转化为抑制状态了。这种转化而来的抑制被称为消退抑制。

例如,在训练中结合“好”的口令使用食物强化,对宠物形成了条件反射,“好”的口令就具有了食物到来的信号意义,能引起宠物的食物反应。但是,长期地只单独使用“好”口令,而始终不用食物强化,“好”的口令就会逐渐失去条件刺激的信号意义,宠物就不再对“好”的口令产生兴奋,而产生抑制,这种现象就是消退抑制。因此,在训练中,对于那些已训练好的动作,要特别注意适当地给予强化,使其巩固,避免消退。同时,也要对宠物产生的不良联系及时进行消退。

在形成消退抑制过程中要注意以下现象。

①在消退某条件反射的同时,可以看到其他未被消退的条件反射受到不同程度的抑制影响。

②在进行消退抑制的过程中,如果有新刺激出现,就会使已获得的抑制过程被解除,原来的条件反射又重新恢复,这种现象被称为解除抑制。当新异刺激及其残留的痕迹作用消失后,就不再有这种影响了。

(2)延缓抑制　延缓抑制是指延长条件刺激与非条件刺激结合的间隔时间而发生的抑制。在形成条件反射的基本条件中,所采用的某一无关刺激的作用必须早于非条件刺激的作用 1～2 s。但是,现在把这一无关刺激不是提前 1～2 s,而是更早,甚至几分钟,然后再给予非条件刺激强化,结果就使宠物兴奋性反应总是在间歇时间终了、接近强化时才出现。之所以如此，就是因为在兴奋性反应出现之前的几分钟内，宠物大脑皮层的相应部位是处于抑制状态的。

延缓抑制是培养忍耐力的基础，特别对于培养犬的忍耐力是有很大意义的。例如，训练犬坐延缓或卧延缓时，就在犬的大脑皮层的相应部位发展着延缓抑制。延缓抑制形成的速度及其巩固性取决于多方面的原因，如安静型的犬就比兴奋型的犬易于形成和巩固。正处于高度兴奋时，延缓抑制就很难形成，连续使用延缓抑制就会使抑制过程比原来加深。

（3）分化抑制　对两种或两种以上的近似刺激，采取强化与不强化相比的方法，使犬对不强化的刺激产生的抑制称为分化抑制。在形成条件反射的过程中，宠物对条件刺激和相似的刺激都会发生兴奋性反应（泛化），但随着条件刺激不断受到强化，其他相似刺激得不到强化而逐渐归于消失。其结果就使宠物只对受到强化的条件刺激发生兴奋性反应，而对其他不受强化的相似刺激产生抑制，这就是分化抑制的形成。

分化抑制是宠物对外界复杂多变的刺激加以精确分析的基础。如犬能对每个人的气味以及其他各种气味加以精确的区分辨别，就是由于在其大脑皮层中发生分化抑制的结果。分化抑制的形成主要取决于以下因素。

①与动物的神经类型有关。如兴奋型的犬要比活泼型和安静型的犬形成得慢。

②条件刺激和分化刺激的性质及相似程度。相似程度的差别越大，分化抑制形成得就越快。

（二）主人的影响

在影响宠物训练的诸多因素中，主人对训练的影响最大。宠物时刻都与主人生活在一起，接触机会最多，这就增加了宠物对主人的依恋性，在很大程度上受主人支配。主人的外貌，如面部表情、思想情绪、行动、声音、气味等都可成为对宠物的各种刺激因素，并可形成各种条件反射，如果处理不当，就会直接影响训练效果。

1. 对宠物要求过高

每次训练对宠物的要求过高，会使训练受挫，甚至使宠物受到损害。如宠物在无意中做错了事，主人用威胁的音调批评，并用绳子抽打以示惩罚，这样，以后宠物再见到主人不但会躲避，甚至还会逃跑。

2. 将训练用口令与同宠物谈话的语句混同使用

一方面，使宠物难以对口令形成条件反射；另一方面，不必要的语言成为宠物的新刺激，引起宠物的探求反射，影响它按照口令来执行训练的正常步骤。因此，训练必须在清静的场地进行。

3. 训练中不遵守“因宠物而异，分别对待”的原则

有些宠物主人总是凭经验训练宠物，不考虑宠物的种类、个体的差异，都用同一种方法、同一种条件进行训练，这样只能使宠物对信号进行极简单的执行。

4. “超限”训练

当其他人的宠物训练科目进展较快，而自己的宠物进展较慢时，有些宠物主人会觉得丢面子，对宠物的训练操之过急，长时间地令宠物重复同一动作或同一科目。这样，将导致宠物的

神经系统过度疲劳，不但不能缩短训练过程，反而拖延训练时间。

5. 不适当的奖励

奖食、抚摸或“好”的口令，可以对宠物的训练起到奖励和强化的作用，但不科学地使用奖励，却会起到相反的作用，因为这模糊了正确与错误的界限。因而，奖励必须有明确的目的性和针对性。

(三)气候与环境对宠物训练的影响(警犬、军犬)

1. 气候

风向、风速、风力都可影响训练的效果，尤其对犬的嗅认能力和气味鉴别的影响更大。如风向、风力可影响气味的传送，改变迹线气味的方向和降低气味的浓度，或混淆鉴别物品的气味，风向还可帮助或阻碍口令声音的传播。

2. 气温

气温升高超出宠物的正常适应限度时，会使宠物的神经系统产生疲劳。如气温在 25 ℃时，犬呼吸加快，神经的兴奋性降低，影响训练效果。当气温在 0 ℃以下时，气味不但不能上升和蒸发，反而逐渐下沉并浮于地表，以致与地面冻结在一起，会明显地影响追踪、搜索等训练的进行。

3. 湿度

湿度过大，会影响气味的保留和传送，如大雨、大雪不仅能冲刷掉物品上的气味，也可覆盖住气味，使其消失。湿度过小(如长期干旱)，能使气味的传送和蒸发加快，保留时间较短。

4. 环境

训练场地的周围环境条件复杂，如人员、车辆、畜禽流动量大的地带，各种刺激不仅多，而且复杂，难以辨认，也可被其他气味掩盖。此外，不同地带保留气味的程度也不同。一般来说，草地、松土和树林保留气味效果较好，而水泥地、柏油地、无草木的秃山地等保留气味的时间较短。

(四)饲养、管理对宠物训练的影响

1. 饲养

饲养与训练有密切的联系，只有正确地饲养，才能保障宠物有充足的精力和充沛的体力来参加正常的训练。如餐具不洁、不消毒，饲料不新鲜、有刺激性，或喂给腐败变质的食物，饲料过热或过凉、不定量、不保持一定的营养标准，以及不给饮水等，都能影响宠物的正常训练。

2. 管理

管理对宠物训练效果影响较大，特别是在犬的管理中，切不可任意交给他人管理。要密切注意犬的行动，防止误咬事故的发生，培养犬的良好习性，做好卫生工作及防止私自交配等，以提高训练水平。

知识拓展

宠物驯导师国家职业概况

1.职业名称

宠物驯导师。

2.职业定义

通过训练培养宠物的良好习性、使其完成指定动作和任务的人员。从事的工作主要包括：

(1)运用科学的方法对宠物进行有目的的训练,使宠物完成人的指令、动作。

(2)把握宠物的心理及性格,带宠物到赛场参加比赛,通过人和宠物的配合,使其在赛场上发挥最佳魅力。

3.职业等级

本职业共设五个等级：五级宠物驯导师、四级宠物驯导师、三级宠物驯导师、二级宠物驯导师、一级宠物驯导师。

4.职业环境条件

室内外,常温。

5.职业能力特征

具有较强的表达能力、沟通能力、判断能力。

6.基本文化程度

初中毕业及以上。

7.培训要求

(1)培训期限 全日制职业学校教育,根据培养目标和教学计划确定。晋级培训期限：五级宠物驯导师不少于150标准学时；四级宠物驯导师不少于200标准学时；三级宠物驯导师不少于300标准学时；二级宠物驯导师不少于420标准学时；一级宠物驯导师不少于600标准学时。

(2)培训教师 培训五级、四级宠物驯导师的教师应具有本职业三级宠物驯导师及以上职业资格证书或相关专业中级及以上技术职务任职资格；培训三级宠物驯导师的教师应具有本职业二级宠物驯导师及以上职业资格证书或相关专业中级及以上技术职务任职资格并任职2年以上；培训二级宠物驯导师的教师应具有本职业高级宠物驯导师职业资格证书或相关专业高级专业技术职务任职资格,培训一级宠物驯导师的教师应具有本职业一级宠物驯导师职业资格证书2年以上或相关专业高级专业技术职务任职资格2年以上。

(3)培训场地与设备 能满足教学需要的标准教室和实操训练场地,备有教学所需的宠物体、教学工具品种齐全,具备教学所需电子设施仪器。

8.鉴定要求

(1)适用对象 从事或准备从事本职业的人员。

(2)申报条件

五级宠物驯导师(具备以下条件之一者):

①经本职业五级正规培训达到规定标准学时数,并取得结业证书。

②连续从事本职业工作1年以上。

四级宠物驯导师(具备以下条件之一者):

①取得本职业五级宠物驯导师职业资格证书后,连续从事本职业工作1年以上,经本职业四级宠物驯导师正规培训达规定标准学时数并取得结业证书。

②取得本职业五级宠物驯导师职业资格证书后,连续从事本职业工作2年以上。

③连续从事本职业工作3年以上。

④取得经劳动保障部门审核认定的,以四级/中级技能为培训目标的中等以上职业学校本职业(相关专业)毕业证书。

三级宠物驯导师(具备以下条件之一者):

①取得本职业四级宠物驯导师职业资格证书后,连续从事本职业工作2年以上,经本职业三级宠物驯导师正规培训达规定标准学时数并取得结业证书。

②取得本职业四级宠物驯导师职业资格证书后,连续从事本职业工作3年以上。

③取得高级技工学校或经劳动保障部门审核认定的,以高级技能为培训目标的职业学校本职业(相关专业)毕业证书。

④取得本职业四级宠物驯导师职业资格证书的大专以上本专业或相关专业毕业生,连续从事本职业工作2年以上。

二级宠物驯导师(具备以下条件之一者):

①取得本职业三级宠物驯导师职业资格证书后,连续从事本职业工作3年以上,经本职业二级宠物驯导师正规培训达规定标准学时数并取得结业证书。

②取得本职业三级宠物驯导师职业资格证书后,连续从事本专业工作4年以上。

③取得本职业三级宠物驯导师职业资格证书的高级技工学校或高等职业院校本职业(专业)毕业生,连续从事本职业工作2年以上。

④参加国际级技能竞赛前十名获奖者;国家级技能竞赛前八名获奖者;省级技能竞赛前五名获奖者;地市级技能竞赛前三名获奖者。

一级宠物驯导师(具备以下条件之一者):

①取得本职业二级宠物驯导师职业资格证书后,连续从事本职业工作4年以上,经本职业一级宠物驯导师正规培训达规定标准学时数并取得结业证书。

②取得本职业二级宠物驯导师职业资格证书后,连续从事本职业工作5年以上者。

③取得本专业高级专业技术职称资格,现从事本职业工作的人员。

(3)鉴定方式　分为理论知识考试和技能操作考核。理论知识考试采用闭卷笔试方式,技能操作考核采用现场实际操作方式进行。理论知识考试和技能操作考核均实行百分制,成绩皆达60分以上者为合格。二级宠物驯导师和一级宠物驯导师还需进行综合评审。

(4)考评人员与考生配比　理论知识考试的考评员与考生的比例为1:20,每个标准教室不少于2名考评人员;技能操作考核的考评员与考生的比例为1:10,且不少于2名考评员;综合评审委员不少于5人。

(5)鉴定时间　理论知识考试时间为60 min;技能操作考核时间为30 min;综合评审时间为不少于30 min。

(6)鉴定场所与设备　理论知识考试在标准教室进行。技能操作考核在具有必备的设备、工具,通风条件良好,光线充足和安全措施完善的场所进行。综合评审在具备相应条件的小会议室进行,室内卫生、光线、通风良好。

复习与思考

简答题

1. 宠物的主要学习方式有哪些?
2. 怎样训练宠物建立和强化条件反射?
3. 宠物训练中常用的刺激有哪些?
4. 使用食物作为刺激应注意哪些事项?
5. 传统驯犬有哪些方法?
6. 响片驯犬有哪些方法?
7. 在响片训练中使用惩罚有哪些弊端?
8. 塑形的十大原则是什么?应该怎样理解?

项目七
宠物的选购

学习目标

知识目标

掌握选购宠物时应索取的相关文件；掌握选购宠物时应进行的相关检查内容和标准；学会宠物选购的方法。

能力目标

能够通过宠物的外貌、牙齿磨损程度等判断其是否健康，具备独立购买和检查宠物的能力。

素质目标

通过选购健康的宠物，启发我们做任何事都需认真思考，科学严谨，精益求精。

学习任务

宠物选购前的准备工作

任务一　宠物选购前的准备工作

一、宠物的选购途径

1. 繁殖场

正规的繁殖场是购买宠物的最佳地点，它们不仅可以提供优质的宠物，保证宠物的纯度，而且有较为严格的兽医卫生防疫制度，能保证宠物个体的健康以及饲养程序和技术专业化、标准化。离场前的宠物已注射疫苗。此外，正规的繁殖场都有较好的信誉，一旦出了意外，也可以找场方协商解决，但宠物的价格相对较高。

2. 宠物市场或宠物医院

这是目前宠物犬最主要的选购途径。在现有条件下，宠物市场的卫生、防疫、消毒和疾病控制措施离科学的要求还有一定的差距。从宠物市场购买的犬，较难保证已注射过疫苗，也较难保证犬的健康，一旦出了问题，无法有足够的证据要求销售者负责，在传染病的高发季节常出现新购犬在一周内生病的现象，这类犬称为“星期犬”。此外，宠物市场上购买的犬也无法得知宠物母代是否优良，只能靠外观来判断宠物的品质优劣。价格相对便宜是宠物市场购买的最大优势。

越来越多的宠物医院、宠物美容会馆等与宠物相关的店面都在进行宠物的买卖。宠物医院在进行宠物的买卖时有一定的优势，一些宠物医院的新老客户因对宠物医生的信任而更愿意从宠物医院购买宠物，但应注意购买时应将宠物放在笼中携带，不宜让宠物在宠物医院的地面走动，以防感染细菌或病毒，减少一些不必要的麻烦。

3. 个人繁殖者

到朋友家买犬，可知道宠物的父母代情况，知道宠物是否注射过疫苗，能保证所买宠物的健康，不会上当受骗，即使出现问题，也可以及时得到解决。此外，价格也容易商量。因此，如果是熟人，到朋友家购买是一个较好的途径。

目前很多家庭饲养主在自家进行宠物犬、猫的繁殖，并对外销售。在做好对母犬、母猫和幼犬、猫正常护理和防疫的情况下，保证幼犬、幼猫极高的成活率，购买这种宠物已成为越来越多人的首选途径。

4. 流浪犬收容所

目前，流浪犬的处置已引起人们的高度重视，各地也相继成立了流浪犬的救护中心、救助站或收容所，但大多是民间组织或个人创办，极少有政府行为。办理流浪犬领养必须经过严格的评估，确认领养者是否能够胜任领养，评估时会重点考查领养者的经济能力、饲养空间、领养目的及其家人的态度。领养程序一般为：犬主向受政府委托的宠物医院提出领养申请，并提供本人身份证、家庭成员、经济情况说明、宠物犬登记证，经过严格的评估后办理相关手续。

5. 网上购买

网上购犬的最大特点是品种繁多，可供选择的余地较大；缺点是网上图片有时不能反映犬的真实品质，常常与实物不吻合，上当受骗的可能性较大。

二、购买时应索取的相关文件

目前国内购买宠物时一般不附带相关文件，但如从国外进口或从国内少数纯种繁育场购买纯种时，应索取以下几个文件。

1. 血统证明

正规的宠物繁殖场应该具有血统证明，这相当于犬、猫的户口本。犬的血统证明包括该犬及其祖先三代的健康状况、训练成绩等记录，一般应有该犬的品种名、犬名、犬场名、出生时间、性别、毛色、繁殖者、同胎犬名、比赛和训练成绩、登记编号、登记者、登记日期等。

2. 预防接种和驱虫证明书(卡)

购买宠物时，应索取相关的材料。如未进行疫苗接种或驱虫，购买后应尽快在适当时间内到当地兽医部门进行预防接种和驱虫，并索取预防接种和驱虫证明书(卡)。如已进行过疫苗预防接种和驱虫，在索回预防接种和驱虫证明书(卡)后，应被告知何时需要再次进行预防接种和驱虫。每次接种和驱虫后都应在预防接种和驱虫证明书(卡)上做好登记。

3. 纯种犬、猫转让证明

为了防止出现宠物所有权归属的矛盾纠纷，在购买纯种犬、猫，特别是名贵品种的犬、猫时，一定要向宠物的原主人索取纯种犬、猫转让证明。

4. 食谱

在购买犬、猫时，最好索取一份犬、猫原有的食谱，以便在购得后逐渐改变食谱，让宠物适应新的饲料配方，防止因突然改变食谱引起犬、猫的消化不良。

5. 饲养手册

饲养手册中应包括该种犬、猫的常规饲养管理措施以及一些特殊要求，甚至包括该种犬、猫的美容护理、调教训练、疾病预防等方面的技术。

宠物的选购

任务二 宠物的选购

一、宠物犬的选购

(一)犬的年龄鉴定

目前多数人在购犬时选择幼犬，但也有少数人更倾向于成年犬，因此必须对犬的年龄进行准确的判断。犬的年龄主要根据牙齿的更替、生长情况、磨损程度、外形颜色以及体态、皮肤、肌肉松弛度、被毛、颜面和指甲颜色等进行综合判定。

1. 体态外貌

一般来说，犬出生后 3 个月左右开始换毛，6—8 月龄时接近成犬。成犬被毛光滑，富有光泽；6—7 岁时，嘴、唇四周开始出现白发般的老年毛，被毛粗糙；10 岁以上的犬的面部、下颌、背部开始出现白毛，被毛变得暗淡无光泽。

青年犬两眼光亮有神，行动灵活敏捷，充满活力，皮肤紧而有弹性；老年犬眼睛无光，行动迟缓，灵活性差，听力和视力下降，皮肤变干，口、耳、皮肤常发出难闻的气味。

此外，幼犬的指甲色浅，未有磨损，有时可见到血管或神经。青年犬指甲较坚硬，磨损适度。老年犬的指甲磨损现象较为严重，有时可通过指甲的磨损面看到空而干瘪的血管。通过体态不能准确地判断犬的年龄，只能大致判断出幼年犬、成年犬和老年犬。

2. 牙齿生长和磨损情况

准确地判断犬的年龄，应根据牙齿生长和磨损情况进行。

成年犬(恒齿)齿式为 2×[上颌(3 门齿)(1 犬齿)(4 前臼齿)(2 后臼齿)+下颌(3 门齿)(1 犬齿)(4 前臼齿)(3 后臼齿)]共计 42 枚。幼犬(乳齿)齿式为 2×[上颌(3 门齿)(1 犬齿)(3 前臼齿)+下颌(3 门齿)(1 犬齿)(3 前臼齿)]，共计 28 枚。犬牙齿全部是短齿冠形，上颌的第一与第二门齿齿冠为三尖峰形(中央齿为大尖峰，两侧齿为小尖峰)，下颌门齿各有大、小两个尖峰，犬齿呈尖端锋利且弯曲的圆锥形，前臼齿为三峰形，后臼齿为多峰形。

根据犬的牙齿生长和磨损情况来判断年龄的参数指标如下：20 天左右，开始长牙；4～6 周龄，乳门牙长齐；2 月龄，乳齿全部长齐，白而细亮；3～4 月龄，更换第一切齿；8 月龄后，全部乳牙脱落，换恒齿；1 岁时，恒齿长齐，齿尖突未磨损；1.5 岁时下颌第一切齿大尖峰磨损至与小尖峰平齐；3.5 岁时上颌第一切齿尖峰磨灭；5 岁时上颌第三门齿尖峰稍磨损，下颌第一、第二门齿磨灭面为矩形；6 岁时下颌第三门齿尖峰磨灭，犬齿钝圆；7 岁时下颌第一切齿磨损至齿根部，磨灭面呈椭圆形；8 岁时下颌第一切齿磨灭面向前方倾斜；10 岁时下颌第二切齿、上颌第一切齿的磨灭面呈椭圆形；16 岁时切齿脱落；20 岁时犬齿脱落。

（二）纯种犬与杂种犬的鉴别

一般来说，目前血统非常纯正的纯种犬较少，大多数犬都或多或少地有了血统的混杂，我国少数繁殖场、警犬研究所有纯种犬出售。购买纯种犬时要索取相应的血统证明、预防接种证明、纯种犬转让证明等。纯种犬通常毛色较纯正，发育匀称，姿势端正，活泼敏捷，气度良好，步态端正，所有的指标都符合本品种特征要求（可参照美国 AKC 品种标准）。杂种犬毛色不纯，常在品种特征之外的部位出现异色毛、异色斑块等，斑块较多的毛色是黄褐色、黑色、白色等，或由几种不同颜色的斑块相混杂，斑块的交界面通常非常清晰。

二、宠物犬应具备的特点

（一）体形外貌要求

目前家庭饲养的宠物犬大多不需要很大的活动空间，能长期生活在室内陪伴主人，主人外出时带上也不麻烦，所以多数人要求宠物犬体形要小（体重小于 10 kg，身高小于 40 cm），一般为小型犬或超小型犬。而且此类犬通常有过人的体态容貌、优雅的姿态和华美的被毛，个性活泼且温文尔雅，处处散发着玩赏犬的巨大魅力，给人们的生活增添了无穷的乐趣。但随着人们欣赏水平的不断多元化，很多大中型犬也被越来越多的人当作宠物犬。

（二）气质性格要求

宠物犬一般要求性情温顺、友善、机灵、活泼可爱。幼犬应愿意接近人，喜欢和人在一起玩，活泼机灵，反应迅速。如在一窝幼犬附近站住或蹲下时，若有一只或几只幼犬主动而有信心地走来时，其眼睛明亮，目光有神，摇头摆尾，以示友善；当用手将其提起仔细观察时，它并不惊恐挣扎，也不乱吠乱咬，而是依据动作的大小有一定的反应，这类幼犬便是理想性情的犬。当接近一只犬时，它如惊弓之鸟，畏缩、躲藏、乱咬乱叫，这可能是一只性情孤单的犬。如对一只犬无论怎样轻柔地抚摸，它依旧想办法逃走或吠叫不止，这可能是一只劣等犬。此外，对一些外向型、暴力倾向明显、时常乱咬其他幼犬的犬，一般也不宜作为宠物犬来饲养。

（三）神经活动类型要求

根据犬大脑皮层兴奋和抑制过程的强度，均衡性及灵活性等特点，犬的神经活动类型可分为兴奋型、活泼型、安静型和孱弱型四类。

1. 兴奋型

兴奋型又称胆汁质型、强而不均衡型。这种犬的特点是兴奋过程相对比抑制过程强，因而两者不均衡。其行为特征是急躁、暴烈、不易受约束，带有明显的攻击情绪，总是不断地处于活动状态，形成阳性条件反射比较容易，形成阴性条件反射则比较困难。

2. 活泼型

活泼型又称多血质型、强而均衡活泼型。这种犬的兴奋和抑制过程都很强，而且均衡，同时灵活性也很好。这种犬的行为特征是行动很活泼，对一切刺激反应很快，动作迅速敏捷，即便对周围发生的微小变化也能迅速做出反应。在条件反射活动方面，不论是阳性条件反射还是阴性条件反射都容易形成。

3. 安静型

安静型又称黏液质型、强而均衡安静型。这种犬的特点是兴奋和抑制过程都很强，而且均衡，具有较强的忍受性，但灵活性不好，兴奋和抑制过程相互转化较困难且缓慢，其行为特征与活泼型完全相反，表现极为安静、细致、温顺、有节制，对周围的变化反应冷淡。在条件反射活动方面，不论是阳性条件反射，还是阴性条件反射，反射的形成都比较慢，但形成后都很稳定。

4. 孱弱型

孱弱型又称忧郁质型或抑制型。这种犬的特点是兴奋和抑制过程都很弱，因而大脑皮层细胞工作能力的限度很低，很容易产生超限抑制。其行为特征表现为胆怯而不好动，易疲劳，常畏缩不前和带有防御性。

除上述四种典型神经活动类型外，还有很多混合型神经活动的犬。

不同用途的犬要求的神经活动类型不尽相同，军用、警用或护卫用犬通常以兴奋型和活泼型为宜。就宠物犬而言，一般以活泼型、安静型为好。犬的神经活动类型可以在自然条件下或训练过程中通过观察和研究犬对不同刺激的反应状态来初步加以判定。

判定犬兴奋过程强弱的方法通常有两种。一种方法是采用较强的声音来刺激，当犬在吃食时，突然用急响器（如闹钟、摇铃等）由远而近在食盆旁发声。此时可见：有的犬无反应而继续吃食，此类犬的神经类型为安静型；有的犬听到声响就停止吃食，但不离开食盆，片刻后继续吃食，此类犬的神经类型为活泼型；有的犬听到声响就离开食盆，并表现出攻击行为，然后又走近食盆照常吃食，此类犬的神经类型为兴奋型；有的犬听到声响就不再吃食，走到远离食盆的地方静卧，此类犬的神经类型为抑制型。另一种方法是观察犬对威胁口令的反应。兴奋过程强的犬不会被大声抑制，兴奋过程弱的犬常表现极度抑制，甚至停止活动。

犬的神经活动类型往往与其灵活性有很大关系：灵活性好的犬在训练过程中能迅速从一种神经状态转变为相反的神经状态，当训练员发出“非”的口令后，立即发出“来”的口令，这种犬能很快地从抑制状态中解脱出来，并迅速靠近驯犬员；灵活性差的犬在一个较长时间内呈抑制状态，并不能立即按照另一口令做出相应的动作。另外，灵活性好的犬很容易适应新环境，灵活性差的犬则很难适应。

（四）健康状况要求

宠物犬要求健康，这是对宠物犬最基本的要求，犬健康状况的检查应着重注意以下几方面。

1. 精神状态

健康犬活泼好动，反应敏捷，体力充沛，情绪稳定，喜欢亲近人，愿意与人玩耍，机灵，警觉性高。如果胆小畏缩而怕人，精神不振，低头呆立，对外界刺激反应迟钝，甚至不予理睬，或对周围事物过于敏感，表现惊恐不安，对人充满敌意，喜欢攻击人，不断狂吠或盲目活动、狂奔乱跑，不可作为训练用犬。

2. 眼睛

从犬的眼睛即可分辨犬的健康状况。健康犬眼睛形状应与该品种标准一致，眼结膜呈粉红色，眼睫毛干净、整洁，眼睛明亮不流泪，无任何分泌物，两眼大小、颜色一致，犬目澄清，黑白分明，无外伤或疤痕。病犬常见眼结膜充血，甚至呈蓝紫色，眼角附有眼屎，眼睫毛凌乱粗糙、不整洁，两眼无光，流泪，患贫血病的犬则可视黏膜苍白。

3. 犬鼻

健康犬鼻端湿润，发凉，富有光泽感，无浆液性或脓性分泌物。如犬鼻端干燥，甚至干裂，多皱纹，有浆液性或脓性分泌物，则表明犬可能患有热性传染病。极少数情况下，有些犬将鼻着地休息时鼻端也会干燥，可结合其他方面来判定犬的健康状况。

4. 口腔及牙齿

健康犬口腔清洁湿润，黏膜呈鲜明的桃红色，舌呈鲜红色或具有某些品种的特征性颜色（如沙皮犬、松狮犬、冠毛犬的舌都为蓝色或蓝紫色），无舌苔，无口臭，无流涎。

犬牙有钳式咬合、剪式咬合、上颌突出式咬合、下颌突出式咬合四种形式。钳式咬合指上门齿齿尖接触下门齿齿尖。剪式咬合指上门齿与下门齿对齐，下门齿的齿表面微触上门齿的齿背，是绝大多数犬牙齿的咬合方式。上颌突出式咬合指上门齿超出下门齿。下颌突出式咬合指下门齿超出上门齿。牙齿咬合形式不正确是一种先天性缺陷，往往是品种退化的表现，健康犬的牙齿咬合形式必须符合本品种特征要求，且无缺齿现象（蝴蝶犬、吉娃娃犬等常有缺齿现象除外）。此外，健康犬的牙齿呈乳白或略带黄色，如犬齿黄色明显，表明犬患病或已老年化。

5. 耳朵

健康犬的耳温适中，无异味，外耳道清洁，无过多的分泌物。病犬的耳温较凉或较热，外耳道污秽不堪，异味较浓，有较多的褐色或黄绿色分泌物，且分泌物较黏稠，病犬常表现摇头、抖身等多余动作。

6. 皮肤及被毛

健康犬皮肤柔软而有弹性，皮温不凉不热，手感温和，被毛蓬松有光泽。病犬皮肤干燥，弹性差，被毛粗硬杂乱，手感体侧时可触摸到肋骨。如有体表寄生虫病，还可见皮肤上有皮屑、斑秃、结痂和溃烂等，病犬有痒感，常抓搔。

7. 四肢

健康犬的肢型与趾型应符合本品种特征要求。除少数犬（如英国斗牛犬、巴吉渡犬、北京犬等）的四肢形状特殊外（出现前肢呈内足型、斗牛犬型，后肢呈 X 型、O 型、狭膝型、外开型，甚至有跛行现象），大多是四肢有疾病的缘故。

犬趾有猫型和兔型两种，必须符合本品种特征要求。外展脚犬趾（叉趾）不美观，趾间易夹带异物，易滋生病菌。纸型犬趾多是由犬爪尖发育不良所致，难以支撑犬体重量。

8. 肛门

健康犬肛门应紧缩，周围清洁无异物。如肛门松弛，周围污秽不洁，甚至有炎症和溃疡，则表明犬患有下痢等消化道方面的疾病。

9. 尾巴

犬的尾巴形状因品种的不同而有所差异，犬尾除增加美观外，还可以显现犬的表情、精神状况。健康犬的尾巴除应符合本品种特征要求外，还要经常使劲地摇摆，显得很有生机与活力。不健康的犬则经常懒散地下垂或轻轻摆动尾巴，显得有气无力。

10. 体温

成年犬正常体温为 37.5～38.5 ℃，幼犬正常体温为 38.5～39 ℃，通常晚上高，早晨低。直肠温度稍高于股间温度，日差 0.2～0.5 ℃。如成年犬体温度达 38.5～39 ℃为低热，达 39.5～40.5 ℃为中热，达 40.5 ℃以上为高热。

三、宠物猫的选购

(一)猫的年龄鉴定

1. 根据猫牙齿的生长及磨损情况鉴别年龄

猫在出生后 2～3 周开始长乳牙。2～3 月龄长齐乳牙，并开始换牙，至 6 月龄时，永久门齿全部长齐。1 岁时下颌门齿开始磨损，5 岁时后犬齿开始磨损，7 岁时后下颌门齿磨成圆形，10 岁以上上颌门齿磨损成圆形。

2. 根据猫的毛发生长情况和颜色变化判断年龄

猫出生 6 个月后，长出新毛表示成年；6～7 年后嘴部长出白须，就进入中年；如头、背部长出白毛，则表示进入老年。

(二)纯种鉴定

凡纯种猫都应有血统证明，如没有证明，也应有登记。满 5 周龄的纯种猫，应将其毛色、双亲的详细情况进行登记，否则将不可以参加纯种猫的猫展。

(三)健康状况检查

1. 眼睛

对猫眼睛的检查主要是检查眼睛是否流泪，有无分泌物、伤痕，有无眼屎、白膜覆盖，第三眼睑是否外露或有无其他异常。健康猫眼睛明亮、灵活、有神，两眼大小一致。

2. 腹部

首先让猫保持安静，然后轻轻触摸它的腹部，看看腹部有无肿胀或有无疼痛的痛苦表情。

3. 耳朵

仔细观察猫有无挠耳朵的迹象，翻看其耳朵内，看有无炎症、流出物和黑色的耳垢，有无异味等。健康猫耳朵清洁、竖起，对声响反应灵敏，闻声后两耳前后摆动。

4. 口腔

轻轻打开猫的口腔，检查有无烂牙和牙龈发炎等迹象。正常健康的猫，其口的周围应清洁干燥，不附有唾液和食物，无口臭，齿龈、舌和上腭呈粉红色，牙齿白或微黄，不缺齿。

5. 鼻子

健康猫鼻子前端凉而湿，没有过多的分泌物，也不干燥。

6. 足爪

在猫的足爪上轻轻按压，观察有无脱落或者断裂的现象，足趾间也要检查。

7. 脉搏检查

将猫安置好，温柔地抚摸让其保持安静。用手轻轻按压其后腿的内侧，测出脉搏。猫的正常脉搏应在 160～240 次/min。

8. 呼吸

仔细观察猫的呼吸，看其呼吸频率是否在 20～30 次/min。

9. 体形外貌

健康猫体态端正，行走时步态平稳、灵活，站立时四肢无弯曲变形、体态优美，躺卧时神态自然正常。四肢有疾病时，猫常行走蹒跚或跛行、站立姿势不正。腹痛时猫躺卧不自然。

健康猫肌肉紧实、发达，不生皮疹。身体触感不胖不瘦、骨架结实。太瘦的猫可能消化有问题，肚子应该略鼓，过于鼓胀的肚子可能是有消化道寄生虫。

10. 被毛

健康猫被毛光滑，皮肤柔软，没有秃斑、肿块、结痂，皮肤不发红，全身无掉毛区域、无外伤。身患疾病的猫被毛比较粗乱、无光泽。患有皮肤病时被毛稀疏不均，呈斑块状的长毛或短毛，仔细观察还有皮屑。如果猫身上有跳蚤，就会发现皮毛内有黑点。

11. 肛门

健康猫肛门清洁、紧凑、不张开外露，附近的被毛无粪便污物或黏白色粒状物。

12. 体温

健康猫的体温范围是 38～39.5 ℃。

（四）猫的性别检查

用手掀起猫的尾巴，可以看到尾下有两个孔，上面是肛门，下面是外生殖器开口处。比较一下两孔的距离，距离长的是公猫，一般为 1～1.5 cm；距离短的是母猫，两孔几乎紧挨在一起。

此外，也可以通过查看外生殖器开口的形状来辨别公母。公猫的外生殖器开口呈圆形或近似圆形，像一个冒号。母猫的呈三角形或扁的裂隙状，像一个感叹号。

（五）习性检查

一定要选机灵、友善、愿意被人管教的猫。如果购买幼猫，那么就选择比较健壮、胆大的、先出生的幼猫，而不要选择体形小、胆怯的猫。

四、观赏鸟的选购

(一)观赏鸟的年龄判断

一般来说,鸟的年龄越小(未成年幼鸟除外),羽毛就越光亮艳丽。随着年龄的增长,特别是进入老年期后,羽毛就逐渐失去了光泽,变得杂乱而粗糙。幼鸟腿趾上的皮比较细嫩,一般换羽1～2次后还没有鱼鳞斑状的皮。随着年龄的增长,腿上鱼鳞斑状的皮越来越明显,皮质也越来越厚。年轻的鸟,它们的腿、趾、爪的皮肤都呈褐色,油亮并带有淡红色,随着年龄的增长,褐红色会逐渐退化,逐渐变为浅白色。所以,腿、趾、爪上的鳞片明显且很粗糙的一定是老年鸟了。

(二)性格检查

购买鸟雀时,不应该看了就立即买,而应该在笼前仔细观察一阵。一般同一笼鸟中外观个头比较大和跳跃、鸣叫活泼、抢食和啄咬其他鸟的为首选。

(三)健康检查

1. 鸟毛

健康的鸟毛应该是平整和厚实的。小鸟如脱毛或全身羽毛耸立、杂乱短缺,都不是正常现象。

2. 鸟嘴

注意小鸟的嘴缘、嘴角是否有发炎或萎缩,缘角是否平滑均匀、有无创伤等。

3. 眼睛

看小鸟的眼睛是否有神、是否正常、有无伤口、有无白内障等眼疾病或是否天生独眼等。

4. 脚爪

观察小鸟的指爪及后趾是否脱趾、脱甲,是否断趾或有扭伤。

5. 肛门

正常小鸟的肛门应该清洁和无粪便等黏结物,附近的羽毛应蓬松干燥。有疾病的小鸟,肛门处常有黏液或粪便附着。

五、宠物运输

(一)宠物犬的抓抱与运输

1. 宠物犬的抓抱

抓抱玩赏犬动作一定要轻,不要用力过猛,以防犬感到不舒服而挣扎或引起犬惊慌而反抗。抓小型犬时,一般用一只手抓住犬的头颈部上方皮肤,另一只手则托住犬的后躯,这样既可避免犬咬人,也可防止犬摇摆不定;也可一只手从犬胸的下面绕过犬的胸部,用手臂托住犬胸,另一只手从犬的腰部上方绕过犬的腰部,用手稳住犬腰。对于大型犬,在保证安全的同时,可以采取抱起四肢或直接将两手臂分别从犬的前胸部和后腹部呈抱姿将犬托起。如要将犬引出犬舍,则可事先将准备好的脖圈或牵引带给犬套好,用食物逗引其走出即可。

2. 宠物犬的运输

从外地购犬、外出旅行、参赛或参展，犬的携带和运输是首先要考虑的问题。运输前要做好充分的准备工作，途中同样需进行精心的护理。

(1)在运输前，应对犬只进行一次全面的健康检查，并到当地兽医防疫部门进行检疫，确认免疫注射的时效，办理检疫手续和健康证明并随身携带，只有健康的犬只方可通过车、船、飞机等进行运输。

(2)运输前，先让犬大小便，后适当饮水，途中不可饲喂食物，只需适当添加水即可。到达目的地后，不应马上给犬食物，可先让犬饮些温水，稍休息，排出粪便，再给予少量食物。

(3)犬在刚上车、船时，可能十分恐惧，应在其身边轻轻抚摸，并备有犬常见的一些镇静药、晕车药、止吐药、止泻药等。

(4)运输中应注意车、船内的温度和湿度，防止犬中暑或着凉。

(5)汽车运输时，应将犬放在车的后部，并用旅行包或航空箱，防止犬乱动引起司机分神，同时应保证车厢内通风良好，最好能做到及时给车厢补充一些新鲜空气(可通过适当开启窗户来完成)。

(6)在炎热的夏季，不能长时间置留犬在密闭的车厢中，以防犬在短时间内死亡，如不得已，则应选择可遮阳的地方停车，并微开窗户。

(二)宠物猫的抓抱与运输

1. 宠物猫的抓抱

猫喜欢人的抚摸，特别是喜欢主人用手指或手心轻柔地抚摸其头部、耳后侧、背部及下巴、颈部四周。有些猫不喜欢被触及肛门四周或尾部。

宠物猫的正确抓抱方式是一手放在其前肢腋下，再用另一手撑着其后肢与臀部，抱在怀里。或是让猫的两只前爪搭在人的肩上，或与猫脸对脸地搂抱。错误的搂抱方式有以下几种：用手拎着猫的颈部(只有母猫才可以拎幼猫的颈部，而且是在小猫极小时才可以)；用两手拎起猫的两个前脚，会伤害猫的腿部关节；将两手放于猫的腋下进行搂抱，会伤害猫的肩关节。

2. 宠物猫的运输

宠物猫的运输方式与宠物犬相似，可以通过汽车运输、铁路运输和航空运输的方式。

运输宠物猫时需要注意，为了防止猫逃跑，最好不要用藤篮或开放的手提袋，而是用开口紧闭的透气性良好的航空箱或提篮。最好在箱内铺宠物毯或毛巾，天气冷时要准备盖被。为了防止幼猫在路上看到外面的景象而产生压力，在运送时最好拿一块布盖住篮子，使里面保持阴暗。另外，要避开人车嘈杂的道路或时段，以免猫因为畏惧噪声和混杂的人车而忍受折磨。

(三)观赏鸟的运输

观赏鸟最好用专用的运输工具来运输，常见的有运输笼和运输箱。

运输笼一般由竹片及竹栅制成。现在也有用胶合板、硬塑料片配合部分竹栅制成的运输笼，这种运输笼主要用于运输各种中小型鸣禽。运输笼需略大、略高于所运输的鸟体，以鸟入笼后能自如活动为佳。每笼一鸟，设食、水用具，多个小笼上下左右相连，便于运输搬运，也便于管理。

运鸟箱比运鸟笼更好，因为大多数鸟不喜欢露天旅行。对体形小且无破坏性的鸟类，用厚纸板盒装比较理想。在纸盒盖和两侧打几个小孔透气，并用橡皮筋或细线把盒子固定。每笼放一只鸟，以防鸟打架，且盒子不宜太大，以免鸟试着飞行时受伤。三合板盒适于大形鸟的运输，盒子应有结实的盒底和朝下开启的铰合盒盖。

在运输途中应尽量减少停留，绝对不能把鸟放在汽车的行李箱内。天气炎热的中午尽量不要上路，因为太阳直射下的汽车在几分钟内就会快速升温，使鸟无法忍受，甚至危及生命。

知识拓展

常见观赏鸟的选择标准

1. 八哥

(1)羽毛紧贴身体、眼睛有神、毛色有光泽的是优质鸟。呆头呆脑、全身羽毛蓬松的是劣质鸟或病鸟。

(2)一般选择同窝雏鸟长大的，以黄嘴黄脚、尾羽有白色羽端、尾下覆羽全白、全身羽毛为黑色并呈现金属光泽的雄鸟为上乘。

(3)胆子较大，会鸣唱，站立时挺胸、亮翅，个头比较大的为上品。

2. 鹩哥

(1)身体健康的鹩哥羽毛平整有纹、毛色黑亮并带有金属光泽、双眼黑亮有神、身躯较大、站立姿态优美、双脚抓栖杠有力、食欲旺盛，平时喜欢鸣唱和经常梳理羽毛，粪便条状。

(2)选择第一窝幼鸟最佳，有条件的选择双亲均是青年鹩哥鸟的第一窝后代鸟。头窝的幼鸟比较聪明。

(3)同窝的幼鸟应选择胆大的幼鸟。选择时可先将鸟笼震动或发出声响，看幼鸟的反应，乱飞乱撞者不宜选取。眼睛睁大、抬头挺胸的为上品。胆大的幼鸟接受驯化的能力强、不怕人、易调教。

(4)上品成鸟全身羽毛紧贴而不蓬松，尾羽不散开、短而自然下垂，尾羽腹侧的端部有清晰白点，嘴浅黄带白玉色，腿呈浅黄色，全身羽毛带有黑色金属光泽，两翼腹侧的“八”字形白斑洁白而明显。头部肉垂小的灵活好学，肉垂大的不宜做训练用鸟。

(5)鹩哥的雌雄鉴别。一般泄殖腔内有突起者为雄性，无突起且扁平者为雌性。头形大而圆、体形大者为雄性，头形小而尖、体形小者为雌性。雄鸟的声音粗壮，多爱鸣叫，善于模仿各种鸟鸣；雌鸟声音圆润，善于学习短语，模仿说话。

3. 画眉

(1)健康的画眉鸟羽毛紧密、眼圈又大又白、眼睛大而突、眉长而清、无杂毛、不断线、在笼内跳跃端庄、不怕人。鸣叫时身体挺立、膛音高、浑厚响亮、音韵富有变化、出口节奏较快者为上品。

(2)雄鸟的选择。通常通过鸣叫声来辨别雌雄，但鸟不叫时，需通过其他方式来鉴别。①雄鸟体形比雌鸟大，胸肌因经常鸣叫锻炼也比雌鸟发达。用两手抓住画眉双脚时，雄鸟的挣脱力度明显大于雌鸟。雄鸟体形修长，雌鸟短而胖。②雄鸟头大而长，两眼间距较宽。雌鸟头圆而小，头门狭窄。③雌鸟的羽色比雄鸟美丽。但在阳光的照射下，雄鸟的羽毛比雌鸟的羽毛更富有光泽。④雄鸟的大腿和跗要比雌鸟的显得粗壮有力，后趾下面的肉瘤也比雌鸟的稍大。⑤雄鸟的触须排列细且直，而雌鸟的触须则显得粗而规则。

复习与思考

简答题

1. 宠物犬的年龄怎样鉴定？
2. 宠物犬的健康检查包括哪些方面？
3. 宠物猫的年龄怎样鉴定？
4. 宠物猫的健康检查包括哪些方面？
5. 观赏鸟的健康检查包括哪些方面？
6. 宠物犬怎样运输？

项目八
宠物犬的训练与调教

学习目标

❖ 知识目标

掌握犬的训练与调教；宠物犬基本科目的训练；宠物犬玩赏科目的训练；宠物犬敏捷项目的训练；宠物犬不良行为的纠正。

❖ 能力目标

学会犬的训练与调教方法；能进行宠物犬的简单训练和调教。

❖ 素质目标

熟练掌握宠物犬的训练方法，有助于掌握一技之长。

学习任务

任务一　宠物犬驯养的意义与理论基础

宠物犬的训练与调教

犬作为人类忠实的“朋友”，得到人类的喜爱，这不只因为它们有优雅的外表，更是因为它们是高智商动物，反应灵敏，善于与人相处，能为人类生活提供乐趣和帮助。犬被科学家认为是地球上最聪明的动物之一，其记忆力、判断力和模仿能力均较强。通过训练，犬可获得一些常用的、具体的或较为复杂的工作能力。

一、宠物犬驯养的意义

犬忠诚、善解人意、任劳任怨，或气质高雅，或威武雄壮，广泛地受到人们的喜爱，它们为人们的生活提供了帮助，增添了乐趣。

1. 狩猎

追逐猎食小动物是犬的本能。人们充分利用和发挥犬的这种本能，选育出了猎犬，为更好地发现、搜寻、驱赶、追猎猎物提供帮助。我国古代就有用犬狩猎的记录。殷墟出土文物和卜辞文字有犬的象形文字，记述当时畜犬狩猎的场景。卜辞记有渔猎 197 条，其中 186 条均为田猎，在一次狩猎中就有 384 只鹿，可以推想出狩猎规模之大。

2. 放牧

经过训练的牧羊犬还能帮助人们放牧，一只优良的牧羊犬能看护 200～400 只羊，既减轻了牧主的劳动量，又保护了羊群的安全。

3. 军用、警用

犬具有灵敏的嗅觉和听觉，而且性格刚毅，具有一定的攻击能力，因此被广泛地应用于军事和侦缉破案、追捕逃犯、缉毒搜爆等，对维护国家安宁、维持社会治安具有重要意义。

4. 导盲

早在 1915 年，法国和德国就已经成立了导盲犬训练中心，训练导盲犬帮助第一次世界大战后失明的士兵。现在世界各地已成立了很多的导盲犬训练机构，为失去光明的患者带来了福音。2006 年，中国大陆首家导盲犬基地——中国导盲犬大连培训基地正式成立。

5. 救援(搜救)

由于犬强大的适应能力和搜寻能力，在 1 000 多年前就被应用于雪地救援，现在更是被广泛地用在雪地景区的失踪搜救、地震搜救中。如 2008 年 5 月发生的中国汶川大地震，震后就有中国、俄罗斯、日本等国家的搜救犬参与了搜救工作，挽救了很多幸存者。

6. 运输

在北极地区，大部分物资的运输是靠雪橇犬的拉拽完成的。我国元代时就已设有专门的官方机构，驯养犬供使役用。

7. 观赏和表演

犬性情温顺、体态优雅、高贵、活泼、聪明、善解人意、喜欢与人为伴。因此饲养一只宠物犬作为生活伴侣，训练教会它一些常见的玩赏科目，既疏解了人们的生活压力，又为生活带来了情趣。

8. 陪护

“犬医生”是亚洲动物基金会 1991 年创办的项目，主要是让犬去敬老院、医院、福利院等地陪伴有需要的人，为他们带来心灵上的温暖和慰藉。因为“犬医生”的辅助治疗作用很明显，我国已在香港、台北、成都、广州等地的有关机构设置“犬医生”。

9. 预警

预警犬是指专门培训后用来预警、照顾病人的犬。犬有很灵敏的嗅觉和第六感，许多疾病发生前病人的微弱变化能被犬察觉，从而做出预警。很多癫痫病人的发作很突然，往往使他们处于危险之中。怎样能使病人在发病前回到安全地点，躺在床上防止发生伤害？一些养犬的癫痫病人发现，一些犬在病人发病前 5～15 min，甚至有的犬能提前 30 min 有异常表现，如时而哀鸣、时而狂叫，或者突然跳到主人腿上，盯着主人眼睛或推主人。对这些犬进行训练，能使他们预测主人何时发病，对主人做出预警，从而使主人能及时返回安全场所或打电话求助，防止意外伤害。

二、犬能接受训练的生理基础

犬具有非常发达的高级神经系统和嗅觉、听觉、视觉等感觉器官。犬的嗅觉极为灵敏，嗅觉神经和脑神经直接相连，嗅觉神经末梢密布于鼻腔，嗅觉灵敏度比人高出40倍以上。有人曾证明，在一桶水中仅滴入数滴碳酸，犬就能分辨出来。刚生下来的仔犬，眼未睁开，耳朵也听不见，全凭鼻子嗅闻来寻找母犬的乳房。这种极灵敏的嗅觉，已广泛地用于公安侦察、搜毒、搜爆等方面。如警察追捕逃犯时常用警犬，只要让其嗅闻逃犯的衣物或鞋子，它们便可以循着逃犯身上的气味追踪。即使逃犯的足迹与其他数百种足迹相混，也逃不过警犬灵敏的鼻子。

犬的听觉也大大超过人类。人类听觉能分辨的频率一般在20～200 Hz，而大多数犬的辨音力高达80 000～90 000 Hz。因此，鼠类的"吱吱"声、人兽的脚步声及其他人类所不能听到的声音，犬都可以听到。据测试，人在6 m外不易听到的低音，犬却在24 m外就可听到。

视觉上，犬是色盲，辨色能力差，但是在微弱光线下分辨物体的能力强，可以说具备夜行动物的特征。犬除了色盲外还有直视的倾向。犬的远视能力有限，一般中型犬无法辨别100 m外主人的动作。而眼盲的犬依靠听觉、嗅觉照样能很好地生活。但是，犬横向的视力范围比人广得多。人的视野约为180°，犬则可达250°，很容易察觉到背后的动静。

三、犬能接受训练的理论基础

犬的训练过程也是其学习的过程。犬的学习行为是犬后天获得的适应性行为，是犬在后天影响手段的作用下获得经验而引起适应性改变的心理活动的过程，是犬的求知欲引发的行为，这种求知欲又与犬的神经活动、好奇心、探求欲及渴望心理有关。

我们对犬进行训练，前提是让犬在游戏中获得学习心理。通过在游戏中给犬施加各种轻微的有效刺激，引起犬的一系列神经活动，这一系列的神经活动就是犬学习的变化过程。犬的学习模式是垂直式的，即单点式学习。垂直式的学习模式是指宠物犬的学习是通过经验慢慢积累的，它受到怎样的刺激就会产生相应的反应。学习反应刺激强烈，学习就快，刺激轻缓，学习就慢。在训练犬时，驯导员的动作越夸张、越明显，声音越温柔、越热情，奖励物越好、越多，宠物犬学习的效果就越好。宠物犬不会像人一样有水平思考的能力，它们不会"举一反三""触类旁通"，只有通过日积月累的学习而产生经验性的行为——怎么会得到奖赏就怎么做，哪儿有好处就往哪儿走，怎么做会得到惩罚就不去做，哪儿有坏处就不去哪儿。

任务二　幼犬的训练与调教

幼犬的训练与调教是指根据犬的生物学特性，利用外界条件以及人为影响作用于幼犬(3～6月龄)的生长发育，使其养成良好的行为习惯和学习社会行为的过程。幼犬在训练中应尽可能多地赞扬和鼓励，让犬轻松愉快地学习，避免批评与消极的矫正，避免带着固执、偏激、低落情绪进行训练，或采用其他错误的方法进行训练，导致训练的失败。

一、新环境的适应培养

幼犬到一个新环境往往需要 1～5 d 的适应时间，其不适应表现是慌乱不安、惊恐、寂寞等。

(一)方法步骤

1. 准备舒适的犬窝

犬刚到新环境会因惧怕而精神高度紧张，应将其及时送到犬窝内，避免大声喧哗，更不能出于好奇而围观、引逗。提前准备好犬栅栏、航空箱、犬厕所等用具。

2. 及时喂食、饮水

可口的食物能使幼犬忘掉恐惧，因此要给犬准备特别喜欢吃的东西，既保证营养全面，又要使幼犬的胃肠能够适应，防止腹泻。

3. 和善待犬

用温和的语气呼名、轻柔的抚摸都可以使犬消除恐惧。禁止对犬进行机械刺激和大声呵斥，这样做会加深犬的恐惧。

(二)注意事项

1. 定点睡眠

犬很容易记住第一次睡觉的地方，常常认为这个地方最安全，因此刚开始时要指定好位置，往往犬窝所在的位置就是其睡觉的位置。如犬在其他地方睡觉，则要将其抱回原处。

2. 身体力行

在犬适应新环境阶段，最好由主人或驯导员亲自喂食、与其玩耍、为其洗澡、梳理等，以建立亲和关系。

3. 防止犬生病

幼犬体质较弱，很容易感染疾病，因此一旦发现幼犬行动诡秘、躲躲闪闪，精神不振、食欲废绝、腹泻或便秘，就要细心观察，找出原因，及时送医。

二、亲和关系的培养

亲和关系是指犬与人之间建立的类似于亲人之间的亲密关系。亲和关系的培养是指采取一定的方法和手段使犬对主人或者驯导员产生信任和依赖，并对人的气味、声音、行动等产生兴奋反应。建立亲和关系对犬的训练和调教非常重要，因为以后的训练和调教都是建立在犬与主人或驯导员良好感情基础上的。

(一)建立亲和关系的方法

1. 准备一个舒适的笼子

购入犬后，应把犬放入室内或阳台里。犬越受到约束，对主人的抚慰渴求就越大。犬适应新环境后，当主人不在的时候把它关入笼子内，通过笼子约束它的行为.当主人再见到它时，它对主人的渴求会非常大，期望主人把它放出来。

2.亲自喂食，带幼犬适当进行活动

“人恋恩，狗恋食”，食物是犬与人待在一起共同生存的根本驱动力，也是犬生存的第一要素。远古的犬就是因为发现和人类在一起经常会得到人类打猎食后遗弃的实物残骸，才主动与人类相伴到今天。因此使犬保持半饥饿状态，亲自喂食可增进犬对主人的信任和情感，使犬的依恋性不至于因他人喂食而减弱。

3.多与幼犬接触

所有幼犬在一个新环境中都会急需寻找一个值得信赖的主人，因此主人每天必须花费一定的时间来陪伴和调教犬，通过交谈、游玩、逗乐、喂食、抚拍等使幼犬感觉到无穷乐趣，对主人产生依恋性，从而确立犬与主人的初步感情。

4.呼叫幼犬的名字

每条犬都有自己的名字，简单易记的名字往往让幼犬能愉快地接受并牢牢记住，驯导员必须尽快让犬习惯被呼名。犬在没有习惯呼名前，犬名对犬来说只是一种无关刺激的信号而已。当驯导员多次用温和的语气呼唤幼犬名字时，呼名的声音刺激可以引起犬的“注目”或侧耳反应，这时驯导员应该给犬喂食或带它散步。通过有规律地反复之后，驯导员对犬的呼名就具有指令性的信号作用，使犬习惯于呼名。但驯导员也要注意，不要不分场合和时间把犬的名字挂在嘴边，这样即便每次召唤都给予奖励，也易使犬产生抵触而不听召唤。

5.带幼犬适当进行运动

带幼犬适当运动，给其自由活动的机会，可以消除犬的戒备。在跑动中愉快地呼唤犬的名字，并适度地抚拍，可以增进犬对驯导员的依赖性，也使幼犬得到了运动锻炼。

6.“好”的口令与奖励

“好”的口令要求用普通音调或奖励音调发出，同时与美味食物结合使用。通过多次训练后，“好”的口令便不可以随便使用，通常在犬按驯导员的意图完成某种动作后给予。在调整的过程中，“好”的口令可以鼓励犬去执行驯导员的命令，完成指定的训练动作。但如果没有完成，切记不能给予“好”的口令，这样会加深犬对所发出口令不予理睬的毛病。奖励美味食物也是同样的道理，在调教的过程中，要正确地使用食物奖励，不要在发出口令时就给予奖励，这样犬不知为何得到奖励，会使犬感觉食物来得容易，最终习以为常，使奖赏失去了应有的作用。因此，食物奖励只有在犬正确理解驯导员意图并做出正确动作时使用。

7.抚拍

抚拍就是抚摸和轻微拍打犬的身体，尤其是犬的头部、肩部和胸部，抚摸是使犬感觉舒服的一种非物质刺激奖励手段，通常与“好”的口令结合使用。扶拍的力度不宜过大，否则会使犬有疼痛感，产生机械性刺激。除让犬站立接受抚拍外，还可以在犬坐着时进行。驯导员也可以用手握住犬的前爪上下摇动，使犬觉得舒服，并带有一定的玩要性，这样就能起到完美的抚拍效果。

(二)步骤

犬与驯导员建立亲和关系，除犬先天易于驯服的特性外，主要是通过饲养管理，逐渐消除犬对人的防御反应和探求反应，使犬熟悉驯导员的气味、声音、行为特点，并产生兴奋反应而建立起来的。

1. 在清静环境中建立亲和关系

犬对主人或驯导员的依恋性是主人或驯导员及时有效地运用喂食、散放、梳刷、呼名、抚拍、玩耍等手段的结果，因此，要建立初步的亲和关系，必须选择一个清静的环境，进行一对一的感情交流，一般经过 2～3 d 的交流，犬就会很快熟悉主人或驯导员，并逐步产生依恋性。这样既可以使犬感觉到主人或驯导员很在乎它，又避免了外界其他因素对犬的干扰。

2. 一般环境下亲和关系的培养

当犬建立对主人或驯导员的初步亲和关系后，选择一个有人、犬、车辆等干扰因素的环境继续加强亲和关系的培养，使犬养成一定的抗干扰能力，从而使犬养成良好的亲和关系和服从性。

通常方式是将犬放开，先让犬自由活动，排大小便，然后令犬"前来"，直至犬在其他因素干扰下能执行口令前来，说明亲和关系达到一定层次。如犬不能执行，主人或驯导员禁止抓犬，也不能在犬开始接近主人或驯导员时用突然的动作控制犬，避免犬对主人或驯导员产生恐惧感，不敢接近。

3. 复杂环境下亲和关系的培养

复杂环境是指人来车往的大街或闹市区，当犬在该区行进时始终跟在主人或驯导员的身边，说明亲和关系已养成。如犬在行进过程中对某种刺激恐惧时应及时予以安慰，放松它的紧张情绪。如果犬表现出主动防御而进行攻击时，应立即加以制止。如此反复训练，使犬能够完全适应外界刺激的干扰。

(三)注意事项

1. 驯导员要始终保持良好情绪

驯导员要通过欢乐的声音、轻柔的抚拍、正确的奖励方法积极与幼犬交流，让它感觉与驯导员或主人在一起是一件非常愉快的事情。幼犬到了新环境总喜欢嗅闻，检查房间的每一个角落，甚至钻进衣橱，在这种情况下，不必过多责备，因为太多的限制反而会使它感到沮丧，甚至产生敌意。

2. 关注幼犬的攻击行为

幼犬之所以攻击陌生人或驯导员，完全是自我保护的一种表现。对带有攻击性的犬，驯导员一定要特别关注，在没有取得犬的完全信任前，不要去谋求和它进一步的接触。应给予充足的时间，用喜欢的食物喂它，要注意观察，在它解除了防备后，再寻求跟它进一步的接触。

3. 多与幼犬接触

通过与幼犬玩耍增加亲和关系，丰富亲和内容，使幼犬始终保持轻松愉快的心情，从而增强犬对人的依恋关系。

三、呼名训练

(一)方法和步骤

幼犬调教与训练至关重要的一步就是呼名训练。犬名常使用犬容易分辨和记忆的词语，越简单越好，不易太长或拗口。

1. 给幼犬取名

根据犬的毛色、性格及个人爱好给犬取名字。最好选用容易发音的单音节或双音节词，使犬容易记住和分辨。中文和英文名字都可，主要是要顺口、简短，如白雪、黑子、妞妞、奔奔、笨笨、欢欢、毛毛、亮亮、比尔、海伦等。犬名要固定，不得随意更改。犬名要有易辨性，清晰明了，不要取通用的名字，要与日常语相区别。

2. 选择适宜的时间和地点

选择在犬心情舒畅、精神集中的地方，在与主人或别人嬉戏玩耍，或在向主人讨食的时候进行，训练必须一鼓作气，连续反复进行，直到幼犬对名字有了明显的反应为止。当幼犬听到主人呼名时，能迅速转过头来，并高兴地晃动尾巴，等待命令或欢快地跑到主人身边，训练就初步成功。少数犬如北京犬会装聋作哑，明明已听到呼它的名字，却不做反应，在训练中要注意，发现后及时纠正。

3. 利用食物奖励和抚慰训练

在幼犬呼名有反应后，立刻给予适当的奖励（如食物奖励或抚拍）。另外，切忌在呼名时对犬进行惩罚，使犬误认为呼其名是为了惩罚而不敢前来，影响训练效果。

4. 呼名语气要亲切和友善

在训练过程中要正确掌握呼唤犬名字的音调，同时要表情和蔼友善，以免造成呼唤犬名引起其害怕，尤其是当犬听到呼名做出反应或马上跑回主人身边时，不仅要轻轻拍它，而且要表现得很亲近温和，使犬逐渐形成一种条件反射，呼叫就必须过来，就会得到好处。

（二）注意事项

（1）犬名只能固定一个，不能随意更换。如果不同的家人、不同的场合和不同的阶段对犬名的叫法不一样，就会给犬造成混乱，也不便于犬对名字形成牢固的记忆和条件反射。

（2）呼名要反复进行，每次呼名时，都要给予食物奖励或抚慰，禁止呼名时惩罚。不能在短时间内重复呼名，每次呼名要有时间间隔，争取每次呼名都要有反应。呼名语气要亲切和善。

（3）呼名最好在与犬建立亲和关系后进行。可在犬兴奋时呼名，但犬过来后不应该立即结束游戏带犬回家，而应让其继续玩，使犬对呼名有一个正面印象。

四、散步训练

（一）方法和步骤

1. 使犬适应牵引带

广义牵引绳由牵引绳主体部分与犬佩戴部分组成，根据犬佩戴部分可以分为3种。

（1）P链＋牵引绳（图8-1）。正确佩戴后，主体部分与佩戴部分呈“P”形，非“Q”形。拉紧牵引绳，犬佩戴部分颈圈缩小，给犬造成厌恶刺激，能够起到惩罚不良行为的作用；犬做出恰当行为后，牵引绳由收紧转变为放松，犬佩戴部分颈圈扩大，颈部厌

图8-1　P链＋牵引绳

恶刺激移除，强化犬的恰当行为。颈圈部分需依据犬体形大小选择，过小无法成功佩戴，过大容易脱落。

(2)项圈＋牵引绳(图 8-2)。项圈＋牵引绳是牵引绳中最为经典、最为中规中矩的一种牵引绳。使用中，首先扩大项圈，佩戴后调整项圈至合适大小，确保不会因颈圈松弛导致犬滑脱，也不会因颈圈过分狭小导致犬不舒适排斥颈圈。

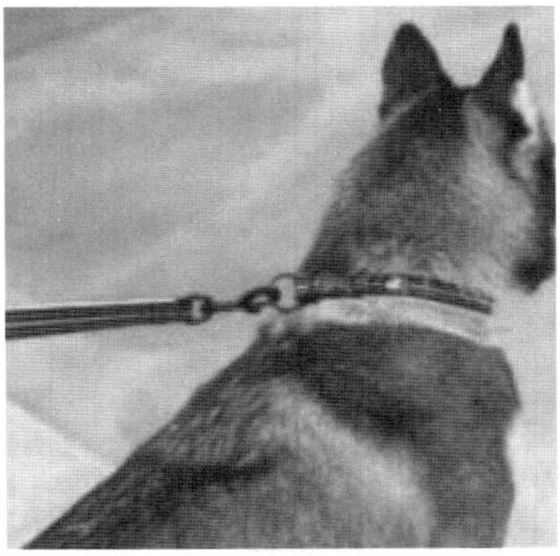

图 8-2　项圈＋牵引绳

(3)胸背＋牵引绳(图 8-3)。犬胸背穿戴的部位通常是训练师鼓励、表扬犬时轻拍的部位，拉动牵引绳，通过胸背的力量分解与传导能够对犬的行为起到强化效果。因此，胸背＋牵引绳适用于胆小的犬，不适用于有爆冲等不良行为的犬。对于有异常行为的犬来说，通过牵引绳的牵拉，作用于犬的力量被胸背化解，同时也抑制了犬的不良行为。

幼犬 80～90 日龄时，因其已能习惯戴上脖圈，拴上牵引带，在这一阶段应加强幼犬散步的调教与训练。幼犬的牵引带，可用系有一轻质牵引钩的短棉网绳制成，长 0.8～1.0 m。脖圈可用软而平滑的尼龙制成，宽以0.6 cm左右为宜。为使幼犬习惯于牵引带，可在幼犬玩耍或奔跑时戴上脖圈或牵引带 20～30 min，犬会忘记身上系着的牵引带给它的限制，而像平常一样顽皮地蹦跳奔跑。训练结束后要取下牵引带。在非训练时间，不要将牵引带系在犬的脖圈上。一段时间后，幼犬就能习惯系短牵引带。当幼犬适应短牵引带后，再换用长约 1.8 m 的棉制牵引带。

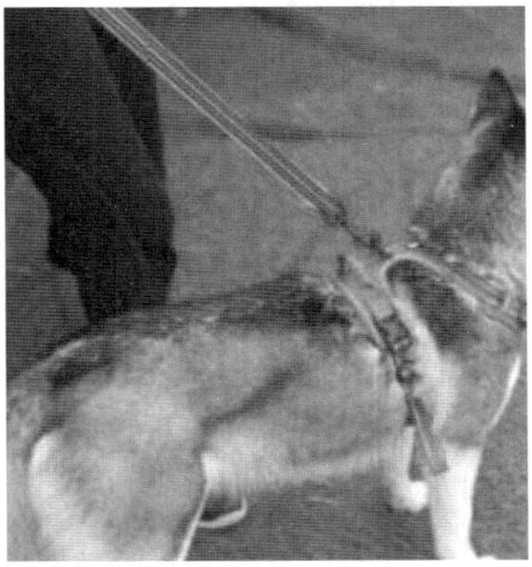

图 8-3　胸背＋牵引绳

2. 掌握牵引带的正确使用

将牵引带末端的套环挂在右手拇指上，轻轻把牵引带靠套环一端 1/3 段折叠握于右手，右手抬至齐腰高度。在训练时，即使折叠的一段牵引带被犬挣脱了，驯导员仍然可以握住牵引带套环控制犬，主要目的是让幼犬习惯于被牵引。

3. 选择较安静场所

开始散步时，陌生的环境和气味使幼犬很感兴趣，犬会完全忘记主人的存在而到处乱跑。选择一个安静的地方训练，可减少犬的好奇心，使犬对外界环境的反应较小。在一个新环境中，犬会习惯地表现出惊异地嗅闻，有时会莫名地欢腾乱跳，有时在原地许久未动拒绝同行。遇到类似现象是正常的，此时应用温和的语调呼唤犬的名字，并用新奇物品逗引犬，如犬来到身边，应充分鼓励。

4. 户外训练的时间逐渐延长

户外散步时幼犬受到的刺激干扰较多，所以易疲劳。因此，刚开始散步时要按照循序渐进的原则，逐步增加时间。第一次散步的时间一般不超过 10 min，随后几天逐渐延长训练时间。一般 1 周后散步时间可延长到 20 min，6 月龄的犬散步时间不超过 30 min，6～9 月龄可延长到 1 h。

(二)注意事项

1. 注意牵引带的使用方法

刚开始训练幼犬散步时，牵引带的使用方法正确与否将对训练效果产生重要影响。驯导员在实际接触幼犬前，应跟有经验的驯导员学习使用牵引带的佩戴(图 8-4)，学会利用牵引带控制犬。因为幼犬发育尚未成熟，颈部肌肉还不强健，颈椎骨较软，比较弱小无力，应选用轻质固定扣环的脖圈。如果用硬质笨重的脖圈，加上纠正不良行为时用力过猛，很可能会伤害幼犬。此外，如用活环的脖圈，可能在牵引时颈部勒得太紧，使犬惧怕戴脖圈和牵引带，对训练造成不利影响。

图 8-4 牵引带的佩戴

2. 牵引带要自由灵活

牵引带不宜扯得太紧，应有紧有松，灵活适度，保证犬运动自由。在系牵引带时，为消除犬的疑虑，讲话语调要柔和。给犬系上牵引带后，犬可能会尽力挣脱，此时驯导员应跟着犬走，主动适应幼犬。牵引带要始终保持松弛状态，使脖圈没有任何拉力。如果牵引带缠绕驯导员或犬的四肢，应停下来慢慢解开牵引带，同时为了不使犬紧张，要轻声地呼唤犬的名字。解开后幼犬可能不愿意继续行进，此时驯导员应握住牵引带先走几步，呼唤犬名鼓励犬继续走，必要时可轻轻拉下牵引带。当犬开始跟着走时，应充分奖励它，可边走边表扬，行进时始终让犬在驯导员的左侧。

五、定点排便训练

初生仔犬耳目闭塞，行动不便，不能到窝外排便，母犬会定时舔仔犬的会阴部，将粪便吃掉，这是母性行为。大约 3 周之后，仔犬可走出窝，到别处排便。因其本性喜欢在同地点排便，到了 6 月龄，多数幼犬能在指定地点排便。

幼犬在未选定固定地点排便之前，常用鼻子嗅闻周围，只要嗅到以前遗留下来的排泄物气味，便会走回同一地点排便。犬(特别是母犬)每次排便都喜欢排在不显眼的角落，不想引人注意。

(一)方法和步骤

1. 选择合适的排便地点

犬的排便地点应较隐蔽。犬喜欢嗅找从前排过便的地方，因此，在犬舍隐蔽处选固定角落，放置一张旧报纸或塑料布等，在上面撒一些干燥的煤灰或细沙，再放适量之前的粪便吸引犬来排便；或用犬栅栏围起一块空地，把航空箱放入，在附近放上有尿味的犬厕所；或用犬栅栏围起一小块地面，放入航空箱，周围铺上报纸。犬不在窝内排便，因此排出的便都在报纸上，随着排便次数的增加，排便地点逐渐固定，这时逐渐减少报纸的分布范围，直至只留下一张报纸的面积为止，同时逐步扩大栅栏范围。幼犬大小便训练用具如图 8-5 所示。

图 8-5　幼犬大小便训练用具

2. 关注犬排便前的动作

排便训练的关键是要掌握犬在排便之前有何特殊的举动。不同的犬会有不同的举动，有的犬大便前会来回转个不停，有的则是突然蹲下，幼犬的训练应充分利用犬吃食后想排大小便的机会加以驯导，主人立刻将犬抱进已准备好的带有泥土或杂草的盒子里，训练犬“如厕”。幼犬每 3 h 左右排便一次，发现犬有排便的预兆，如不安、转圈、嗅寻、下蹲等，应立即把犬放到排便点。经过 5～7 d，犬一般就会自己主动到厕所或固定地点排便。

3. 正确奖励方法

在掌握了犬排便前的举动后，当出现这些征兆时，立即把它带到事先选择好的排便地点，直到排便结束，立即给予奖励，以加强其定点排便的兴奋性。

(二)注意事项

1. 不能用粗暴的方法惩罚

在犬已排便后训斥是毫无意义的。甚至有人把犬拖到排便物前，按下犬的头让它嗅闻，边打边训斥，这种方法是极其错误的，只会给犬造成“被虐待”的坏印象。这种印象一旦形成，会使犬认为上厕所是件可怕的事，即使再带它到厕所里，它也不会排便，甚至会躲避主人，事后在一些隐蔽地方排便。

2. 地点应固定

选定的排便地点要固定，这样有利于犬形成条件反射。如果经常更换，会给犬造成可以在任何地点排便的印象，定点排便也就失去了意义。

3. 掌握幼犬生活规律

定点排便训练前应掌握幼犬的生活规律，同时还要注意犬的健康、饮食等。犬在采食后 0.5～1 h 及睡觉前后 0.5～1 h 排便的可能性较大，应重点关注这两个时间段内幼犬的举动。犬能在指定地点排便后，可进行定时排便训练。定时排便训练必须保证饲喂的定时。幼犬如果患上痢疾，首先要进行治疗，待幼犬恢复健康后，再进行定点排便训练。

4. 排便时要保持安静

看见幼犬排便要保持安静，不可失声喊叫，否则会使犬受惊，影响犬的排便训练。

六、安静休息训练

(一)方法和步骤

1. 选择犬窝

主人培养犬安静休息的习惯,首先要为犬准备一个温暖舒适的犬箱或犬窝,里面垫一条旧毯子,主人先与犬游戏,待犬疲劳后,主人发出“休息”的口令,命令犬进入犬箱或犬窝休息。如果犬不进去,可将犬强制抱进去,关闭门或轻微刺激犬命令其休息。休息时间最初可以是3~5 min,慢慢延长至10~20 min,直至数小时。

2. 放置玩具

在犬窝里放置一些小玩具,如闹钟或小收音机,放到犬看不到的地方。当主人准备休息或外出时,发出“休息”的口令,令犬卧在犬窝上听闹钟或小收音机的声音,使犬不觉得寂寞,从而避免乱跑、乱叫。经过数次训练之后,犬就会形成安静休息的条件反射。

(二)注意事项

在安静休息的培训与调教过程中,除主人或驯导员外,其他人员对幼犬的教育训练应保持同样的认识,采用统一口径。对幼犬做出某一件事,如果有人态度暧昧,有人训斥责备,幼犬就会很迷惑,不能分清是对是错、该不该做。当幼犬发出呜咽或嗷叫时,应立即斥责批评。当幼犬按照指令休息时,则要表扬。在训练中最重要的是必须坚持不懈。

七、唯主是从训练

如果主人想拥有一只完全属于自己的犬,一起度过所有欢乐的时光是完全可以做到的。这就要求对幼犬的饲养、管理、调教和训练都必须主人亲自进行,不允许其他人训练、抚摸、奖励和饲喂犬。主人要使犬确信,在这个世界上只有你是最爱它的,主人也可以请他人对犬进行挑衅和威吓,主人对其他人进行惩罚,与此同时对幼犬给予奖励。一段时间后,幼犬就会养成唯主是从的习惯。有些品种的犬天生具有这种习性,如京巴犬、八哥犬、藏獒等。

在训练过程中,要注意幼犬的逆反心理,幼犬的这种心理在100~250日龄时就会出现,此时幼犬会变得有主见,如主人或他人对幼犬施以强烈刺激,幼犬很快就会失去对主人的信赖感。因而在这个时期,主人需要有足够的耐心,要坚持循序渐进地诱导,既不能迁就幼犬的不合理要求,也不能采用强行、粗暴的方式或过度刺激犬,这样幼犬才能信赖、尊敬和服从主人,否则幼犬就会变得唯我独尊,而不是唯主是从。

八、定时定点采食训练

有些犬主因工作较忙,每天早晨会给犬足够的食物,以便犬全天采食。这种做法极不科学,也很不卫生,特别是夏天,由于食物放得太久容易变质,犬采食后容易发生腹泻。幼犬习惯在固定的场所采食,如经常更换采食地点,可能会引起犬的食欲不正常。因此,养成幼犬定时定点采食的良好习惯是很有必要的。

(一)方法和步骤

1. 定时采食

幼犬每天不管是喂 1 次还是 2 次,最好都在相对固定的时间喂食。固定时间喂食可以使犬每到相同时间胃液分泌和胃肠蠕动就有规律地加强,饥饿感加剧,使食欲大增,对采食消化吸收大有益处。如果不定时间喂,则将破坏这一规律,不但影响采食和消化,还易患消化道疾病。幼犬通常每天可喂 3 次,早、中、晚各 1 次,且每次的饲喂时间应相对固定。不同季节的饲喂时间不尽相同,通常春季、冬季饲喂时早餐宜晚、晚餐宜早,夏季、秋季饲喂时早餐宜早、晚餐宜晚,以保证幼犬的正常睡眠时间,但注意同季节内的饲喂时间应相对固定。犬采食后离开食盆时,即使食物还没有吃完,也要拿走食盆,这样做既卫生又方便饲养管理,更利于定时采食习惯的养成。

2. 定量采食

每天饲喂的犬粮要相对稳定,不可时多时少,防止犬吃不饱或暴饮暴食。随着幼犬的生长,应及时调整饲喂量以满足幼犬的生长发育。应注意,不同个体的食量可能有差异。中小型犬通常每千克体重饲喂 20～25 g 饲料,基本能满足幼犬的营养需要,同时可保证幼犬在 10～15 min 吃完。犬主应根据幼犬采食时和采食后的行为来判断喂量是否合适。幼犬如果在 5 min 左右采食结束,且仍然舔食盆上残留的饲料,表明饲喂量可能不足,需要适量添加。如幼犬在 15 min 内不能吃完,且在采食过程中时而离开、时而返回继续采食,表明饲喂量可能过多,需要适量减少。

(二)注意事项

1. 把握饲喂时机

可在正常饲喂幼犬的时间内进行,但必须保证幼犬处于饥饿状态,这样才能准确地把握每次的饲喂量。

2. 与不良采食行为的纠正同步训练

在进行定点定时采食训练时,可与幼犬不良采食行为的纠正同步进行,包括拒绝吃陌生人的食物、不偷食、不随地捡食等。

九、社会化训练

(一)社会化的定义

在日常接触中会发现,有的宠物犬很胆小、害羞,这种表现很多是因为该犬在幼小时没有适当地接触足够的人、事、物或第一次接触时的印象不好,正是因为接触不足或接触时经验印象太差,犬对人或事、物的恐惧可能成为它一生走不出的阴影。

“社会化”是指让宠物犬对生活环境和周围的人、事、物等熟悉和习惯,不产生恐惧感的过程。宠物犬的社会化从出生就开始了,它们通过跟母犬、同伴、主人、周围环境、事物的接触,不断感受周围的情况,学习正确的社交礼仪和行为方式,从而使它们能够更快、更好地适应不同的环境。

一般情况下,宠物犬社会化的黄金期从 3 周龄开始到 16 周龄为止,这段时间是犬的敏感期,也是犬社会化的最佳时机,其他时间虽然也能进行社会化,但效果不明显。

(二)社会化的方法

有很多人认为带着爱犬去认识别的宠物犬就是社会化，这是种误解。社会化不仅是让爱犬认识它的同类，还要去认识不同的环境、不同的事物、不同的味道、不同的声响和高矮、胖瘦、男女、长相各异的人，这样宠物犬以后再遇到类似情景时最多会谨慎一些，而不会有恐惧的不良反应和过激的行为出现。

1. 对家庭生活的适应

幼犬从离开母亲和兄弟姐妹来到一个新家后，就开始了对新家庭生活的适应。犬的适应能力很强，一般一周就能完全适应新的环境。在新家庭中让犬感到家人的友善、关爱是十分重要的。主人绝对不能打骂幼犬，要用温柔的态度对待幼犬，并悉心照顾它。这样幼犬才会感到安全、舒适、幸福，长大后才会带有温顺的特质，乐于与人接近，乐于为人服务，对人不容易产生攻击行为。相反，如果宠物犬在幼年经常挨打、经常受到虐待，那么长大后它就会不信任人类，甚至还会出于防卫心理而主动攻击人。

2. 对各种声音的适应

犬对声音敏感，特别是听到突然出现的巨响、不可理解的声响，都会因恐惧而吠。因此，要让犬适应这些声响，特别是生活中常常出现的声响，如洗衣机的转动声、空调的嗡嗡声、电吹风发出的声响、吸尘器的声响、放鞭炮的声响及打雷声等。训练时，应先关闭电器的电源，让犬接近电器仔细的嗅闻、观察，然后打开电源开关，让犬从远处开始听，再慢慢靠近，声音也由小到大逐渐变化。在训练时，主人要用陪犬玩耍、喂它们吃零食或抚摸等方式来分散它的注意，直到幼犬听到噪声不但不惊慌，还若无其事时才算适应训练成功。

3. 对各种年龄、性别、体形及外貌的人的适应

宠物犬最常接触到的不是它的同类而是人，因此让它跟各种不同的人接触能使它更好地适应人类的生活。犬社会化过程中接触的人类应包括。

(1)婴儿、学步幼儿、小学生、青少年、成人和老人。

(2)男性或女性。

(3)高矮胖瘦等体形的人。

(4)特殊着装(制服、厚重大衣、帽子、太阳眼镜、雨衣等)的人。

(5)手持东西(伞、背包、包裹、拐杖、行走器、梯子等)的人。

(6)其他(残障人士、坐轮椅的人、酒醉的人、拉车的人、滑滑板的人等)。

犬与人的社会化训练可邀请邻居或朋友参与，当带着爱犬在公园游玩时，请他们装作偶然经过的样子接近，然后赞扬和抚摸幼犬，并给它食物吃，通过这样的接触，使犬感受到友好，并且与人的接触都是以愉悦体验而结束的经验。

4. 对同类及其他动物的适应

主人带幼犬到犬多的公园，先牵着犬让犬与其他犬相互认识，等其情绪稳定后再放开它(防止它产生到宠物犬多的地方就可以疯玩的错误经验)，让它和新认识的朋友一起玩耍游戏。如果幼犬在 4 月龄之前与其他犬相处，就会使幼犬学习很多观念、社交技巧、求生本能和游戏玩耍时咬劲的控制，从而让它长大后与其他犬交往不再存在难度和困惑。

除需要与其他犬适应外，还应该让幼犬适应其他动物，如宠物猫、兔子、鸡等，培养犬与其他动物和平相处的能力。

任务三　犬的基本科目训练

犬是几种可被有目的地调教的动物之一。犬经过训练后，可以为人类从事许多工作。这种训练有一定的方式和方法。研究认为，幼犬 4～12 周龄是适应社会的关键时期。德国牧羊犬在被用来训练成为导盲犬时，在 12 周龄以前就必须进入家庭，与人共同生活，否则在 1 岁开始训练时，便很难获得成功。当然，还存在其他社会环境因素，但有一点是肯定的，幼犬的社会环境锻炼有利于后来的训练。食物奖赏是训练犬的有效辅助手段，但是切不可将食物奖赏当成口令及手势加以使用。

犬的基础科目训练是进行其他训练的基础，既能培养犬的服从性，树立主人的权威，又能开发犬的智商，为复杂的后续训练活动提供可能。因此，犬的基础科目又称为服从科目。实践证明，犬的基础科目训练的好坏，将直接影响作业能力培养的速度、质量和使用效果。同时，通过这样的训练可以增强犬的体重和胆量，平衡犬的神经活动过程及相互转化的灵活性，还可以进一步考查与确定犬能否进入使用科目的训练或适合何种科目作业的训练。

一、随行科目

犬随行科目训练的目的是养成犬根据驯导员的指挥，靠近驯导员左侧并排前进的能力，并保持在行进中不超前、不落后的正确姿势（图 8-6、图 8-7）。

（一）口令和手势

1. 口令

“靠”，也可适当加入“快”“慢”的口令。

2. 手势

左手自然下垂，掌心向内，轻拍左侧大腿外侧。

随行科目 1

随行科目 2

图 8-6　随行示意图

（引自高德臣、郝菊秋，2023）

图 8-7　随行训练

3. 犬的正确行为

犬的前肢与驯导员两腿并齐前行，并能在行进中跟随驯导员进行方向和步伐速度的变换，前不超肩，后不露胛。

随行科目训练步骤

(二)方法和步骤

1. 建立犬对口令、手势的条件反射

训练时，先在清洁平坦的地面令犬自由活动一会儿，再用左手反握牵引带，唤犬名引起犬的注意，在发出口令“靠”的同时，用左手把牵引带向前拉，以较快的步伐前进，每次行走不少于 100 m。当犬出现超前或落后时，立即发出“靠”的口令给予纠正，并拉动牵引带一次，给犬以刺激。也可右手握，将能引起犬兴奋的物品并放于胸前，吸引犬靠近左腿，快速前行，当犬达到要求后，把物品抛给犬作为奖励。为了形成对手势的条件反射，可用右手拉好牵引带，并放长些，当犬一旦脱离正确位置时，在发出“靠”的口令的同时，用左手拍一下自己的左大腿，这样反复多次训练，形成条件反射。当犬受到新异刺激不执行口令时，应发出威胁音调的口令，并配合用猛拉牵引带的刺激加以纠正。注意，纠正犬的位置时牵引带只是瞬间被拉紧，犬一旦回到正确位置，应放松牵引带。如犬的超前和偏离行为用急拉牵引带不能纠正时，可采取拐弯的方法加以纠正。

2. 随行中方向和步伐速度的变换

当犬能不用牵引带即可根据口令正确地随行时，可进行变换速度、方向的训练。

随行中，转向是指在行进中左转、右转和后转。当要改变方向时，首先发“靠”的口令和手势，并轻扯牵引带。向右转，可将牵引带向右前方急扯；向左转，可将牵引带向左后方急拉，同时用左膝盖轻推犬的肩部；向后转，可将牵引带向右前方急扯，同时用左脚轻推犬的飞节部。

随行中，步伐速度变换包括普通步、快步、慢步、跑步等。变换步速时，先发出“靠”的口令和手势，轻扯牵引带。加快步速，可将牵引带向前向上急扯；减慢步速，可将牵引带向后急扯。

随行中，不能使犬偏离位置。当犬能准确进行步伐速度和方向的变换时，应及时给予奖励。

3. 随行中的“坐”“卧”“立”及自由随行

当犬对随行完全熟练后，即可开始培养犬随行中的“坐”“卧”“立”及自由随行。驯导员牵犬行走一段距离后，对犬发出“坐”“卧”的口令，令犬坐下。如犬不坐，可向后急扯牵引带令其坐下。然后，驯导员放下牵引带继续前行数米，停下面对犬数秒，返回犬的左侧，绕过犬后面回到犬的右侧，拿起牵引带发出口令“立”，继续带犬前行一段距离，以奖励结束强化训练。

当犬完全熟悉了牵引带随行后，可进行自由随行的训练。首先用口令和手势指挥犬的随行活动，放松牵引带使其不再起控制作用。如犬能很好地配合则可把牵引带放开，让犬拖在地面上随行，后逐渐除去牵引带。

4. 复杂环境中的随行

当犬能熟练地完成随行的基本训练后，可进入复杂环境进行随行训练。刚开始时最好用牵引方式进行，后再采取自由随行。随行应保持犬与人一致，切忌踩到犬。

(三)注意事项

(1)当犬对“靠”的口令和手势还未形成条件反射以前，不要过早地解除牵引带进行脱绳训练。

(2)随行时驯导员应注意不要踩到犬的脚趾,防止犬产生消极防御反应,给训练增加难度。

(3)训练时选取安静、平坦的场地进行,避免外界的干扰。每次训练过程中或训练结束,都要给予适当的奖励和休息时间,让犬高兴地结束训练。

二、坐下科目

犬的坐下训练主要是加强犬的服从性,训练犬根据驯导员口令、手势的指挥迅速执行动作,为以后训练犬的其他服从性科目打下基础。坐下科目要求犬能够闻令而动,活泼自然,姿势正确而具有持久性。正确的坐下动作应前肢垂直,后肢弯曲,跗关节以下着地,尾巴平伸置于身体正后方地面(图 8-8、图 8-9)。

A 左侧坐

B 正面坐

图 8-8 坐下示意图

(引自高德臣、郝菊秋,2023)

(一)口令和手势

1. 口令

“坐”。

2. 手势

(1)正面坐 右臂侧伸与肩关节相平,小臂垂直于大臂向上伸直,掌心向前,呈“L”形。

(2)左侧坐 左手轻拍左侧腹部。

3. 犬的标准姿势

两前肢平行,垂直于地面,两后肢弯曲于臀前,臀部着地,尾巴平伸至身体正后方,目视前方,活泼自然。

图 8-9 坐下训练

(二)方法和步骤

1. 建立犬对口令、手势的条件反射

选择一个清静、干扰少的环境开始进行犬对坐的口令和手势建立条件反射的训练。

(1)正面坐的训练　让犬站在驯导员对面，右手做出正面坐的手势，同时喊出“坐”的口令，左手上提牵引带，迫使犬坐下；或驯导员与犬面对面相站，驯导员喊出“坐”的口令，同时右手做出正面坐的手势，位于犬侧的助驯员一手提犬项圈，一手压犬腰角，迫使犬坐下。

(2)左侧坐的训练　让犬位于驯导员左侧站好，然后发出“坐”的口令，同时左手上提牵引带，右手压犬的腰角迫使犬坐下；或右手拿一犬喜欢的物体放于犬鼻前上方，向犬上方移动，被吸引的犬会自然坐下。待犬能听到口令做出动作后再加入手势练习。

重复数次，每次做完都要及时给予犬食物奖励，直至犬听到口令、看到手势后自己能做。

2. 培养犬坐延缓和距离指挥的能力

待犬对口令、手势形成条件反射后，开始训练犬坐延缓和距离指挥的能力。

驯导员先让犬坐下，然后离开犬 1 m 左右，如犬不动，则奖励，并在训练后期逐渐延长犬保持坐不动的时间。如犬有欲移动的迹象，则立即重复“坐”的口令，使犬在原位置坐好。

在犬能保持“坐”动作不变一段时间后，开始训练距离指挥的能力。延长驯导员与受驯犬的距离，并加入假动作干扰犬的延缓行为，直至能坐延缓数十分钟，距离指挥数十米。

3. 复杂环境下的训练

在犬能根据驯导员指令迅速且准确地做出动作后，可将犬带至复杂的环境中训练，培养犬抗干扰的能力，提高犬完成该科目的技能。

(三)注意事项

(1)在初期训练时，最好选择在早、晚比较清静的环境里进行，场地要平坦，没有让犬感到不舒服的杂物。

(2)每次训练的时间不能太长，防止犬疲劳。

(3)注意犬的坐下动作，一定要让犬完全坐下后再给予奖励，不要养成要坐未坐的习惯。

(4)训练时奖励要走上前去给予，而不是让犬上前给予，以防止犬坐延缓练习时自动解除延缓。

三、卧下科目

(一)口令和手势

1. 口令

“卧”或“趴下”。

2. 手势

(1)正面卧　右手五指并拢垂直上举，然后迅速向前下方平伸，掌心向下，做压迫状摆动。

(2)左侧卧　驯导员右脚向前一步呈弓步，上身微曲，右手五指并拢，从犬鼻前下方挥指。

卧下科目

3. 犬的正确姿势

动作迅速，两前肢平伸于前方，两后肢屈曲于臀前，胸腹部着地，头自然抬起，尾平伸于后。

(二)方法和步骤

1. 培养犬对口令、手势形成条件反射

一种方法是驯导员让犬左侧或正面站好,然后喊口令“卧”,同时一手向下拉牵引带,另一手压犬的腰角,迫使犬坐下。另一种方法是先让犬坐下,然后右手持肉块或能令犬兴奋的物品,向犬嘴的下方移动,同时发出“卧”的口令,犬在食物引诱的作用下,便会做出趴下的动作(图 8-10、图 8-11)。

A　正面卧

B　左侧卧

图 8-10　卧示意图

(引自高德臣、郝菊秋,2023)

图 8-11　卧下训练

在犬能根据口令做出卧下动作后,取消食物引诱或机械刺激,并加入手势。如果犬抗拒做出卧下动作,驯导员也可采取单腿跪下的姿势,左手从犬背上伸过去握住犬的左前肢,在发出“卧”口令的同时,将犬的两前肢向前引伸,并用左臂轻压犬的肩胛迫使犬卧下。每次犬做出正确动作后都要及时给予奖励,并予以“好”的表扬。

2. 培养犬卧延缓和距离指挥的能力

(1)卧延缓　驯导员发出“卧”的口令,待犬卧下后,保持静止数秒,在犬要出现运动的动作之前,喊“好”,然后予以奖励。待犬明白驯导员的用意后,再逐步延长卧的时间,从而训练犬保持卧的动作静止不动。禁止驯导员喊“好”之后才予以解除卧的行为。

(2)距离指挥　驯导员发出“卧”的口令,待犬做出正确的卧下动作后,驯导员后退两步(1 m),犬静止不动,如犬想要移动,则重复“卧”的口令制止。然后开始在距离犬一段距离(逐步延长)的地方发出口令,遥控犬的卧下行为,直到在犬距离驯导员 50 m 以上的距离能根据口令做出正确的动作为止。

3. 复杂环境下的训练

当犬能在驯导员口令下迅速而准确地做出卧下动作并具有延缓能力后,即可将犬带到复杂环境中进步锻炼,以提高犬的抗干扰能力。

(三)注意事项

(1)注意犬的卧姿,防止犬半躺半卧。

(2)掌握机械刺激和食物引诱的时机,同时奖励要及时、恰当。

(3)训练初期,口令和手势要结合使用,防止与“坐”的口令混淆,后期再分开单独使用。

(4)当犬对卧的能力有一定基础时,可结合随行训练,随行中卧。

四、前来科目

犬的前来训练是为了培养犬在任何情况下都能根据主人的手势和口令顺利地来到驯导员左侧/前面坐下的能力。

前来科目

(一)口令和手势

1. 口令

“来”。

2. 手势

左手向左曲臂,而后向左平伸,随即放下。

图 8-12 前来示意图

(引自高德臣、郝菊秋,2023)

图 8-13 前来训练

3. 犬的正确行为

要求犬的动作兴奋、自然、迅速,取捷径回到驯导员左侧/前面坐好,抬头认真看驯导员的脸色,等待发口令。

(二)方法和步骤

1. 建立犬对口令、手势的条件反射

选取清静的场地,让犬拖着训练绳自由活动,然后唤犬名以引起犬的注意,发出口令“来”,右手做来的手势,同时左手拉训练绳并向后退,使犬前来。当犬来到主人面前,应及时奖励,这样经过多次训练,犬即可按口令前来。但应注意的是,有的犬往往听到口令或看到手势却不来,此时,主人一定要耐心,要想方设法采取一切足以使犬兴奋的动作,如后退、拍手蹲下和向相反方向急跑等,促使犬前来,切记不能用突然的动作去抓犬或追捉,否则会使犬受到影响。有的犬受到新异刺激后,不但不来,反而到处乱跑。此时应抓住训练绳,并用威胁的口令,右手做前来的姿势,令犬前来,当犬来到身边时,应及时奖励(图 8-12、图 8-13)。

2. 使前来动作规范化

此阶段主要包括前来正面坐和侧面坐。

(1)前来正面坐　驯导员在呼唤犬前来之前，先将事先准备好的能令犬兴奋的物品抓在手中置于小腹处，然后唤犬前来。当犬来到驯导员正前方时，立即发出“坐”的口令和手势，待犬坐下目视驯导员时，把物品抛给犬作为奖励。

(2)前来侧面坐　当犬按照口令来到驯导员跟前时，用左手拉住犬的脖圈，轻轻向左后方牵引，使犬转过来靠近驯导员的左侧，令其坐下，并给予奖励。

3. 复杂环境中的训练

当犬在清静环境中能准确及时地听令而行后，就可把训练转入复杂环境中进行。初期应带绳训练，当犬出现延误或不执行命令时，要以威胁音调发出“来”的口令，并伴以猛拉训练绳的刺激，迫使犬前来。随着训练的进行，可逐渐脱绳训练。

(三)注意事项

(1)训练中切忌追逐、惩罚犬。

(2)要及时纠正犬前来时绕行的行为。

(3)犬前来后，要让其有“好的经历在等待”的意识，不能在此时使犬有受到惩罚、紧接着带它回家等不良的经历。

(4)用诱导法引犬前来后，要把诱导物奖励给犬。

五、衔取科目

犬的衔取训练是训练犬鉴别、追踪、搜索物品等多种科目的重要基础，也是玩赏犬经常训练的一个动作，通过训练使犬养成根据指挥将物品交给驯导员的能力。

(一)口令和手势

1. 口令

“衔”“吐”。

2. 手势

右手指向要衔取的物品(图 8-14、图 8-15)。

衔取科目

图 8-14　衔取示意图

(引自高德臣、郝菊秋，2023)

图 8-15　衔取训练

3.犬的正确行为

要求犬的衔取欲望要强，寻找物品的积极性高，并且不破坏被衔取回来的物品。

(二)方法和步骤

1.建立犬对口令、手势的条件反射

首先应训练犬养成“衔”“吐”口令的条件反射。训练的方法应根据犬的神经类型及特点分别对待，一般多用诱导和强迫的方法。

在用诱导法训练时，应选择清静的环境和易引起犬兴奋的物品。右手持该物品，迅速地在犬面前摇晃，引起犬的兴奋，随之抛出1～2 m远，立即发出“衔”的口令，在犬到达要衔的物品前欲衔取时，再重复发出“衔”的口令，如犬衔住物品，应给予“好”的口令和抚摸奖励，让犬口衔片刻(30 s左右)，即发出“吐”的口令，主人接下物品后，应给予食物奖励。反复多次后即可形成条件反射。

有的犬需用强迫法训练，即令犬坐于主人左侧，发出“衔”的口令，右手持物，左手扒开犬嘴，将物品放入犬的口中，再用右手托住犬的下颌。训练初期，在犬衔住物品几秒钟后即可发出“吐”的口令，将物品取出，并给予奖励。反复训练多次后，即可按口令进行“衔”“吐”训练。在此基础上，再进行衔取抛出物和送出物品的能力，训练犬具有鉴别式和隐蔽式衔取的能力。在训练衔取抛出物时，应结合手势(右手指向所要衔取的物品)进行，当犬衔住物品后，可发出“来”的口令，吐出物品后要给予奖励。如犬衔而不来，则应利用训练绳掌握，令犬前来。

2.复杂环境下的衔取

当犬能准确及时地把要衔取的物品衔取回来后，就可开始进行复杂环境下的衔取训练。在训练场所放置一些干扰物(干扰物的数量和对犬的吸引力要逐渐增加)，然后让犬衔取要衔取的物品，给予奖励。

(三)注意事项

(1)为了保持犬具有较高的衔取兴奋性，应经常更换衔取物。每次训练都不能使犬过度疲劳，要在犬衔取兴奋性高时终止训练，训练不宜频繁。

(2)要注意及时纠正犬在衔取时撕咬、玩耍和自动吐掉物品的毛病，以保持衔取物品动作的正确性。

(3)训练中应制止犬破坏衔取物的行为，制止犬把衔取物衔走藏起来后空口跑回来的现象。

(4)当衔取训练有一定的基础后，应多采取送物衔取的方式，少采用抛物衔取，防止犬养成衔动不衔静的毛病。

六、吠叫科目

犬的吠叫训练是使犬养成根据指挥进行吠叫的服从能力，为以后警戒和护卫等科目的训练打下基础。

(一)口令和手势

1.口令

“叫”。

2. 手势

右手食指在胸前轻点。

3. 犬的正确行为

犬的吠叫训练要求犬根据口令和手势能迅速做出吠叫动作（图 8-16、图 8-17）。

图 8-16　吠叫示意图

（引自高德臣、郝菊秋，2023）

图 8-17　吠叫训练

（二）方法和步骤

1. 物品引诱犬吠

先令犬坐下，把牵引带的一端拴在牢固的物体上，发出“叫”的口令和手势，同时用食物在犬的面前引诱，食物的刺激会引起犬的兴奋，但又吃不到食物，犬就吠。初期应在吠后给予食物奖励，以后应逐渐减少，直至完全取消奖励，养成只听口令和看手势就可吠的习惯。

另外，也应培养犬对衔不着或衔不动的物品以发出叫声的方式表示的能力。为此，可利用最能引起犬兴奋的物品，放在犬衔不到的地方，令犬去衔取，并发出“叫”的口令，如犬能吠，立即给予奖励，并将物品拿出让犬衔取。这样反复多次，即可培养犬对衔不着或衔不动的物品以吠形式表示的能力。

2. 主动防御反射诱发犬吠

此法主要用于防御反射占优势的犬。驯导员先牵犬进入训练场地，助驯员由远及近接近并逗引犬，当犬要发出叫声时，驯犬员发出“叫”的口令并做出手势。犬叫时要大声鼓励，并及时奖励。

3. 利用犬的依恋性诱发犬吠

驯犬员牵犬到生疏而又清静的环境里，将犬拴在牢固的物体上。先逗引犬并使犬兴奋，然后慢慢远离犬，边走边呼唤犬的名字。犬由于看到主人离开而着急，此时驯犬员发出“叫”的口令和手势。如犬发出叫声，则立即跑回犬的身边并安慰犬，及时给予奖励。

4. 模仿训练

模仿训练是利用其他训练好的犬去影响将要被驯的犬的一种训练方法。训练时，把受驯犬和训练好会吠的犬拴在一起，发出叫的口令和手势，当被驯好的犬吠时，就会带动被驯犬一起吠。

(三)注意事项

(1)在犬吠时奖励要及时,防止犬频繁地发出叫声而产生抑制反射。

(2)宠物犬的叫声可能会影响邻居的休息,所以在犬学会吠后,就不要随便让犬叫。

七、安静科目

犬的安静训练是使犬养成根据指挥进行安静的服从能力,为以后的警戒和护卫等科目的训练打下基础。

(一)口令和手势

1. 口令

"静"。

2. 手势

把右手食指竖直地放在自己嘴的中央,呈"十"字形。

3. 犬的正确行为

要求犬根据口令和手势能迅速停止吠叫,保持安静状态(图 8-18)。

图 8-18 安静训练

(二)方法和步骤

安静科目的训练要有助驯员帮助进行。助驯员先以鬼祟的动作接近犬,当犬欲叫时,主人应发出"静"的口令,同时做手势,将右手置于嘴前,伸出食指,与鼻形成一条直线,并轻击犬嘴或用手握住犬嘴,禁止犬叫出来,以保持安静。当犬安静后立即给予奖励。随后,助驯员时隐时现地活动,并不断地挑衅犬,驯犬员根据犬的表现,及时下令禁止犬吠。反复练习,直到犬对"静"的口令形成牢固的条件反射。

(三)注意事项

(1)训练时奖励要及时。

(2)平时要多奖励犬的安静行为,以免犬乱叫影响邻里关系。

八、延缓科目

犬的延缓训练就是让犬根据指挥达到保持原动作姿势不变的能力。

(一)口令

1. 口令

"定"或"等"。

2. 犬的正确行为

要求犬的兴奋不能过高，延缓时无多余的动作（图 8-19、图 8-20）。

图 8-19　坐延缓示意图

（引自高德臣、郝菊秋，2023）

图 8-20　坐延缓训练

（二）方法和步骤

延缓训练往往与坐、卧下、立、躺等科目的训练结合进行。以坐为例：选择安静场所，让犬坐好，发出“定”的口令，后退两步，如犬保持坐姿不动，立即返回犬旁给予奖励，然后重复。可向左、右、前、后等方向做短距离的移动，直至犬仍能保持坐姿为止。如犬移动则应及时喝止，重新发出“坐”的口令，再发出“定”的口令。当犬形成条件反射后，可适当加上一些干扰动作，并逐渐延长距离，最终达到 20 m 以上。距离延缓达到要求后就要进行时间延缓的训练。让犬保持坐姿的时间逐渐增加，每次训练延缓时间要采取逐步增加和增加与减少相结合的原则进行（如 1 min→5 min→10 min→6 min→15 min→10 min→30 min →20 min→50 min）。

（三）注意事项

（1）时间延缓和距离延缓要分开进行，循序渐进，不要试图同时达到目标。

（2）时间延缓训练时要打乱时间延缓的时间段，不能让犬感到每次延缓的时间越来越长。

（3）训练中，避免犬过度兴奋，以免影响延缓的养成。

九、躺下科目

犬的躺下训练主要是使犬根据指挥养成正确的服从性，保持延缓的持久性。

（一）口令和手势

1. 口令

“躺”。

2. 手势

右臂直臂外展 45°，向前下方挥，掌心向前，胳膊微弯（图 8-21）。

图 8-21　躺下训练

3. 犬的正确姿势

要求犬听到口令必须迅速做出躺的动作。犬身体一侧着地，头部、四肢和尾部自然平展于地面。

(二)方法和步骤

1. 建立犬对口令和手势的条件反射

选取安静平坦的场地，驯导员先令犬卧下，发出“躺”的口令。同时，用手掌向右压犬的右肩胛部位，迫使犬躺下。犬躺下后发出“好”的口令并给予奖励。反复进行，并逐步加入手势，以使犬对口令和手势都能形成反射。

2. 距离指挥和延缓能力的培养

在犬对口令和手势都形成条件反射并能迅速准确地完成动作后，就要进一步进行距离指挥和延缓能力的培养。驯导员先在犬近距离处进行几次躺下的训练，然后开始在距离犬 1～2 m 的地方下令犬躺下。如犬听令，则表扬和奖励；如犬不听令，则返回近距离处继续练习，逐步拉长人犬距离，直到距犬数十米仍能控制犬躺下。在达到距离指挥要求后，就进行时间延缓能力的培养，让犬保持躺姿的时间逐步延长，直至 30 min 左右。

(三)注意事项

(1)注意犬的动作，不要出现假躺现象。

(2)注意该项目和坐、卧、站等科目的区别。

坐立科目

十、坐立科目

犬的坐立训练是为了培养犬根据指挥迅速执行坐立动作的能力。

(一)口令和手势

1. 口令

“坐立”或“蹲”。

2. 手势

手臂以肩关节为轴自然后摆，前臂以肘关节为轴上抬至水平，五指并拢，掌心向上提至腰部。

3. 犬的正确姿势

要求犬坐立姿势端正，臀部和后肢着地，前肢抬离地面，延缓原地 3 min 以上(图 8-22、图 8-23)。

图 8-22 坐立示意图
(引自高德臣、郝菊秋，2023)

(二)方法和步骤

1. 建立犬对坐立口令、手势的条件反射

在清静环境中，让犬坐好，从犬身后用两脚夹住犬的后股部，左手握住牵引带，用手拿着犬喜欢的玩具或食物在前上方逗引，发出“坐立”的口令后，左手上提牵引带，右手用物品逗引犬，使犬的前肢离开地面，犬的背部倚靠在驯导员的双腿之间，持续 5～10 s 时给犬奖励。反复训练，适时加入手势训练，并逐步减少腿对犬的支撑，直至能离犬 30～50 cm。

2. 距离指挥坐立延缓能力的培养

先让犬坐好，然后向前或向右侧走出 30～50 cm，令犬坐立，延缓 10～20 s 后给予奖励。如犬不能延缓较长时间，应采取强迫手段。如此训练，逐步延长指挥距离和坐立的延缓时间，直到达到 20～30 m，并延至 3 min 左右。

图 8-23　坐立训练

(三)注意事项

(1)要注意坐立与坐、立的手势区别，并能及时纠正犬的非标准动作。

(2)使用强迫法时刺激部位要准确，刺激强度要适中。

(3)对不能很快掌握训练要领的犬要慢慢引导，不能惩罚。

十一、站立科目

犬的站立既是一项服从性科目，也是一项玩赏科目，其训练主要是使犬养成根据指挥迅速站立的能力。

(一)口令和手势

1. 口令

“站立”。

2. 手势

右手斜向上方，食指和中指向天空伸去，其他手指自然握于掌心。

3. 犬的正确姿势

要求犬站立时，后肢着地，犬体立起，前肢掌握平衡，站立姿势稳，不能移动(图 8-24、图 8-25)。

图 8-24　站立示意图
(引自高德臣、郝菊秋，2023)

图 8-25　站立训练

(二)方法和步骤

1. 建立犬对口令、手势的条件反射

清静环境中,让犬自由活动片刻,用犬喜欢的玩具逗引犬,当犬的兴奋性达到一定程度后,将玩具上举于犬的头部上方,同时发出“站立”的口令,并轻提牵引带或脖圈,此时犬会身体后仰地站立起来衔玩具,使犬保持站立姿势 10~20 s 后,把玩具抛给犬,注意不要使犬前跳。在之后的训练中,逐步加入手势训练,养成犬对站立口令、手势的条件反射。如犬不愿站立,可右手提起项圈,左手放于其腋下将其轻轻托起,同时发出“站立”的口令,然后给予奖励。

2. 培养犬远距离执行和站立延缓的能力

此项训练采取距离远近和时间长短相结合的原则进行。先让犬进行几次近距离的站立训练,然后在距离犬 1 m 左右的地方进行距离指挥。犬在 1~2 m 的距离指挥时站立延缓 10~20 s,在此距离上逐步提高至 5 m 的指挥距离站立延缓 5 s,最后可提高至 10 m 的指挥距离站立延缓 3 s,然后突然降低为 3 m 的指挥距离站立延缓 1 min 左右。犬如能较好地完成,在之后的训练中可再提高距离和延缓时间,直至 10~20 m 的指挥距离站立延缓 1~2 min。

(三)注意事项

(1)训练时,应根据犬反射活动的不同来选择训练食物或玩具。对食物反射强烈的犬应以食物奖励为主,物品奖励为辅。对玩具感兴趣的犬应以物品或玩具奖励为主,食物奖励为辅。

(2)奖励应在犬站立状态下进行,不能在召回到驯导员面前时奖励,否则容易破坏已形成的条件反射,从而影响训练效果。

(3)训练时注意延缓时间和指挥距离的循序渐进、难易结合、长短结合的原则,训练不能长时间进行,防止犬因疲劳而对该项目反感。

(4)在训练过程中,尽量不使用机械刺激,多采用诱导方式,这样犬做出的动作更自然、更准确。

十二、前进科目

犬的前进训练是让犬在没有任何诱导因素的情况下,能根据驯导员命令指挥向正前方快速跑出 30 m 以上的距离,然后听到驯导员发出“卧”的口令后迅速面向驯导员卧下,为搜索或巡逻等科目的训练奠定基础。

(一)口令和手势

1. 口令

“前进”或“去”。

2. 手势

右臂前伸,掌心向内,指向前进方向,同时右脚向前一步呈右弓步(图 8-26、图 8-27)。

图 8-26 前进示意图

（引自高德臣、郝菊秋，2023）

图 8-27 前进训练

3. 犬的正确行为

要求犬的前进方向正确，前进时动作迅速、兴奋。

（二）方法和步骤

1. 建立犬对口令、手势的条件反射

可结合送物引诱培养犬对前进手势形成条件反射。首先带犬到清静的训练场上，用长牵引绳控制犬，牵引绳一端从前方 50 m 固定滑轮中穿过，让犬在指定位置左侧位坐好，并发出“定”的延缓口令；然后驯导员跑步把一个能令犬兴奋的物品或食物送到犬正前方 30～50 m 以外的地方，跑回到犬的右侧位后奖励犬，并发出“前进”或“去”的口令，同时做出前进的手势指挥犬前进。如果犬能迅速地跑到物品处，则应立刻对犬发出“卧下”的口令，最好让犬回头看着驯导员；如果犬不前进，驯导员轻拉牵引绳，慢慢地将犬强迫拉到滑轮边，然后驯导员跑步到犬身边给予奖励，此时如使犬保持卧下的姿势 3 min 后再令犬前来正面坐好给予奖励，则效果会更好。犬如果能顺利完成 30～50 m 距离前进，根据犬的能力，实际可以把前进距离增加到 50～100 m，由于口令与手势的结合使用，犬便会对手势形成条件反射。也可将手势稍早于口令来结合训练，使手势的作用得到口令作用的支持。

该训练也可在事先安排好的土沟或狭长通道内进行。驯导员侧站在犬的前方，以玩具在前引诱犬，同时发出前进的口令和手势，令犬前进，并逐步减少玩具的引诱，使犬养成没有诱惑物执行前进命令的能力。

2. 培养犬在无物品或食物引诱下的前进能力

要训练之前，助驯员提前在训练场地放置好物品，驯导员带犬进入训练场地指挥犬前进。如犬在没有任何送物动作的诱导下不按口令前进时，驯导员要积极地向前跑动引导犬前进获得物品，使犬在没有送物作用的引诱下，同样可以通过前进而获得物品。经过这样反复训练，犬就会自动排除送物动作的诱导作用，形成按口令、手势前进的能力。在此基础上，应逐步减少提前在训练场放置物品的训练，直至取消诱导作用。

3. 前进中卧下的训练

前进训练一般是用犬最感兴趣、能引起犬兴奋的物品，以送物的方式引诱犬达到前进的目的。因此当犬前进到一定的距离后，寻物欲望较高，无论驯导员采取的是真送物品还是假送物品的形式，犬的兴奋点都集中在寻找的物品上，从而影响了犬对卧下的执行。在卧下训练时，可用较长的训练绳进行训练。当犬快要获得物品时，驯导员猛拉训练绳迫使犬卧下，但要掌握好刺激的强度，以防犬前进过程中形成前进速度慢、回头、自动卧下等不良联系。在平时训练中加强卧下的服从性训练，可对前进中卧下的训练起到一定的辅助作用。

(三)注意事项

(1)驯导员要根据犬的实际能力正确把握训练的进度和次数，以免造成抑制，一般每次训练最多不超过5次。

(2)初训期的场地环境要清静、宽广，后期的训练场地要经常更换，以提高犬在各种环境下的前进能力。

(3)训练时如果用诱导的方法，注意不能使用次数过多。训练中对犬奖励要及时、恰当。

(4)送物诱导、假送诱导及取消诱导的使用和结合不能规律化，以防犬形成不良联系。

十三、后退科目

后退科目

犬的后退训练是让犬在各种复杂环境中听到命令迅速完成后退动作的行为能力。

(一)口令和手势

1.口令

“退”。

2.手势

右手伸直向前，掌心向下，向前外侧摆动手掌(图8-28、图8-29)。

图8-28　后退示意图

(引自高德臣、郝菊秋，2023)

图8-29　后退训练

3.犬的正确行为

要求犬后退的姿势正确，方向要正，表现兴奋自然，无其他不良行为或多余动作。

(二)方法和步骤

1.训练方法一

驯导员带犬到安静、清洁、平坦的地方，在立延缓的基础上，将牵引带一端拴在犬的脖圈处，另一端系住犬的后小腹部。驯导员站在犬的右侧，左手拿后小腹牵引带，右手抓犬的脖圈处，发出“退”的口令，左手轻拉牵引带向犬的后上方，右手同时向后拉脖圈，犬只要有退的表现或向后退几步就给予奖励，如此训练多次后，犬对“退”的口令即形成条件反射。

2. 训练方法二

驯导员带犬到熟悉的训练场所，先对犬加以挑逗以引起犬的兴奋，然后将犬喜欢衔取或咬的物品放在犬的头部后上方，左手牵训练绳发出“退”的口令，驯导员正面对着犬头向前走几步，犬自然会向后退去，右手拿物品的同时手掌带动手腕，掌心向下向前摆动，犬如能后退 1～2 m 就给予奖励。

3. 训练方法三

驯导员将犬牵到事先安排好的宽 40～50 m、深 30～80 m、长 10 m 以上的土沟里，驯导员正面对着犬头，在犬立的基础上，正面迎着前进，使犬无法回头或转身，只有后退。驯导员一边发出“退”的口令，一边发出“好”的口令奖励犬，犬很快就会对退的口令和手势形成条件反射。在此基础上可以训练犬在复杂环境中的后退。其方法是犬在安静环境里形成条件反射后应到人多、噪声复杂的环境中进行训练，以增强犬在复杂环境中执行命令指挥的能力。

(三)注意事项

(1)训练时要有技巧，因犬而异，要防止犬疲劳，每次训练不要超过 15 min。

(2)初次训练时不要对后退路线是否直做过多的要求。

(3)每次训练尽量要成功，不能失败，次数不宜超过 5 次。

十四、 匍匐科目

犬的匍匐训练是为了培养犬根据指挥迅速匍匐前进的服从能力，是在犬对“卧下”的口令形成条件反射之后的进一步训练。

(一)口令和手势

1. 口令

“匍匐”。

2. 手势

右手伸直向前，掌心向下，向内摆动手掌(图 8-30、图 8-31)。

图 8-30　匍匐示意图

(引自高德臣、郝菊秋，2023)

图 8-31　匍匐训练

3. 犬的正确行为

要求犬匍匐方向要正确，姿势低、速度快，训练距离不宜过远。

（二）方法和步骤

1. 建立犬对口令和手势的条件反射

在清静的环境下，选择平坦、松软的地面，驯导员手持食物或物品逗引犬，然后将物品放在犬面前 20～30 m 处，令犬卧下，驯导员发出“匍匐”的口令，同时左手按压犬的肩胛部，右手向前拉扯牵引带。犬由于急于获得食物，且在手和牵引带控制下，就会匍匐前进，如犬能匍匐前进 1 m，此时驯导员应给予奖励，直至到达物品或食物处，给予食物、物品或口令“好”进行奖励，也可借助左手较柔和地向食物方向推进。如此反复训练，直至取消物品或食物，犬也能对“匍匐”口令形成条件反射。在以后的训练中，适时加入手势训练，使犬对手势形成条件反射。

2. 距离指挥匍匐前进能力的培养

当犬对“匍匐”口令和手势形或条件反射之后，驯导员可令犬卧下，站在犬正前方 50～100 cm 位置，左手持牵引带，发出“匍匐”的口令和手势，如犬匍匐 1 m 以上，则给予奖励。如犬不执行命令，应向前轻拉牵引带，并用物品或食物引诱犬，鼓励犬匍匐前进，如此训练直至达到犬匍匐 30 m 为止。随着犬匍匐能力的形成，驯导员可走到犬的正面 2～3 m 远的地方，命令犬匍匐着过来，然后给予奖励。

（三）注意事项

（1）在训练过程中，应注意诱导、强迫等手段的结合使用。

（2）因匍匐训练时犬的体力消耗较大，应注意初期的训练量不宜过大、过多。

（3）训练过程中，犬出现过度疲劳时，一定要及时停止。

（4）警用犬对匍匐的要求较高，可用匍匐架结合训练。

十五、游泳科目

犬的游泳训练是为了培养犬根据指挥下水，能顺利游过一般的河流和捞取小型漂流物的能力，为以后实际使用奠定基础。

图 8-32　游泳示意图
（引自高德臣、郝菊秋，2023）

（一）口令和手势

1. 口令

“游”。

2. 手势

右手挥向水面或水面漂浮物品（图 8-32、图 8-33）。

3. 犬的正确行为

要求犬游泳速度快，不在水中玩耍漂浮物品，衔到漂浮物品后立即返回。

图 8-33　游泳训练

(二)方法和步骤

驯导员带犬到清洁、较浅的池塘、小河、海滨、海滩等处,采用抛物衔取的方法引犬下水。如将犬极感兴趣的木棒、皮球或玩具等能漂浮在水面上的物品在犬眼前晃几下,引起犬的注意,然后当着犬面扔向水中,同时发出“游”的口令和手势,并引导犬下水。犬如为获取物品而下水衔取,应及时奖励,当犬衔取到物品上岸后,应再次奖励。如果犬表现胆怯不敢下水时,驯导员可一边抚拍诱导犬下水,一边自己换好游泳衣轻轻地抱犬下水。初期可采取给犬洗澡的方式,然后不停地奖励犬,指挥犬游泳,当犬感到舒适,能在水中自由游动时,可进一步将犬引到较深的水中游泳。少数犬初到深水处可能出现用前肢乱打乱抓的慌张状态,驯导员可用左手轻托犬的腹部往前游,随着犬的适应性和游泳能力的提高,可逐渐延长游泳的时间和距离,锻炼犬根据指挥捞取漂浮物和游到河对岸衔取物品的能力。大型工作犬具备上述能力之后,在使用科目训练中可结合追捕锻炼,让犬游过河流进行追击扑咬,也可结合追踪到河边断线后,使犬游过河接线追踪罪犯。

(三)注意事项

(1)游泳训练应在气温较高的时候进行,切不可在冬季,以防犬被冻伤或引起犬感冒。

(2)不可采用直接将犬抛扔至水中强迫游泳的方法,这样会使犬对游泳训练产生极度的被动防御反应。

(3)不可带犬到急流或水草多的水域游泳,以免发生意外,更不能到污染的水中训练游泳,以防传染疾病影响健康。

(4)游泳训练应有组织地进行,确保人和犬的安全。训练前应对犬进行健康检查,发现异常不能让犬下水进行游泳训练。

(5)每次游泳后,应让犬运动 5～10 min,用清水冲洗被毛后用毛巾擦干。

(6)利用鸭子、兔子等活的畜禽诱导训练,训练效果更好。

十六、越障碍科目

犬的越障碍训练是为了培养犬根据驯导员指挥,顺利通过各种障碍物的能力,从而适应实际使用的需要。

(一)口令和手势

1. 口令

“跳”“上”“下”。

2. 手势

右手挥向障碍物。

3. 犬的正确行为

要求犬在越障碍物时动作兴奋、自然、灵活和勇敢。

(二)方法和步骤

越障碍训练主要有跳越小板墙、栅栏、高架等,登越断桥、天桥等,跳越三级跳台、大板墙等。

1. 跳越小板墙、栅栏、高架等

带犬到训练器材场,带犬跑向训练器材,同时发出"跳"的口令,将牵引带向上提拉,促使犬跳过,然后给予奖励。如果犬不能跳过,驯导员应先跳过障碍,然后发"跳"的口令和手势,并上提牵引带,迫使犬跳过,反复训练即可形成条件反射(图 8-34、图 8-35)。

图 8-34 跳跃高架示意图

(引自高德臣、郝菊秋,2023)

图 8-35 跳越高架训练

2. 登越断桥、天桥等

带犬到障碍物前,发出"上"的口令,驯导员带犬一起上,并重复"上""好"的口令。如犬不上,驯导员可在侧面,通过助驯员辅助慢慢往阶梯上挪动犬的四肢,驯导员不断鼓励犬,也可以用犬喜欢的物品、食物等在犬前面逗引,如此反复训练。无论用哪种方法,只要犬敢于上下几次后,基本上就能适应了,以后可以逐步减少或取消引诱和强迫,训练犬逐渐根据指挥单独上下、自觉跳跃障碍(图 8-36、图 8-37)。

图 8-36 登越断桥和天桥示意图

(引自高德臣、郝菊秋,2023)

图 8-37 登越断桥训练

3. 跳越三级跳台、大板墙等

驯导员可牵引犬到三级跳台前几米处，由助驯员牵引犬，驯导员手持训练绳上到三级跳台上部，唤犬前来，同时发出“上”的口令，并拉扯牵引带迫使犬跳到顶端驯导员的身边，随即给予奖励物品或食物，然后驯导员带犬下去。也可以用食物、物品逗引犬，然后抛到顶端，或助驯员站在三级跳台顶部逗引等，均能起到一定的效果。通过训练逐渐减少强迫或诱导（图 8-38至图 8-40）。

训练犬跳大板墙的初期，大板墙应矮一点，随着能力提高，逐渐增高三级跳台，应培养犬一气呵成跳过。

图 8-38　跳越三级跳台示意图

图 8-39　跳越大板墙示意图

（引自中国人民解放军原总参谋部军务部，2004）

图 8-40　登越断桥训练

4. 通过自然障碍

当犬通过专用障碍器材有一定能力之后，就应结合自然障碍，如训练通过矮墙、栅栏、矮树、篱笆、壕沟、车子、攀登木梯等，其方法与通过障碍训练基本相同，只要适应，都能顺利通过（图 8-41、图 8-42）。

图 8-41 跳跃树障碍示意图

(引自高德臣、郝菊秋,2023)

图 8-42 跳跃树障碍训练

(三)注意事项

(1)强迫手段使用要适度,奖励要充分,以免犬对障碍产生恐惧,逃避训练。

(2)每次训练次数不宜过多,饱食后不宜参加障碍训练,以免产生不测。

(3)训练中,要注意人和犬的安全,加强保护措施。

(4)注意检查训练器材是否牢固安全,雨雪天、刮风天不宜训练。

任务四 犬的玩赏科目训练

犬的玩赏科目主要针对中、小型宠物犬,其目的是使犬养成良好的饮食卫生习惯,便于饲养管理;让犬会做几个逗人的小动作,给犬主人的日常生活增添乐趣。

一、握手科目

犬的握手训练是培养犬与人握手的能力,要求犬在听到驯导员发出握手口令或手势后能迅速伸出一条前肢与人握手。

(一)口令和手势

1. 口令

"握手""你好"。

2. 手势

伸出右手,呈握手姿势。

3. 犬的正确姿势

犬采取坐姿,迅速伸出右前肢与人握手(图 8-43、图 8-44)。

握手—作揖—接物

图 8-43　握手示意图
（引自高德臣、郝菊秋，2023）

图 8-44　握手训练

（二）方法和步骤

握手对任何品种的犬来说都非常容易训练。训练时，驯导员先让犬坐下，然后发出“握手”或“你好”口令，驯导员伸出右手主动握住犬的右爪，稍稍抖动，同时发出“你好、你好”的口令，以进行表扬和奖励。如此反复几次，犬就会对口令形成条件反射，听到口令后，就会主动抬起右爪让人握住。也可以使用诱导法，将一个令犬兴奋的物品用左手握住，然后发出“握手”口令，把握住的物品放于犬前让它看，犬就会伸出前肢去拨弄，这时驯导员趁机伸出右手握住犬伸出的前肢，稍稍抖动，给予物品奖励。

（三）注意事项

（1）对神经质明显的犬不能贸然伸手，以防被咬伤。

（2）用引诱法诱使犬伸爪时次数不能过多，以防犬养成不良习惯。

（3）开始训练时要固定犬伸出的爪子，不能两个爪子随便伸。

二、作揖科目

犬的作揖训练是为了培养犬向人作揖的能力，要求犬能根据驯导员发出的口令或手势迅速地做出感谢或作揖的动作。

（一）口令和手势

1. 口令

“作揖”“谢谢”。

2. 手势

两小臂提至胸前，掌心向下，五指并拢，手指自然上下摆动。

3. 犬的正确姿势

犬自然站立，两前肢上下摆动或两前肢交叉上下摆动（图 8-45、图 8-46）。

图 8-45 作揖示意图
（引自高德臣、郝菊秋，2023）

图 8-46 作揖训练

(二)方法和步骤

此训练在“站立”动作的基础上进行。训练时主人站在犬的对面，先发出“站”的口令，当犬站稳后，再发出“作揖”的口令，同时用手抓住犬的前肢，上下摆动或交叉后上下摆动。重复几遍以后，给予抚摸和食物奖励。然后与犬拉开一段距离，发口令时，不再用手辅助。如果犬不会做，则再重复数次，直到犬会做为止。训练开始时，可以加点简单的手势，但要防止犬对手势所产生的条件反射。当动作很稳固以后，只要发出“谢谢”的口令，站立和作揖这一系列反射活动会一气呵成，无须发两次口令。除机械刺激法外，还可以使用食物引诱的方法，将犬感兴趣的食物放到犬眼前上方，当犬想得到食物时就会用嘴去吃食物，此时可以将食物向犬的头部上方移动(不能被犬吃到)。犬会抬起上肢，努力想吃到食物，此时驯导员发出“作揖”口令，并一手抓住犬的前肢上下摆动，后给予口头表扬和食物奖励。

(三)注意事项

(1)该科目的训练应在犬学会站立的基础上进行。

(2)训练要循序渐进，在犬刚开始学习时不要过分要求动作标准。

(3)训练时间不宜过长，防止犬疲劳。

三、接物科目

犬的接物训练又称衔取抛出物训练，是为了培养犬在空中接住抛出物品的能力，要求犬能在物品落地之前用嘴接住抛出物，而不能在物品落地后再叼起抛出物。

(一)口令

1. 口令

“接”。

2. 犬的正确行为

听到口令后，犬迅速跑到物体要落地点等待，跳起，用口接住抛出物，而不能在物品落地后再叼起抛出物(图 8-47、图 8-48)。

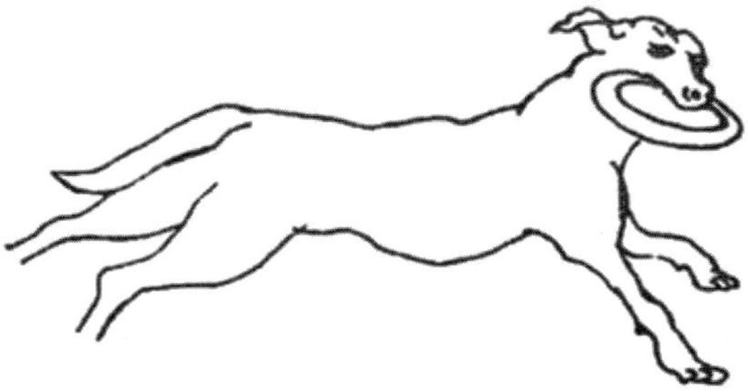

图 8-47　犬接飞盘示意图
（引自高德臣、郝菊秋，2023）

图 8-48　犬接飞盘训练

（二）方法和步骤

1. 使犬对口令形成条件反射

接物游戏，特别是接飞盘游戏，是犬非常喜欢的活动项目之一，它不仅能锻炼犬的体能，还能培养犬的灵活性和敏捷性，并且能够增强犬的耐心和信心。

选择清静平坦的场所，让犬正面站好，然后拿出犬用零食或小肉块让犬看或嗅一下，后退几步，面对犬发出"接"的口令，同时把零食或肉块抛向犬嘴的上方，如犬能接住，就让犬吃掉，如果犬接不住，则迅速上前捡起落在地面上的抛出物，重新扔给它。注意每次抛的时候不要抛得太高，防止犬接不住。

2. 远距离接物能力的训练

当犬能够明白主人的意图，并对"接"口令形成条件反射后，就可以让犬练习接球。驯导员拿出球，发出"接"的口令，并将球抛向上方，由于犬通过前面的训练已掌握了接物技巧，常常能轻松接住。当犬接住后，驯导员让犬来到身边并吐出球到手上，给予奖励。

接着，要培养犬在跑动中接物的能力。可以使用飞盘进行训练，开始时飞盘的速度应该慢。驯导员站在犬的右前方，向犬的前方掷出飞盘，并对犬发出"接"的指令，犬冲上去飞跃而起，接住飞盘，并迅速返回驯导员面前，把飞盘吐给驯导员，此时对犬进行表扬和奖励。

（三）注意事项

（1）在犬不能熟练接物前，不要太追求距离。

（2）利用球或飞盘训练时，初期抛出物的速度不能太快，以防犬跟不上而影响训练效果。

（3）如用飞盘作为抛取物，应在该科目训练前掌握正确的飞盘抛出手法。

（4）球或飞盘的尺寸应与犬的体格相适应，一般不适合小型玩赏犬（如博美犬、吉娃娃犬等）和体态较矮、呼吸道较短的犬（如腊肠犬、斗牛犬等）。

（5）在犬能接住抛出物后再规范犬的返回后动作。

四、　乘车科目

犬的乘车训练是为了培养犬上下车的能力，为带犬外出就诊、参展、参赛或长途旅行提供便利。

(一)口令和手势

1. 口令

“上”“下”。

2. 手势

手指向车上或指向车下地面。

3. 犬的正确行为

要求犬能根据乘车口令准确、自然地做出上下车动作,且保证连续行车不晕不吐(图 8-49)。

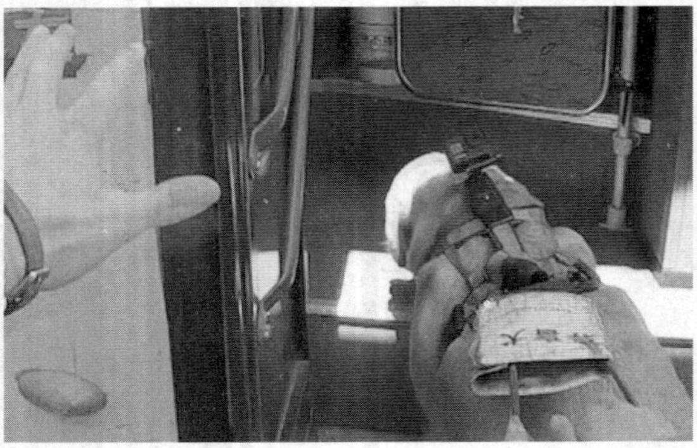

图 8-49　犬乘车训练

(二)方法和步骤

首先让犬熟悉各种车辆,消除犬对车辆的消极防御反射。训练初期,先训练犬上下踏板式摩托车,再训练犬上下汽车的能力。训练时,驯导员先将摩托车停好,手提牵引带,发出“上”的口令,同时做出上车手势,令犬上车。如犬不能执行,则可轻提牵引带强迫犬上车,也可用手推其臂部,协助其上车。犬上车后,立即给予奖励。反复多次,使得犬建立对上车的条件反射。下车训练同样如此,只是将口令换成“下”,手势改为指向车下地面。在此基础上,可在启动摩托车后训练犬的上下车。

训练犬上下汽车的方法与训练上下摩托车的方法相同,但首先要让犬熟悉汽车车厢中的环境,在训练过程中可在车厢中放些犬感兴趣的食物或玩具。在训练犬上下车门较高的汽车时,犬可能感到害怕,此时可先训练其学习跳平台,训练其根据“跳”的口令做动作。训练平台要由低到高,逐渐升高,要保证犬的第一次跳台不能失败,否则会增加犬的恐惧感,驯导员可通过提拉牵引带或托住犬的臀部来帮助犬完成第一跳。

乘车—跳舞—打滚

(三)注意事项

(1)一般不进行犬上下自行车的训练,以防犬的摔伤。

(2)有晕车现象的犬不能进行乘车科目的训练。

(3)犬在乘坐汽车过程中应少喂料,适量给水即可。

五、跳舞科目

犬跳舞训练是为了使犬学会跳舞,加大养犬的乐趣。

(一)口令和手势

1. 口令

“跳舞”。

2. 手势

驯导员双手抬起，做出跳舞的预示。

3. 犬的正确行为

要求犬能抬起前肢，只用后肢在地面行走，并随着音乐的节奏抖动（图 8-50、图 8-51）。

图 8-50　跳舞示意图

（引自高德臣、郝菊秋，2023）

图 8-51　跳舞训练

(二)方法和步骤

本科目需要在学会站立的基础上进行。驯导员首先让犬站立，用双手握住犬的前肢，发出"跳舞"的指令，同时双手牵着犬的前肢来回走动。当犬来回走几次后，放下它的前肢，并给予充分的表扬和奖励。经过多次辅助训练，犬就学会掌握重心，此时应逐步放开手，鼓励犬独自完成。

本科目的训练也可使用诱导法。把犬喜爱吃的食物置于犬的上方引诱犬，犬想吃则需站立，并不断向前蹦跳，此时驯导员就势后退一步，并在犬头的上方适当呈转圈式移动食物，调整犬的姿势，并发出"跳舞"的指令，只要犬跟着转圈，就给予奖励，反复多次，直至不需要用食物诱导为止。

当犬形成对指令的条件反射后，就可以在训练的同时播放音乐，并根据音乐的节奏用手上下抖动，来指挥犬的移步。注意训练时每次时间不应太长，防止犬疲劳，对此科目训练失去兴趣。

(三)注意事项

(1)本科目通常只适用于小型玩赏犬，不适用于大型犬的训练。注意区别该科目与作揖动作的区别。

(2)犬的跳舞动作可以是多样性的，只要是有特点的动作都可以。跳舞应有转圈的动作，防止在训练中犬只跳不转。

(3)训练初期对犬的要求不宜过高，时间不宜太长，次数不宜过多，劳逸结合，容易养成对"跳舞"口令的条件反射。

六、打滚科目

打滚科目

犬的打滚训练是为了培养犬根据指挥迅速执行打滚动作的能力。

(一)口令和手势

1. 口令

"打滚"。

2. 手势

右臂伸直,侧伸向右前方,掌心向下,然后掌心向右翻转。

3. 犬的正确姿势

要求犬在口令和手势指挥下,迅速躺下,从躺下的一侧翻滚到另一侧,甚至在地上做连续的翻滚(图 8-52)。

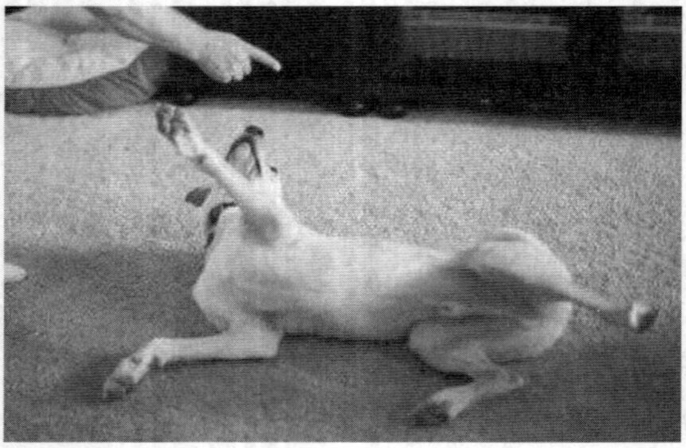

图 8-52 打滚训练

(二)方法和步骤

选取清静、平坦的场所,先让犬躺下,对犬发出"打滚"的口令和手势,然后手持犬的前肢向另一侧翻转,待犬滚过后,用手按压犬的肩胛部,防止犬起来,放开犬,给予犬表扬和奖励。反复训练,直至不用刺激犬也能自己翻滚为止。对于不配合的犬或大型犬,可以先让它躺下,然后一手握可令犬兴奋的物品,让犬看或嗅闻,发出"打滚"口令,把手中物品从犬耳后方向对侧移动,犬头会后转跟随物品移动,直至自然翻转身体继续追踪,当犬翻转后给予表扬,并把手持物品给予犬作为奖励。

(三)注意事项

(1)用食物引诱时动作不能太快,也不能太慢,要防止被犬咬伤手。

(2)要规范犬翻滚后的动作,制止犬翻转后直接站起的行为。

(3)先进行右侧翻滚,待熟练后再进行左侧翻滚,不能随便翻滚。

七、跳跃科目

跳跃—转圈—钻腿空—上凳子

犬的跳跃训练是培养犬跳过障碍物的能力。

(一)口令和手势

1. 口令

"跳"。

2. 手势

右手向障碍物挥去。

3. 犬的正确行为

要求犬根据指挥迅速跳过有一定高度的障碍物，并保证障碍物不被碰到(图 8-53、图 8-54)。

图 8-53　跳跃示意图

(引自高德臣、郝菊秋，2023)

图 8-54　跳跃训练

(二)方法步骤

1. 使犬对口令、手势形成条件反射

(1)在清静、平坦的场所，让犬在距障碍物(高 20 cm)2～3 步远处坐下，然后持牵引绳一端走到障碍物对面，发出“跳”的口令和手势，同时一手用可引起犬兴奋的玩具或食物引诱犬，一手向障碍物方向拉扯牵引绳，迫使犬跳过障碍物；驯导员和犬也可同位于障碍物的一侧，驯导员发出“跳”的口令和手势，然后用牵引带引导犬和驯导员一起跳过障碍物。待犬跳过障碍物后要及时给予表扬和奖励。

(2)本科目训练也可在室内进行。驯导员先坐在地上，两腿伸直并拢，然后让犬位于腿的一侧，发出“跳”的口令和手势，用食物或玩具引诱犬跨过双腿，或用牵引带拉扯犬跨过双腿，给予奖励。重复训练多次，直到犬能自己主动跳过障碍物，取消诱导或机械刺激，使犬形成对口令、手势的条件反射。

2. 提高犬跳跃的高度

形成条件反射后，逐渐提高犬越过障碍物的高度。驯导员也可呈站立状态，抬起右腿，让犬越过右腿。

(三)注意事项

(1)障碍物的表面要光滑，不能有刺头、硬角等，防止犬在跳跃障碍物时受伤。

(2)训练场地要平坦，最好在草地进行，防止犬落下时受伤。

(3)采取强迫方式训练小型犬跳跃障碍物时，刺激的力度要适宜，防止出现犬在地面滑行的现象，从而使犬产生抑制反射。

八、　转圈科目

犬的转圈训练是培养犬转圈反应和动作协调的能力。

转圈

(一)口令和手势

1. 口令

“转”。

2. 手势

右臂侧伸,右前臂弯向前方,右手握拳,食指伸出,垂直地面做画圈运动。

3. 犬的正确行为

要求犬听到指令后能迅速及时地做出转圈运动,甚至做出转多个圈的运动(图 8-55)。

图 8-55 转圈训练

(二)方法和步骤

训练宠物犬像咬尾巴一样转圈是一件很有意思的事情。首先选择一个安静的场所,然后右手拿一个能引起犬兴奋的物品(玩具或食物),发出转的口令,接着弯腰,把物品放于犬嘴前,绕一个圈。

犬为了能获得物品,就会跟随物品移动,绕圈后,把物品给犬作为奖励。如果犬不跟随,则换个物品,或放慢右手所持物品的移动速度,直到犬慢慢跟随。当犬能自主跟随手中物品转圈后,慢慢站直身子,消除右手物品,把右手持物品由转圈简化为手势,直到形成条件反射。形成条件反射后,可以多个转圈指令接连发出,并减少奖励次数,慢慢再减少口令,就可以让犬在一个指令下做出多个转圈的动作。

(三)注意事项

(1)初始训练时,不能让犬直接做连着转多个圈的动作。

(2)每次转圈都要让犬转完后再给予奖励,不要在犬转了半圈就给予奖励。

九、钻腿空科目

犬的钻腿空训练是培养犬钻腿的能力,为犬的绕杆训练奠定基础。

(一)口令和手势

1. 口令

“钻”。

2. 手势

右手指向两腿之间。

3. 犬的正确行为

犬接受指令后能迅速从驯导员两腿之间的前方穿过两腿,再从驯导员身后绕到面前,甚至能从走路的驯导员腿间不断穿梭(图 8-56)。

(二)方法和步骤

图 8-56　钻腿空训练

选择安静场所,让犬在驯导员面前站好或坐好,然后驯导员左腿前迈,发出“钻”的口令,同时左手从左腿外侧绕过,从两腿之间的后方伸至前方,手中拿着能吸引犬的物品引诱犬穿过两腿之间,或左手从两腿之间的后方拉扯牵引带引导犬穿过两腿之间。犬穿过两腿后,继续引导犬从左侧绕到驯导员身前并给予奖励。继续迈开右腿,右手从右腿外侧绕过,从两腿之间的后方伸至前方,继续用物品引诱或拉扯牵引带引导犬穿过两腿之间,再次奖励。重复操作,直到不用物品引诱或牵引绳拉扯,犬也能自三穿过双腿为止。当犬对“钻”的口令建立条件反射后,逐渐减少对犬的奖励,锻炼犬反复穿越腿间的能力。

(三)注意事项

(1)钻腿的方向要正确。

(2)初始训练时要钻一次就奖励一次,熟练后可钻几次再奖励一次。

(3)要及时制止犬不钻就绕过驯导员身体的行为。

十、上凳子科目

家庭养犬或带犬外出时,经常需要让犬待在某个地方等待,直到办完事,再理会犬。因此,训练犬安静地待在某个座位上等待,是一个非常有用的应用型技能。

上凳子科目

(一)口令和手势

1. 口令

“上”。

2. 手势

右手半握,食指伸出,指向要让犬跳上的位置。

3. 犬的正确行为

犬能迅速及时地跳到凳子(或沙发)上,坐下等待(图 8-57)。

图 8-57　上凳子训练

(二)方法和步骤

1. 使犬对口令、手势建立条件反射

选择清静、平坦的场所,准备一个直径 30 cm 的圆板或 40 cm×40 cm 的方板,放于地面,然后驯导员带犬站在圆板或方板附近,发出“上”的口令,把一个小食品扔到板上，诱使犬到板上捡食。当犬跑到板上捡食时，给予表扬和奖励，重复数次，直到不再把食物扔到板上诱导犬上板，而是犬自主听到口令后跑到板上。

2. 培养犬上指定物品的能力

当建立"上"的条件反射后，慢慢地把板换成大的或小的板，继续训练。如果训练没问题，可换成不同颜色或形状的板，直到犬不管什么样的板都没问题了，再把板换成纸箱、凳子、沙发等继续训练。

3. 培养犬在凳子上的延缓能力

当犬能熟练地上下沙发或凳子时，就可以开始训练它在凳子上坐的延缓能力了。先让犬上到凳子上，然后发出"坐"的口令，待熟练后逐渐延长坐的时间，直到犬在凳子上能保持坐姿数十分钟。

(三)注意事项

(1)待犬能熟练听令上凳后再开始凳上坐、卧等口令的训练。

(2)要遵循"明确听令上凳有奖励，自发上凳行为无奖励"的原则。

(3)训练时奖励要走上前给予，而不是让犬过来时给予。

十一、回笼科目

犬的回笼训练是为了培养犬能在听到口令后自动回到犬笼中休息的能力，特别在有客来访或主人休息时可减少不必要的麻烦。

回笼科目

(一)口令和手势

1. 口令

"回窝""入窝"或"进"。

2. 手势

右手食指指向犬笼或犬窝。

3. 犬的正确行为

犬能根据指令迅速而准确地跑回犬窝或犬笼内休息(图 8-58、图 8-59)。

图 8-58　回笼示意图

(引自高德臣、郝菊秋，2023)

图 8-59　回笼训练

(二)方法和步骤

犬喜欢和主人待在一起，特别是当家中有客人时，犬总是兴奋地上蹿下跳，忙着招呼客人。有的客人对犬的热情不知所措，特别是一些怕犬或对宠物过敏的人，会感到很不舒服。因此，训练犬回笼玩或休息是非常有必要的。

把犬带到犬笼附近，发出“进”的口令和手势，然后把犬喜欢的食物或玩具放入犬笼，犬为了获得食物或玩具，会钻进犬笼，此时马上给予表扬和奖励。重复数次，让犬明白“进”口令的意思，然后把诱导物取消，让犬能根据口令自主进入犬笼。

对于小犬，驯导员可直接将其抱到准备好的笼处，一手按住它的颈部，一手轻拍它的臀部迫使其进笼，同时发出“回”或“进”的口令。如犬不执行，则可加大拍臀的力度或在笼中放入犬喜爱吃的食物诱使其进去吃料，待犬进去之后，可给予食物奖励或轻拍其头部，并以“好”的口令进行奖励。反复多次，巩固已形成的条件反射。

犬形成上述条件反射后，可训练其在笼中延缓 10～20 min，起初犬可能不安，很激动，又咬又蹦，恳求放其出来。此时可很严厉地发出“静”的口令，命令其静止；也可装着看不见，通常几分钟后犬就会安静。

(三)注意事项

(1)训练时不要让犬认为主人每次走近犬笼都会把它放出。

(2)犬在笼内吠时，不能把犬从笼子放出，也不能去看它，以免养成犬在笼内乱叫的坏毛病。

十二、钻火圈科目

钻火圈训练是培养犬穿过火圈的能力，是一种较为有趣且很惊险的游戏。

回笼—钻火圈—据食

(一)口令和手势

1. 口令

“钻”“穿”或“过”。

2. 手势

右手挥向要犬钻过的圆圈。

3. 犬的正确行为

要求犬听到指令后，能迅速穿过火圈，跳跃高度要超过火圈底部 10 cm 以上，以保证犬的被毛不受伤害(图 8-60、图 8-61)。

图 8-60　钻火圈示意图

(二)方法步骤

钻火圈表演是宠物犬聚会和马戏表演的压轴项目，只要能正确地掌握方法，对犬就没有危险。首先，准备个铁圈，如果不是训练犬钻火圈这种危险的活动，也可用呼啦圈代替，圈的直径为 50 cm，再准备一个 30～100 cm

图 8-61 钻火圈训练

高的固定架(因犬而制)。开始时先把铁圈固定在 30 cm 高处,让犬在铁圈一侧站好或坐好,发出"钻"的口令,同时从另一侧用食物引诱或拉扯牵引绳使犬钻过铁圈,给予表扬和奖励。反复训练几次,即可使犬形成对"钻"口令的条件反射。

慢慢抬高铁圈的高度,增加犬钻火圈的难度,当犬能顺利穿过 1 m 高的铁圈后,在铁圈周围缠上红布,使它看上去像燃烧的火一样,继续锻炼犬穿过铁圈,然后用细长柔软的铜丝在铁圈边缘系上一块布条,洒上汽油点燃,鼓励犬穿过。如果犬能克服恐惧穿过铁圈,则训练几次后增加布条燃烧点,直到慢慢使整个火圈都燃烧为止。在整个训练中,要注意安全,避免犬被烧伤,还要逐步增加难度,不能吓到犬,打击犬的信心,每次跳过后都要及时奖励和表扬。

(三)注意事项

(1)本科目训练通常只针对大型犬,特别适用德国牧羊犬,不适合小型犬或长毛犬。

(2)如果是宠物犬,让犬学会依令钻圈即可,不必非得去钻火圈。训练时要循序渐进,不要开始就去钻火圈,以防打击犬的积极性。

(3)犬通过火圈的方向一定要是顺风方向,不可逆风训练。训练过程中,要注意人和犬的安全。

十三、拒食科目

拒食科目

犬的拒食训练是指犬在脱离驯导员管理和监督的情况下,养成不随地捡食、拒绝他人给食或物品的良好习惯。

(一)口令

1. 口令

"不"。

图 8-62 拒食训练

2. 犬的正确行为

要求犬能根据驯导员的指挥,迅速停止不良的行为,并对陌生给食或引诱以示威反应,最终达到让犬闻令即止的效果(图 8-62)。

(二)方法和步骤

1. 训练犬不捡食的方法

训练时,先将食物放在明显的地方,然后牵犬到此活动,在犬接近食物表现出想吃时,立即用威胁语调发出"不"的口令,并伴以猛拉牵引带的刺激。当犬停止捡食时，给予奖励。反复多次训练即可。

宠物犬也可用以下方法训练：让犬坐下，抛出一粒食物于犬前方 0.5 m 处，如犬去吃，则马上用手盖住，喊"不"；待犬重新坐好，把手拿开，如犬还去吃，则继续盖住，发出"不"的口令；如犬安静不动，则发出"OK"口令并把地上的食物捡起，重新拿肉块奖励给它，让犬明白只要不捡食地上的食物，就会有更好的食物等待它；然后再扔一块食物，继续以上操作，直至把食物扔在犬眼前，犬也不食为止。

2. 拒食的训练

训练工作犬时，助手自然地接近犬，并给犬食物，当犬要吃食时，主人立即发出"不"的口令，并轻击犬嘴。助手再给犬吃，当犬仍有要吃的表现时，再给予较强的刺激。这时主人发出"叫"的口令，并假装打助手，给犬助威，激起犬的主动防御反应。犬对着助手叫时，助手应趁机逃跑，主人应对犬奖励。也可由助手将食物扔到犬面前，在犬要扒取或捡食时，主人立即发出"不"的口令，并猛拉牵引带给予刺激。如犬不捡食，则给予奖励。

宠物犬一般只需要求它不要采食别人喂给的食物，并不要求它警惕或攻击喂食给它的人。宠物犬的采食训练常在喂食时进行。喂食时，先让犬坐好，把几粒犬粮放入食盆，从高处逐渐降低放于犬前，如犬抬起前肢想碰或想吃，则发出"不"的口令，同时抬高食盆。待犬安静坐下后再放低，如犬还抬前肢，重复以上操作，直至犬安静不动，则发出"OK"的口令，把食物给犬吃。重新放上几粒犬粮，重复操作，直到把食盆放于犬身前，主人不喊"OK"，犬便不吃为止。

3. 禁衔他人抛出物品的训练

训练时，先由一名助手将手中的物品抛出，如犬欲追衔时，主人应立即发出"不"的口令，同时伴以急拉牵引带的动作，当犬停止后应给予奖励。接着由另一助手再抛出物品，若犬仍想追衔时，应重复上述方法的动作，这样在同一时间内可进行 3～4 次。当犬不再追衔他人抛出的物品时，则已达到训练目的，应给予犬奖励。

（三）注意事项

（1）禁止犬的不良行为应长期不懈地进行，不可一劳永逸，否则会有反复。

（2）因训练"拒食"科目造成犬过分抑制而影响其他科目的训练时，应及时暂停，以缓和犬紧张的神经活动。

（3）宠物犬最好不要用工作犬拒食的方法训练，以防咬伤亲近犬的犬爱好者。

（4）机械刺激的强度要把握准确，奖励要充分、及时。

任务五　犬敏捷项目的训练

犬的敏捷运动是一项竞技性的体育运动，是一项平民运动，是一项不需要花费很多钱就可以参与的运动。敏捷运动能增强犬与主人之间的感情，提高犬与主人的默契程度，提高犬对人类社会的融入程度，促进人与犬精神和身体健康，达到人与犬的最佳融合。

敏捷运动表现的是犬的跳跃能力、攀爬能力、体力、自信心、反应能力和运动速度，展现出运动的美感和协调性，就如同赛马一样，从诞生开始就很快风靡全世界。敏捷运动吸引人的一个主要因素就是它的简易性，只要养犬，就可以自己动手做一些简易器材，参与到这项活动中，获得人生乐趣。

一、跨栏项目

(一)跨栏项目简介

跨栏(图 8-63)是用来检验犬的跳跃能力的。不同的栏对犬考察的能力是不同的，有的是检验犬的跳高能力，有的是检验犬的跳高和跳远能力。在犬敏捷比赛中，跨栏占很大的比重。

跨栏的形状千姿百态，常见的跨栏有单杆栏、延伸栏(双杆栏和三杆栏)、墙式栏、板式栏等。比赛中常用的是单杆栏。

犬跳跃的高度应视该犬的肩高而定。美国犬敏捷运动协会现行规则对此的规定见表 8-1。

图 8-63 跨栏

表 8-1 犬跳跃高度与犬的肩高一览表 cm

犬肩高	跳跃高度
< 30	30
30～40	40
40～53	55
≥53	65

(二)方法和步骤

1. 口令

常见的跨栏口令为“跳”“over”“jump”等。

2. 步骤

(1)开始训练时，要先增强犬跳跃的自信心，因此应先把栏设在与犬肘部齐高的位置，然后将犬在牵引状态下置于与栏相距 2～3 m 处，发出口令，和它一起跑向栏，并一起跳过栏，完成后表扬和奖励，反复数次。

(2)再开始用“召回”法继续训练，让犬只面对栏坐着不动，驯导员到栏的对面，发出口令，把犬吸引过来，如犬跨越而来，则予以表扬和奖励。对犹豫的犬可用美食或玩具吸引它的注意力。

(3)在建立起跨栏的概念后，就开始“跑过”的训练。训练先在牵引状态下进行。当犬跑向栏的时候，驯导员和犬一起运动。在跑动中驯导员要尽量紧靠栏的近端，以防犬从近端绕过栏。当犬能顺利地在牵引状态下“跑过”后，即可开始做无牵引的“跑过” 训练。

(三)训练中的注意事项

(1)以无翼的板式跨栏开始跨栏训练要比使用杆式跨栏效果好。

(2)对喜欢绕栏而走的犬，应该把栏高度降到非常低，并且在牵引状态下辅以其他激励手段进行训练。

(3)训练时，如果犬喜欢从杆下钻过，则可以用绳子在栏杆下绷成 X 网，或将栏杆下方用聚丙烯透明薄膜封住，阻止犬钻过。

(4)对于喜欢用后腿蹬杆的犬，可以先让犬练习原地跨栏或离栏较近处起跳跨栏，也可以在栏杆上方拉上一条绳子，让犬学会爬栏时要留一点余地。

二、轮胎圈项目

跨栏—轮胎圈—跳远板

(一)轮胎圈项目简介

钻轮胎圈(图 8-64)对犬的精确度和自信心方面要求很高，最关键的是训练时必须要有耐心，逐步提高轮胎圈高度。

轮胎圈是由一个轮胎悬挂在一个框架里组成，比赛中犬必须穿过轮胎圈，轮胎圈的悬挂高度视犬的肩高而定。国际犬业联盟(FCI)对轮胎圈悬挂高度要求见表 8-2。

图 8-64　钻轮胎圈训练

表 8-2　国际犬业联盟(FCI)对轮胎圈悬挂高度要求　　cm

犬肩高	轮胎中心离地高度
＜43	55
≥43	80

(二)方法步骤

1. 口令

常见的钻轮胎训练口令是“胎”或“tire”。

2. 步骤

(1)最初训练时，先把轮胎的高度调到犬几乎可以走着过去，即只要轻轻一跃就可以穿过。让犬采取坐或立的姿势待在轮胎前，然后驯导员把牵引绳穿过轮胎圈，位于犬的对面，用欢快的语气发出口令，同时轻拍轮胎内面，如犬不动，则可轻拉牵引绳或用美食、玩具等引诱犬穿过轮胎圈。当犬穿过轮胎圈时，要及时给予奖励。重复训练多次，让犬明白该训练的目的。

(2)当犬能够熟练穿过轮胎后，就开始进行“跑过”训练。用短牵引绳牵引犬位于距轮胎 2～3 m 处正对轮胎，吸引犬的注意力于轮胎上，发出指令，牵引犬跑向轮胎圈。当犬在跳起穿过轮胎时放开牵引带，让犬自然钻过轮胎圈。

(3)当犬能牵引“跑过”后，就开始锻炼犬的空手“跑过”。随后再开始逐渐提高轮胎的高度，直到犬在它应该穿越的轮胎高度上能可靠地完成动作为止。

(三)训练中的注意事项

(1)该项目在训练时不要用与跳跃相同的口令，否则犬可能会尝试跳过轮胎的上面，而不是从轮胎中间穿过。

(2)对喜欢从轮胎和轮胎架空隙穿过的犬，最好用透明聚丙烯薄膜封住空隙。

(3)训练初期，最好让犬从轮胎的某一面穿过，熟练后再训练它从“前后左右”不同角度进入轮胎。

三、跳远板项目

(一)跳远板项目简介

跳远板(图 8-65)是一个独立的障碍，因为该项目训练的方法与栏的训练接近，有时也把它归入栏类。该项目训练时，犬必须跳跃的长度视犬的肩高而定。美国犬敏捷运动协会对跳远板项目中犬跳跃长度的规定见表 8-3。

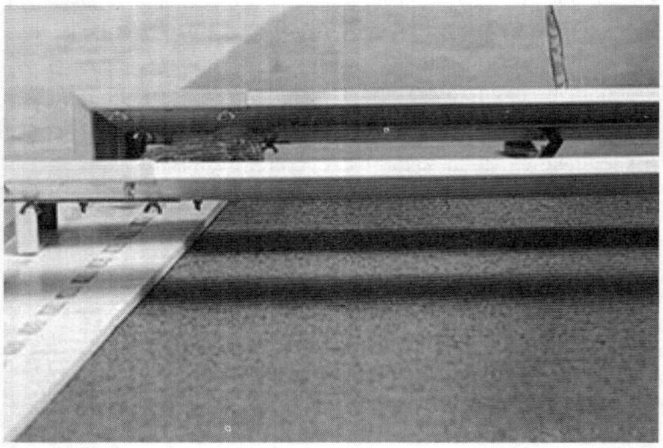

图 8-65 跳远板

表 8-3 美国犬敏捷运动协会对跳远板项目中犬跳跃长度的规定 cm

犬肩高	跳跃长度
<30	50
30～40	90
40～53	120
≥53	150

(二)方法步骤

1. 口令

跳远板训练的口令是“跳”“over”“jump”“过”。

2. 步骤

跳远板的训练方法与跨栏一样，先由驯导员带着犬一起跳过，到“召回”，再到牵引犬“跑过”、空手“跑过”。

(1)刚开始训练时，跳远板的件数要少一些，大型犬跨越的长度约为 1 m，小型犬约为 0.5 m，高度 20～30 cm 为宜。用牵引带牵引犬(牵引带要放松，太紧会妨碍犬的跨越)来到跳远板前，发出跨越的指令，犬跨越后给予表扬和奖励。如犬跨越失败，则应缩短距离，加长起跑距离。

(2)随着跨越成功率的提高，逐步增加跳远板的数量，加长跨越距离(可依据平时训练的经验而定)。

(3)犬用牵引带引导能顺利完成跨越任务后，就可以去掉牵引带，练习空手“跑过”。空手“跑过”熟练后，就可以练习从前、后、右侧等方向进入，直到犬从任何方向、任何角度进入都能完成任务为止。

(三)训练注意事项

(1)如果犬在跳跃跳远板中碰到其中一个板，这是因为犬跳得不够高，应提高跳远板群中间一个板的高度，这样不仅能提高犬的跳跃高度，还能延长犬的跳跃长度。

(2)训练中常出现的另一个问题是犬会走上跳远板，而不是用跳跃的方式。遇到这种情况时，可以采取以下方法纠正：①先用两块板训练，然后把两板的间距加大，使犬行走困难；②先把板侧放，使犬无法行走；③在跳远板上放置个跨栏，让犬明白是要它跳过板。

四、硬隧道项目

(一)硬隧道项目简介

硬隧道(图8-66)又称开口隧道，它可以弯曲成不同的形状。钻洞对犬而言是一种充满乐趣和惊喜的事情，它充分满足了犬的冒险心理需求，所以硬隧道是犬最喜欢、最容易训练的项目。

图8-66　硬隧道

(二)方法步骤

1. 口令

硬隧道训练的口令是“钻”“tunnel”“硬”。

2. 步骤

(1)隧道训练的第一步是让犬建立钻隧道的概念和信心。先把硬隧道压缩成1 m左右的长度，固定住。让犬尽可能地在靠近隧道口的地方卧下，头朝隧道口，由助驯员摁住，防止它乱动。然后驯导员走到隧道的另一头，从隧道中穿过拴住犬的牵引绳，通过隧道和犬目光接触，吸引犬的注意，发出口令，用美食或玩具诱导犬穿过隧道。如果犬不愿钻进隧道而想离开，助驯员要及时阻止，并轻轻将犬向隧道内推，鼓励它穿过。犬一旦穿过隧道，要及时给予表扬和奖励。

(2)当犬能从隧道顺利“召回”后，就可以训练牵引“跑过”。驯导员让犬位于身体左侧，牵引犬站在离隧道口3 m左右的地方。让犬把注意力集中于隧道口，带着犬跑向隧道口，用左手指向隧道口给出手势，同时发出口令。当犬进入隧道时放掉牵引带，并迅速跑到隧道口的另一侧等待，犬冲出后给予表扬和奖励。当犬能熟练完成后，去掉牵引带，开始空手“跑过”的训练，直到犬能在独立状态下完成项目训练。这时，可以把摆成直线的隧道逐渐延长，增加犬穿越的难度，锻炼它的适应能力。为了激发犬的兴趣，可以在犬钻出隧道的瞬间抛出一个球或一件玩具奖励他，但为了防止犬养成每次钻出都寻找奖励的行为，不能每次都这样做。当犬可以顺利地“跑过”全长度的隧道后，就可以把隧道稍微弯曲一下，但要能从一个隧道口看到另一个隧道口透出的光，以防犬害怕。犬对稍曲隧道充满信心后，就可逐渐加大隧道的弯度，直至把隧道摆成“U”形犬也能成功“跑过”。

(3)下一步开始训练犬从驯导员前方钻过隧道。让犬跑在驯导员前方，在距离隧道口 2 m 远的地方驯导员停住，让犬自己“跑过”，然后逐渐加大距离，直到在指令下，犬能从 10 m 远处准确地通过隧道。当犬能够可靠地从离隧道 10 m 远处出发钻过隧道后，可以尝试从相同的距离不同的角度出发，继续训练。

(三)训练的注意事项

(1)训练时不能把食物或玩具抛到隧道内，以防止犬每次进入隧道后先找食物再跑出。

(2)只有犬从隧道穿过后才能给予奖励，而不能提前把奖励放在隧道另一个出口处，以防止犬从隧道外侧跑过。

(3)指令要在犬进入隧道前发出。

五、软隧道项目

硬隧道—软隧道—S 绕杆

(一)软隧道项目简介

软隧道(图 8-67)又称闭口隧道，由一段硬圆管和一条长的软布管组成。软隧道训练比硬隧道难度要大，因此只有犬能够很有信心地完成硬隧道训练后才可以开始软隧道训练。

图 8-67　软隧道

(二)方法和步骤

1. 口令

软隧道训练的口令是“软”“钻”“tunnel”和“chute”。

2. 步骤

(1)开始训练时，先把软布管卷起，只剩下很短的硬入口。让犬在硬入口处等待，然后驯导员位于硬入口的对侧，通过硬通道把牵引绳穿过，握住绳的末端，与犬对视，发出口令，同时轻扯牵引绳，让犬穿过硬管，给予表扬和奖励。反复练习。

(2)当犬能熟练完成以上“召回”后，就开始练习“跑过”。让助驯员拿住卷起来的软布管，站在硬管后方一侧(不要挡住出口)，驯导员牵犬站在硬管入口 3 m 处，使犬的注意力放在隧道口，引导犬跑向硬管入口，在犬钻入前发出指令，让犬钻入。如犬犹豫不前，则退回重新练习“召回”。

(3)“跑过”练习熟练后，就开始逐渐放长软布管(每次加长 1 m 左右)。需要强调的是，这时的软管是被助驯员提起的，即软管和管口都是开放的，能从入口看到出口。

(4)当犬能成功钻过全部伸展开的软管后，把软管口放低，让犬顶着软布穿过隧道。逐步降低管口高度，直至软布管完全平摊在地上。

(5)当犬能很好地穿过完全放开的软布管后，就开始训练左引导和右引导，以及让犬独自从距隧道入口一定距离的地方出发钻过隧道。

(三)训练的注意事项

(1)训练要循序渐进，要在犬建立充分信心后才能进行下一步。

(2)如果犬在钻隧道过程中被布缠裹，不要大惊小怪，要迅速帮它找到出口，然后马上再做一次较容易的软隧道练习。

(3)如果犬表现畏惧或拒绝，就不要让它再试了，应该过几天后再试，从最简单的训练开始，重建犬的信心。

(4)每次训练都要确保管道平整地摊铺在地面。

六、S 绕杆项目

(一)S 绕杆项目简介

S 绕杆(图 8-68)也称蛇行杆或 S 行杆，是由 8 条、10 条或 12 条直立的杆组成的。正确的走法是犬从第一根杆的右边进入第一根杆和第二根杆之间，然后从第二根杆的左边进入第二根杆和第三根杆之间……。似蛇般蜿蜒前进，连续穿梭不漏走任何一个空隙。对绝大多数犬来说，这是一个难度非常大的训练项目。

图 8-68　S 绕杆

(二)方法和步骤

1. 口令

S 绕杆的口令是“绕”“杆”“waive” 和“pole”等。

2. 步骤

(1)将犬牵引到身体左边，站在第一根杆的前面，左手握牵引带，右手拿球或玩具放在犬头前，与犬的眼睛同高。让犬兴奋起来，把注意力放在右手，以便跟随右手运动。发出指令，同时左脚向前向 S 绕杆方向迈出，右手同时移向犬的左前方，让犬从第一根杆的右面进入第一根和第二根杆之间，右脚随即向前、向右离开S绕杆的方向迈出，右手同时引导犬向第二和第三根杆之间，让犬从第二根杆的左面进入第二和第三根杆之间，重复前面动作直到穿越全部绕杆。犬完成任务后，要给予表扬和奖励。

(2)一旦犬有了绕行S绕杆的概念，就可以在它绕行时用拍手或快速跺脚的方式来提示它提速。也可以在犬穿过最后一根杆时以向前抛出球或玩具的方式来刺激犬快速穿越获得奖励的兴奋性。在犬穿越速度稳定后，就开始训练犬从不同角度进入(由易到难)，直到它从第一根杆的左边方向跑向S绕杆也能正确地从第一根杆的右边进入。

(3)如果要参加比赛，还必须训练犬能从驯导员的右边、前面、后面完成S绕杆的能力。以右边进入为例：当犬能够非常可靠地在驯导员的左边熟练地完成S绕杆动作后再开始在右边的训练。开始时先以犬习惯的左边方式接近第一根绕杆，当犬快要进入时，驯导员落后犬一小步，在犬进入后，迅速转到绕杆的左面，让犬变成在驯导员的右侧绕杆。犬进入第一和第二根杆后，由于惯性，继续穿梭，直到冲出最后一根杆。反复几次，犬也就习惯了驯导员的右边导入。如果犬在穿行时有犹豫，就要用手给予指示，直至犬能重新回到它惯常的穿梭速度。

(三)训练的注意事项

(1)该项目不要用“进”“出”口令，以免在犬快速穿梭时口令出错让犬困惑。

(2)必须保证每次都是从第一根杆的右侧进入。

(3)穿行时不要漏杆，如果有漏杆，则返回重新开始。

(4)训练时要采取多次少重复的原则，即每天多次训练，每次重复次数要少，以防止犬抵触训练。

七、停留台项目

(一)停留台项目简介

停留台(图8-69)也称停留桌或逗留桌，是一个正方形的矮平台。犬必须跳上停留台，并在台上按规定或站或坐或卧保持5 s。

停留台桌面的大小是一样的，都是边长90 cm，但高度要因犬的肩高而定。国际犬业联盟对停留台高度的规定见表8-4。

图8-69 停留台

表8-4 国际犬业联盟对停留台高度的规定 cm

犬肩高	停留台高度
<43	35
≥43	60

(二)方法和步骤

停留台— A 字板—独木桥

1. 口令

停留台的专用口令是“台”“桌”和“table”等。

2. 步骤

(1)让犬处于被牵引状态,发出指令,牵引犬跑向停留台。为了防止撞上台子,犬在靠近台子时就会跳上台子。如果犬不愿跳到台子上,可以把美食或玩具放在台子上加以引诱,也可让助手在距停留台 3 m 远处牵住犬,然后驯导员在台子的另一边热情地呼唤犬,这样几秒后再放开犬,犬就可能直奔驯导员而来,并跳上台子。这种“约束性召回”还能激励犬提高速度。

(2)当犬能熟练跳上台子后,就要教会它在台子上坐、卧及站延缓、坐延缓和卧延缓。如果犬已经学过坐、卧等基础训练,那么只要练习几次就能达到要求了,如果没学过,那就必须从头开始。坐和卧的训练在基础训练部分有详细叙述,此处不再赘述。

(3)当犬在牵引状态下能轻松自如地完成停留台动作后,就可以开始非牵引状态下的训练了。用清晰的指令,让犬先于人奔向停留台,然后慢慢延长出发点与停留台的距离,直至能从距离停留台 10 m 远处出发自己完成停留台动作。

(三)训练的注意事项

(1)训练时不要用与跨栏相同的口令,否则就可能使犬跨越停留台。

(2)犬在停留台上延缓时一定要训练它能延缓 10 s 以上,并能在有人来回走动干扰时保持,直至驯导员做出解除延缓指令为止。

(3)犬在台上时可以用手势或口令命令它坐下或卧下,但不能直接用身体接触犬。

八、 A 字板项目

(一)A 字板项目简介

A 字板(图 8-70)属于接触型障碍,由两块板搭成“A”字形,两板间有锁链连接固定。板的正面钉有防滑条,两侧板的下端涂成与障碍主体不同颜色的接触区(安全区)。根据规定,犬在通过接触型障碍时必须至少有一只脚踩到接触区,否则就会被判失误。让犬必须接触到接触区是为了防止犬过早跳离障碍物可能对犬造成伤害。

图 8-70　A 字板

板顶端距离地面的高度根据犬的类型而定。根据国际犬业联盟(FCI)的规定，大型犬攀越的A字板顶点离地面高度为1.9 m，中型和小型犬攀越的A字板顶点离地面高度为1.7 m。

(二)方法和步骤

1. 口令

常用于A字板训练的口令是“A板”“爬”和“上”等。

2. 步骤

(1)刚开始训练时要先培养犬的信心，要把A字板放得很低，顶端离地面不能太高。为了防止连接两板的链子断裂伤到犬，最好在板接触地面的外侧打上楔子固定，然后把犬牵引在身体的左侧，左手抓住牵引绳近端，发出指令，同时带领犬跑向A字板。由于板的坡度较小，多数犬都能顺利通过。如果犬犹豫不能通过，可以让助驯员在板的对侧拿美食或玩具给犬看，以诱导犬爬过板。当犬通过后，要及时给予表扬和奖励。

(2)当犬能顺利地多次完成攀越后，就可以逐渐升高A字板，每次升高25 cm左右，根据进度直至达到要求的高度。需注意的是，每次攀越时都要有足够的助跑距离，并且刚开始训练时要有人在板的两个侧面防护，防止犬受伤打击到它的信心和积极性。对于不积极的犬，可以采取助驯员在板的顶端用美食或玩具诱导的方式，也可以用“约束性召回”的方法激发犬的攀越兴趣。

(3)当犬能够自如地攀爬A字板时，就可以解开牵引带，让犬自己跑过、攀爬A字板。同时，要按标准修正犬的动作，对那些性子急、不踩接触区就窜上或窜下的犬，要让它们的双脚都踩到接触区。纠正方法如下。①在A字板的两端摆“接触区控制圈”，圈是用有弹性的管弯曲成半圆制成的，并固定在地面上，犬在上板或下板时为防止碰到弯管，必须穿过“接触区控制圈”，从而迫使它养成踩踏接触区的习惯。②对上板时不踩接触区的犬，驯导员可以在犬上板时在接触区上方伸直胳膊，让犬从胳膊的下方通过。注意胳膊的高度不能过低，防止犬从胳膊上跳过，但也不能太高，否则不起作用。对于下板时不踩接触区的犬，可以在下降板的末端手拿一个奖励物，当犬跑下时，必须低头踩过接触区才能拿到奖励物，这样多次训练后，驯导员用手指向地面的动作就会成为犬逐步走下板经接触区至地面的手势了。

(4)犬能从驯导员左边的位置成功完成攀爬A字板后，要训练它从驯导员的右边、前面、后面也能攀爬，不断变化犬只的位置，直到它在驯导员的任何一边都能熟练地完成A字板动作。

(三)训练的注意事项

(1)每次训练前，要检查犬的爪子，看看趾甲和足垫是否正常，有无损伤。

(2)刚开始训练时不要注重速度，防止犬跑得太快而不踩踏接触区，一旦形成习惯，则很难改掉。

(3)训练中不要追求进度，防止犬受到打击影响训练的积极性。

(4)该项目对犬体力要求较高，通常训练4次后就应让犬休息片刻。

九、独木桥项目

(一)独木桥项目简介

独木桥(图8-71)又称天桥，属于接触型障碍的一种。独木桥两端也有涂成与主体区分明显的不同颜色的接触区。按照规定，犬在经过独木桥时必须至少有一只脚踩踏接触区。独木桥由 3 条木板组成，每条木板长度为 360～420 cm，宽度为 30 cm，板上每隔 25 cm 钉有一个防滑条。独木桥的高度最低 1.2 m，最高 1.35 m。

图 8-71　独木桥

(二)方法和步骤

1. 口令

独木桥训练的常用口令是“桥”“爬”和“上”等。

2. 步骤

(1)刚开始训练时要先把一块桥板平放到地面上或平摊在两条 20 cm 高的板凳上，然后直接把犬放在桥面上，让犬行走，从而提高犬的信心和锻炼犬的平衡能力。在犬行走时驯导员和助驯员要在桥的两面协助，防止犬掉下。由于桥面不高，一般犬能很放心地完成桥面行走。

(2)当犬能熟练地在桥面行走而不会失衡掉落后，就可以提高桥面，并连接上两端的桥板。用手抓住犬的项圈，牵引犬从一端的接触区上桥，慢慢走过，从另一端的接触区下桥。如果犬畏惧，则要及时鼓励，并用美食或玩具在前方诱导。如果犬在桥上快跑，这往往也是因为恐惧，这时要抓住它的项圈，发出“慢”的口令，放慢速度。重复训练，直至不用手抓项圈犬也能轻松而稳定的行走。

(3)犬能熟练而轻松地在一定高度的桥面上行走后，就开始逐渐提高桥的高度，直到达到要求的高度，继续重复训练。在规定高度可以正常行走后，就可以规范犬的上、下桥踩踏接触区问题。可以在上、下桥段的接触区处安放“接触区控制圈”，迫使犬踩踏接触区。对喜欢绕边不上桥的犬，可以在上桥的接触区两边摆放放倒的跳远板加以阻挠。

(4)犬能从驯导员左边的位置成功地完成爬越独木桥后，要训练它从驯导员的右边、前面、后面也能爬越，不断变化犬的位置，直到它在驯导员的任何一边都能熟练地完成独木桥项目。

(三)训练的注意事项

(1)训练时不要使用牵引带，以防牵引带绊倒犬。

(2)刚开始训练时，控制犬攀爬独木桥的速度，不要太快，以防犬从桥面跌落受伤，打击犬的积极性。

十、　跷跷板项目

(一)跷跷板项目简介

跷跷板(图 8-72)也属于接触型障碍的一种。在犬的眼中，跷跷板可能是一种会动的天桥，因此跷跷板的训练最好在犬能熟练走过天桥后再做。跷跷板的长度为 3.65～4.25 m，板的宽度为 30 cm，跷跷板中间的支架距离地面高度应为板长度的 1/6 跷跷板必须很稳固而且桥面是防滑的，不允许装防滑条。跷跷板的两端涂有接触区标志，训练时必须保证犬有一只后肢踩踏接触区。

图 8-72 跷跷板

跷跷板—墙体项目

(二)方法和步骤

1. 口令

跷跷板训练的常用口令是“跷板”和“板”等。

2. 步骤

(1)除去牵引带,用右手抓住犬脖上的项圈,使犬位于驯导员身体的左侧,正对跷跷板,发出指令,让犬慢慢走上跷跷板,左手随时准备稳定犬只身体,也可同时请一个助驯员在犬的左侧做防护。当犬走到跷跷板中央,跷跷板开始转动的时候,发出“等”的口令,并拉住犬。助驯员拿住下降的那一端慢慢地把板放到地面上而不引起振动。等 1 s,在板稳定后再让犬慢步走完板,并给予表扬和奖励。

当板转动时,犬可能因恐慌而要跳下板来。这时,驯导员应用左手托住犬的腹部,稳定犬的身体,防止它跳下。如犬因恐惧不愿在板上走动,可以请助驯员手拿美食或玩具在前方诱导。

(2)当犬对跷跷板建立信心后,仍然让犬在板转动点等待板在重力作用下自己落下去,板落地稳定后,再让犬开始行走(犬赛中犬在跷跷板落地前离开板是违规的)。刚开始跷跷板在重力作用下自己落下可能使犬害怕,也可在板落端下放一个充气的垫子或轮胎,以减少板落地时的震动,待犬习惯后再去除垫子或轮胎。

(三)训练的注意事项

训练过程中要教会犬在转动点停一下,一是防止板落地时振动使犬失衡受伤,二是防止犬在板未落地时从板上窜下而违规。

十一、墙体项目

(一)墙体项目简介

墙体项目是犬敏捷运动中的障碍项目,考验的是犬的跳跃能力和耐受限度。有些犬极其敏捷,能很好地适应这种运动。墙体由两个长方形的墙体立柱、一个墙体底座和几个墙体板构成(图 8-73),墙体宽度最小为 120 cm,厚度约为 20 cm。犬需跳过的高度因犬而异:大型犬为 55～65 cm,中型犬为 35～45 cm,小型犬为 25～35 cm。

图 8-73　墙体

(二)方法步骤

1. 口令

墙体训练的口令常用"墙""跳""过"和"越"等。

2. 步骤

(1)训练时,要遵循由易到难的原则,初始墙体高度要根据犬体形而定,通常起始高度为 30 cm。给犬戴上牵引带,令犬左侧坐,驯导员手持牵引带,正对墙体,发出指令,牵引犬跑向墙体,与犬一起跳过,给予表扬和奖励。重复以上步骤 4～5 次后休息一次,防止犬疲劳。

(2)当犬能轻松跨越墙体时,可以去除牵引带(牵引带会妨碍犬的前进和跳跃),如果去除牵引带后犬仍能认真完成任务,而不是绕过墙体,那么就可开始远距离指挥的训练。驯导员站在犬和墙体之间,把犬的注意力吸引到墙体上,发出指令,犬跳过墙体给予表扬和奖励。随着训练的进行,慢慢移动驯导员的位置,直到在犬的前后左右发令都能完成项目。如果犬在去除牵引带跳过墙体后有乱跑现象,可以在犬跳过墙体后加一个"坐"的口令,待驯导员过去后再带犬返回墙体对侧的起始点。

(3)待犬能远距离听从指挥跳跃墙体后,就可开始增加墙体的高度了。增加高度的过程要缓慢进行,直至达到该犬能跳过的最佳高度为止。

(三)训练的注意事项

(1)墙体项目训练时要注意安全,防止犬因跑得太快撞上墙体立柱或肢体末端碰到墙体板而受伤。

(2)犬跳跃的高度要根据经验确定,防止因太高使犬受伤。

知识拓展

国际犬业联盟(FCI)敏捷运动规则

第一部分　通则

国家犬业组织(NCO)在国际犬业联盟(FCI)的邀请下提供犬敏捷运动的构思并制定规则。

第二部分　FCI 规则

敏捷运动是一种适合于所有犬参加的犬的竞赛活动。敏捷运动的目的是通过让犬穿越不同障碍物的方式来评估和提高犬的才能和敏捷性,这是一种具有教育性和运动性的,旨在促进犬的社会综合能力的活动。这项运动需要犬和训练者之间有一种建立在相互信任基础上的良好默契关系。因此,参加这项运动的竞争者必须通过初级训练和基础服从科目开始了解和熟悉。

分组:

共有三个组别:

小型犬组:犬测量身高在 35 cm 以下。

中型犬组:犬测量身高在 35~43 cm。

大型犬组:犬测量身高在 43 cm 以上。

比赛路线:由不同障碍物组成,根据不同的难度和速度等级来确定设置障碍物。参加竞赛的犬必须在规定的时间内,在正确的指导下穿越所有的障碍物。

1. 一般要求

赛场需要设置一条敏捷运动竞赛的线路,场地面积至少是 30 m×40 m。在这个场地范围内,竞赛线路的面积至少是 20 m×40 m。当需要使用两个竞赛线路时,两个竞赛线路完全分离是必要的,或者至少相隔 10 m 以上的距离。

竞赛线路的实际长度在 100~200 m,这由竞赛的级别确定,一只参赛犬在参赛过程中至少要穿越 12 个障碍物,但是不能超过 20 个障碍物,其中跳跃障碍物不得少于 7 个(跨栏、墙体、轮胎)。标准赛事的跨栏设置不能少于 10 个。延伸跳跃的最大宽度:小型犬组 30 cm,中型犬组 40 cm,大型犬组 55 cm。组合跳跃(最多由三个跨栏作为一个组障碍)的跨栏之间的最小距离是 4.5 m,两个连续障碍物之间的距离是 5~7 m。

2. 竞赛线路设计

(1)竞赛线路的设计完全听任于裁判,但是必须至少要改变两次用法。

(2)在竞赛开始之前,裁判员要检查需要设置的障碍物并审核必要的标准,将竞赛线路设计交给竞赛组织委员会,由委员会具体设置竞赛线路。

(3)裁判员要检查竞赛线路并测量线路长度以保证符合标准。一个良好竞赛线路的设计可以保证犬轻松和顺畅地参加竞赛。竞赛线路设计的目的是控制参赛犬,避免在穿越障碍物时加速而出现失误,找到一种正确的平衡。为了避免参加竞赛的犬产生习以为常的运动习惯,频繁地改变竞赛线路和障碍物的位置是可取的方式。

3. 竞赛程序

除参加竞赛的选手在不带犬的情况下可以在赛前观看竞赛线路外,任何在竞赛线路上的演练尝试都是不允许的。在竞赛开始前,审查员将对训练者做简捷的提示,解释竞赛的特性、标准竞赛线路时间、最大竞赛线路时间、测试将被记录的情况,并向他们提醒有关规则。

(1)标准竞赛线路时间(SCT) 标准竞赛线路时间是由速率来进行确认的。速率的选择是以竞赛线路难度等级和竞赛线路的地面状况为基础的。标准竞赛线路时间("s"为计算单位)将由竞赛线路的长度除以选择的速度(以"m/s"为计算单位)来决定。

举例:一条竞赛线路为 150 m,速度选择为 2.5 m/s。标准竞赛线路时间将是 60 s(即 150 除以 2.5)

(2)最大竞赛线路时间(MCT) 一般来说,裁判员允许最大竞赛线路时间是标准竞赛线路时间的两倍,如 60 s 的标准竞赛线路时间可以延长到 120 s 的最大竞赛线路时间。最大竞赛线路时间不能少于标准竞赛线路时间的1.5倍。

(3)测试程序　驯导员进入竞赛圈内并将犬安排(坐、卧或站)在起点线后,犬的牵引绳和颈圈被取下。出于安全的原因,犬在测试过程中不能使用这些工具。在测试过程当中,不经允许驯导员手中不能执有任何物品。驯导员可以站在竞赛现场的任何位置上。在接到裁判员的指令后,驯导员可以让犬出发。时间是从犬越过起跑线时开始计算的。在测试过程中,驯导员可以使用多种命令和信号。驯导员必须在不接触犬和障碍物的前提下,通过正确的指令保证犬能够穿越障碍物。驯导员不能从障碍物的上方或下方穿越障碍物。测试结束和计时停止以犬通过终点线的时间为准。之后驯导员将犬带回并离开竞赛场地。

(4)障碍物　经过FCI核准的障碍物包括跨栏、墙体、停留桌、独木桥、跷跷板、A字板、S绕杆、开放隧道、封闭隧道、轮胎、跳远架等。

障碍物应在不会对犬造成安全问题的情况下按照下面的规格制造。

①跨栏

a)单独的。高度:大型犬组55～65 cm,中型犬组35～45 cm,小型犬组25～35 cm。最小宽度1.2 m。跨栏可以用架杆(不能使用金属和塑料制品)、嵌板、闸门、树枝等制成。跨栏顶部的架杆或木板必须易于移动。

b)可延伸的。两个单独的跳跃(如上条内容,但仅为架杆)安排在一起就形成了一队延伸跳跃。架杆可上升高度为15～25 cm。最高的一个架杆放在后面:大型犬组55～65 cm,中型犬组35～45 cm,小型犬组25～35 cm。总体深度不能超过:大型犬组50 cm,中型犬组40 cm,小型犬组30 cm。

②墙体。

高度:大型犬组55～65 cm,中型犬组35～45 cm,小型犬组25～35 cm。最小宽度1.2 m。厚度约为20 cm。墙体面板上可以设1～2个间隙孔。墙体顶部是不可以移动的。

③停留桌。

最小0.9 m×0.9 m,最大0.2 m×0.2 m。高度:大型犬组60 cm,中型犬组35 cm,小型犬组35 cm。桌子必须是稳固的,桌子表面不能光滑。一个电子计时装置可以安装在桌子表面,桌子四周边缘向内10 cm可以不考虑。

④独木桥。

最小高度1.2 m,最大高度1.35 m。支架最小长度3.6 m,最大长度4.2 m,宽度30 cm。每个斜坡必须在规定的间隔设置防滑木条(间隔25 cm),用来避免滑倒并使攀爬更为容易,但是不要设置在连接区域10 cm内。这些防滑木条的宽20 mm,厚5～10 mm,而且不能留有尖利的边缘。从每块斜坡距离顶部的90 cm处必须换成另外一种颜色(另一面相同方式处理),用来做连接区域的提示。

⑤跷跷板

支架的最小长度为3.65 m,高度为60 cm,最大长度为4.25 m,高度为70 cm,宽度为30 cm。主要支架的最高点为支架长度的1/6。

连接区域处理:与上一条方式相同。

障碍物必须稳固且不滑。不允许使用抗滑木条。跷跷板必须完全平衡(不能倾斜得过快或过慢)。

检查:当将1 kg的物品放在障碍物的一头时,跷跷板必须做到倾斜3°～4°。如果不能做到以上效果,必须要进行调整。

⑥A 字板(两面坡 A 字造型)

宽度:最小 90 cm,A 字板架底部可以增加到 115 cm。顶部高度:大型犬组必须是 1.9 m(成 90°夹角),中型和小型犬组为 1.7 m(在支撑打开时的高度)。每个斜坡必须按照规定间隔(标准间隔 25 cm)设置防滑条来避免滑倒并易于攀爬,但是不要设置在连接区域 10 cm 内。这些防滑木条的宽 20 mm,厚 5～10 mm,而且不能留有尖利的边缘。从每块斜坡距离顶部的 90 cm 处必须换成另外一种颜色(另一面相同方式处理),用来做连接区域的提示。

A 字板架的顶部不能给犬带来危险,必要的情况下一定要进行处理。

⑦S 绕杆

杆的数量:8 根、10 跟或 12 根。杆必须是刚硬的,直径在 3～5 cm。杆的高度在 1～1.2 m,排列间隔为 50～65 cm。组合杆在世界锦标赛上的排列间隔为 60 cm。

⑧开放隧道

直径:60 cm,长度:3～6 m。柔软易使之变形的材质,可以设计成一个或者更多的弯曲。

⑨封闭隧道

入口处必须有 90 cm 的硬性机构。入口高 60 cm,宽 60～65 cm。出口由 2.5～3.5 m 长度,直径 60～65 cm 的柔软材料组成。如果出口处可以用木桩钉住,木桩的间隔不超过 50 cm,使各组别的犬容易出来。

⑩轮胎

孔直径 38～60 cm。轮胎孔径中心距地面距离:大型犬组 80 cm,中型犬组和小型犬组 55 cm。轮胎必须可以调整高度(链子或绳子),不允许使用固定的或者坚硬的附件。轮胎的下面部分必须用安全的材料进行填充。障碍物的底座至少 2 m 长(轮胎两侧为 1 m)。

⑪跳远架

障碍由 2～5 个组合件组成,全部长度如下:大型犬组 1.2～1.5 m(4～5 个组合件);中型犬组 0.7～0.9 m(3～4 个组合件);小型犬组 0.4～0.5 m(2 个组合件)。障碍宽度:1.2 m。组合件按照由低向高的顺序设置。前面最低的组合件高度是 15 cm,后面最高的高度是 28 cm。每个组合件的纵深:升至最高为 1 cm。设置在所有 4 个拐角处的架杆最小高度不能低于 1.2 m(任何的组合件都不允许固定)。如果有必要,这些架杆的顶部应该进行安全处理来保护犬和训练者。

起点线和终点线需要设置在第一个和最后一个障碍物的 1 m 处。标志杆之间的距离应该是跨栏杆的长度加上 50 cm 左右。在起点和终点处,犬应该有足够的空间(至少 6 m)。

4. 裁判员

参加竞赛者不能对裁判员的评审意见有任何异议,裁判员的评审意见是最终评审结果。裁判员的工作目的是让犬在标准竞赛时间内穿越过竞赛线路。标准竞赛时间是唯一的评审参考,而速度不是主要的评审标准。如果出现犬完成竞赛时间相同的情况,犬在测试过程中出现错误的多少则成为评审的重要依据。当竞赛中犬发生错误数量相同的情况下,完成测试的时间就成为重要的评审依据。如果极其偶然地出现两只竞赛犬所有时间和错误都完全相同的情况,裁判员可以进行再次决赛来认定。

5. 失误

(1)超过标准竞赛时间:每超过 1 s,视为一次失误(罚 1 分)。

（2）常规驯导员不能越过标有起点和终点的架杆，否则将被判为失误（罚5分），时间计算从训练者越过起点线开始。通过触摸犬而获得有利于竞赛的任何方式将被判为失误——每次触摸判为失误（罚5分）。训练者故意触摸障碍物将被判为失误——每次触摸判为失误（罚5分）。

（3）竞赛线路失误。所有的线路失误都将判为失误（罚5分）。

①碰倒。在犬完成下一个障碍物之前，每次碰倒障碍物的任何一个部分都记为一次失误（罚1分）。

②拒绝执行。在犬完成下一个障碍物之前，每次碰倒障碍物的任何一个部分都记为一次失误（罚1分）。

复习与思考

简答题

1. 宠物犬驯导的意义是什么？
2. 幼犬的训练与调教包括哪些方面？
3. 怎样建立与幼犬的亲和关系？
4. 怎样训练幼犬定点排便？
5. 幼犬的社会化训练包含哪些方面的内容？
6. 基本科目坐下、卧下、立、前来、随行、衔取、安静、躺下等怎样训练？
7. 玩赏科目作揖、握手、打滚、跳跃、转圈、钻腿、上凳子、接物等怎样训练？
8. 怎样训练犬不捡食？
9. 犬的敏捷训练包括哪些项目？
10. 如何对犬进行跨栏、跳远板、硬隧道、软隧道、S绕杆、A字板、独木桥、跷跷板、墙体等科目训练？

项目九
宠物猫的训练与调教

学习目标

❖ 知识目标

了解宠物猫饲养的意义；明确猫基本科目训练的目的；学会猫不良行为纠正的方法。

❖ 能力目标

能够学会猫基本科目的训练方法。

❖ 素质目标

通过对宠物猫的训练，培养猫的良好行为习惯，借助对猫的训练，培养孩子关爱动物，热爱生活的态度。

学习任务

宠物猫的驯养

任务一　宠物猫的驯养

猫很聪明，善于学习，并有很强的记忆能力。虽然目前还未对猫的智商进行测定，但成年猫能够自己打开水龙头喝水，喝完后再关上的报道时有发生。《文汇报》曾报道过，莫斯科一个名叫伊凡诺娃的人，养了一只会像八哥、鹦鹉那样说“多谢”“再见”等简单词语的猫。一次伊凡诺娃带它乘火车外出时，把它装在一只密封的篮子里，它挣扎着说了一句“小心啊”，使它的主人惊呆了。一些大学的动物行为心理学家分析，这只猫所说的话，是跟主人及孩子们学的，还有一些是从电视里学的。

一、宠物猫驯养的意义

猫被人类驯养以后，在人们的生活中发挥了很大的作用。

1. 捕鼠

人类把野猫驯养为家猫的目的就是因猫有高超的捕鼠技能，可以消除鼠害和控制鼠害带来的疾病传播，为人类造福。在《礼记·郊特性》就有记载：“古之君子，使之必报之。迎猫，为其食田鼠也；迎虎，为其食田豕也，迎而祭之也。”意思是说，他们喜欢猫是因为猫能保护庄稼免受鼠害。由此可见，当时的人们已经认识到猫具有捕食老鼠的能力，因而猫被人们列为八神之一，在腊祭时接受人们的祭祀。

2. 伴侣

随着人们生活节奏的加快，各种压力也越来越大。养一只天资聪慧、体态俊秀、活泼可爱、善察人意、安静清洁的猫就成了人们放松心情、排除压力的首选途径。猫跟犬一样，也是一种很有感情的动物，能够很容易地与主人建立友谊。据统计，法国人养猫约 800 万只，在美国有 1/4 的家庭养猫，共养猫约 1 亿只，并且美国还形成了世界最大的猫管理中心——波瑞那管理中心。

3. 观赏表演

猫毛色彩华丽、体形娇小可爱，很容易吸引人们的关注，大量以猫为角色的电影和动画片，如《黑猫警长》《汤姆和小吉瑞》等，受到儿童和成人的喜爱。

4. 猫医生

猫不但有助于孩子健康活泼，还能使病人缓解痛苦、消除烦恼，并且能为老年人增添乐趣。美国的研究人员在费城等几个大城市的实验观察证明，没养猫做伴的冠心病患者死亡率高达 28.2%，而养猫做伴的冠心病患者死亡率仅为 5.6%。从中可以看出，猫在病人精神调节方面可以发挥重要作用。

5. 科学实验

猫有与人类相近的发达的神经系统、循环系统，并且猫的体形适中，便于手术操作，因此被广泛应用于医药学、生理学、药理学等方面的实验研究，成为其他动物难以取代的实验动物。丹麦科学家芬森无意中发现猫喜欢在太阳光能照射到的屋顶晒太阳，只要阴影一靠近，猫就迅速换到有阳光的地方继续晒太阳；并且当猫有外伤的时候，通过晒太阳，伤口也会很快好转。在这一现象的启发下，芬森通过实验研究，查明了阳光中的紫外线对人体的某些疾病具有良好的治疗作用，因此获得诺贝尔奖。

6. 经济价值

猫皮色彩华丽、柔软轻便，并且保温性能好，是很好的裘皮原料，可制成名贵的大衣、衣领、皮帽。猫尾也可用作眉笔的原料，在英、美、法等国家，一支猫尾制成的眉笔售价可达 30 美元。猫肠衣可作为手术缝合线。猫骨、猫肝、猫肉都可作为中药使用。并且随着养猫业在世界各地的兴起，猫食品、养猫用具、猫玩具、猫保健医疗行业也随之发展，既增加了大量工作岗位，又创造了经济价值。据统计，在美国每年仅猫食品的交易金额总数就逾 40 亿美元。

二、猫接受训练的生理基础

猫是一种独立性很强的动物，具有不愿受人摆布的倔强性格，所以要一只猫按人的意愿行事很难。如果是猫喜欢的事情，主人不让它去做也不行，因此若要猫做事情，首要的条件是调动它的积极性，让它愿意去做。另外，猫胆小，但警觉性高，对强光和各种刺激易产生恐惧，因此要避免这些不利于训练的因素。

要想对猫进行有效的调教，首先，就要对猫了解，知道猫接受训练的生理基础；其次，应当选择适合训练的品种和温顺的个体，这样容易培养亲和关系；再次，制定合理的训练计划和掌握科学的训练方法；最后，在训练时要有耐心，态度要和蔼。

神经反射活动是猫行为的生理基础，在训练调教猫的过程中起着基础作用。如猫的听觉、视觉、嗅觉、味觉以及皮肤感觉器官，能够灵敏地感受外界的声、光、味、化学与机械性刺激与变化，通过神经中枢发生相应的应答。

三、猫训练时注意的问题

1. 训练的最佳年龄

训猫应在猫 2～3 月龄时开始，这时猫学习能力强，较容易接受训练，而成年猫训练起来则困难得多。

2. 把握训猫的时机

训练猫的最佳时机是在为其喂食前。此时，猫愿意与人接近、沟通，通过食物对猫的诱惑力，使训练比较容易。

3. 多种刺激有机结合

为了使猫的印象更深刻，要将各种刺激和手段有机地结合起来，刚柔兼施，宽严结合，既不要态度强硬，又不能任其随便。但训练具体某一个动作时，不可采用过多的方式，以免猫无所适从。

4. 态度要和蔼

猫的自尊心很强，不愿听人摆布。所以，训练时态度要和蔼，像是与猫一起玩耍一样，即使猫做错了，也不要过多地排斥和惩罚，否则猫对训练会产生抵制情绪，影响训练效果。

5. 遵循循序渐进的原则

因为猫很难一下子学会许多动作，每次训练应只教一个动作。如果总是做不好，会使猫丧失信心，引起猫的厌恶情绪。每次的训练时间应适度，不可太长，一般不能超过 10 min，但每天可训练几次。

6. 训练的环境要保持安静

训练时要选择一个安静的场所，以免外界因素分散猫的注意力。训练时动作不能太突然，也不能发出巨大声响，猫对巨响或突如其来的动作非常敏感，这些因素都能使猫躲藏起来而不愿接受训练。

任务二　猫的基本科目训练

一、亲和关系的培养

有效地训练和管理好猫的前提条件是驯猫者与猫建立亲密友好的关系，这种关系是猫对主人产生信任和依恋的基础。虽然猫不像犬那样天生对主人忠诚且易于驯服，但猫主人也可通过日常的饲养管理和玩耍、游戏，与猫建立亲和关系。

从人与猫接触的第一天开始就要注意培养同猫的亲密关系，并在日常接触过程中不断地加以巩固。当猫进入新家后，要先给猫准备温暖舒适的猫窝，并亲自给猫添食喂水，陪猫玩耍、游戏，亲自为它梳毛、洗澡等。这样很快猫就会表现出对主人的亲昵行为。如主人一出现，猫就腻在主人的脚下、身旁，用头、身体蹭主人，把身上的特殊气味蹭在主人的身上；翘起胡须，尾巴直直地翘起，跑到主人身边，或依偎在主人的身旁；当主人轻唤其名字时，尾巴稍稍摆动作为回答或者突然四爪朝天，在主人眼前翻身，露出整个腹部，表示无所防卫，意思是"来，过来和我玩吧！"

猫的基本科目训练 1

二、前来科目

1. 目的要求

本科目的训练是为了培养猫根据指挥顺利而迅速地回到主人身边并坐下的服从性。要求猫听到口令后能迅速及时地回到主人前面坐好，然后抬头认真看着主人的表情等待主人的下一个命令。

2. 口令

训练的口令是"来"。

3. 方法和步骤

在进行本科目的训练之前，先要对猫进行呼名训练，然后再进行前来训练（图 9-1）。训练时可采用食物诱导法。

先把食物放在固定的地点，呼唤猫的名字和不断发出"来"的口令，同时把食物拿给猫看，引起猫的注意。然后再把食物放到固定的地点，发出"来"的口令，猫若顺从地走过来，就予以食物奖励，也可轻轻地抚摸猫的头、背，以示鼓励。当猫对"来"的口令形成比较牢固的反射时，即可开始训练其对手势的条件反射。前来的手势没有明确规定，大多采用招手表示。开始时，喊"来"的口令，同时向猫招手，当猫能根据手势完成"来"的动作时，要给予奖励。以后逐渐只招手不喊口令。

图 9-1　猫的前来训练

三、打滚科目

1. 目的要求

本项目的训练是为了培养猫根据指挥迅速打滚的能力。要求猫听到命令后能迅速、准确地做出打滚的动作，甚至可以在地上连续翻滚。

2. 口令

训练的口令是"打滚"。

3. 方法和步骤

小猫之间互相嬉戏玩耍时，常出现打滚的动作，所以该动作对猫来说易如反掌。但要听从主人命令完成打滚的动作，则要经过一番调教。

图 9-2 猫的打滚训练

训练时先让猫站在地板上，训练者在发出"打滚"口令的同时，轻轻将猫按倒并使其打滚，打滚完成后立即奖给猫一块美味可口的食物，并给予爱抚(图 9-2)。这样反复数次，在不断地诱导下，猫便可自行打滚。一旦形成条件反射，猫一听到"打滚"的命令，就会立即做出打滚的动作。要注意的是隔段时间后这种奖励要重现，以避免条件反射消退。

该技能的手势可以采取右臂向前平伸，掌心向下，然后向右翻转。

四、跳环科目

1. 目的要求

跳环训练是培养猫跳过铁环的能力。要求猫能根据指挥迅速跳过铁环。

2. 口令

训练的口令是"跳"或"过"。

3. 方法步骤

先将一铁环或其他环状物立着放在地板上，主人和猫站在铁环两侧，面对铁环。然后主人发出"跳"的口令，同时向猫招手，如猫钻过铁环，要立即给予食物奖励。如果猫绕过铁环走过来，不但不能给奖励，还要轻声训斥。

在食物的引诱下，猫便会在主人发出"跳"的口令之后穿过铁环(图 9-3)。每次穿过都要奖励。如此反复训练后即可形成条件反射。

当猫形成基本的条件反射后，开始逐渐升高铁环高度，同样每跳过一次，都要给予食物奖励。但如果从铁环下面走过来，就要加以训斥。刚开始，主人要用食物在铁环内引诱猫，并不断发出"跳"的口令。当猫成功跳过一次以后，再跳就容易了。最后，逐渐减少食物奖励，直至在没有食物奖励的情况下，猫也能跳过距地面 30～60 cm 高的铁环。

图 9-3 猫的跳环训练

五、衔物科目

1. 目的要求

猫的衔物训练能使猫养成根据指挥将物品衔来交给主人的能力(图 9-4)。本训练要求猫的衔取欲望要强,并且不破坏被衔取的物品。

2. 口令

训练的口令是"衔"和"吐"。

3. 方法步骤

猫聪明伶俐,所以也能够像犬一样,经过训练可为主人叼回一些小物品。此项训练比较复杂,应当分两步走。

图 9-4　猫的衔物训练

先进行基本训练。给猫戴上项圈,控制猫的行动,并选择安静的环境和该猫感兴趣的被衔物品。该物品一定要小,能被猫一口衔住。训练时,一只手牵着项圈,另一只手则拿着令猫衔叼的物品,发出"衔"的口令,同时在猫的面前晃动所拿物品,再将物品强行塞入猫的口内。当猫衔住物品时,立即发出"好"的口令,并抚摸猫头作为奖励。接着发出"吐"的口令,当猫吐出物品后,应给予食物奖励。如果发出"吐"的口令后,猫没有吐出物品,再重复发出口令,还是没有吐的行动,就得用手将物品从猫嘴中强行拿出,并发出"好"的口令,给予抚摸奖励。经过多次"衔""吐"的训练后,猫对这两种口令有了基本条件反射,能够按口令行动时,就开始进行下一步训练。

接下来训练时,主人拿着被衔物品在猫面前晃动,引起猫的注意后,再将该物品抛出至几米远的地方,对猫发出"衔"的口令,同时用手指向物品,令猫前去衔取。如果猫不去,主人则牵引猫前去,重复发出"衔"的口令,并指向物品。重复几次后,猫便能够云衔主人抛出去的物品,然后发出"来"的口令,使猫回到主人身边。此时再发出"吐"的口令,让猫吐出被衔物品,猫执行命令吐出物品后,应立即发出"好"的口令并给予食物奖励。这样经过多次的训练,猫就能熟练掌握这项技能。

六、躺下和站科目

猫的基本科目训练 2

1. 目的要求

此训练能使猫养成根据主人的指令迅速躺下和起来的行为并保持动作的持久性,从而养成其对主人的服从性。要求猫听到命令后能迅速准确地做出躺或起来的动作并保持延缓。

2. 口令

训练的口令是"躺下""站"或"起来"。

3. 方法步骤

训练猫做躺下和站的动作时,应先让猫处于站立的状态,然后发出"躺下"的口令,同时用手将猫按倒,迫使猫躺下。待猫躺下后,发出"站"的口令,松开手让猫自动站立起来。猫每完

图 9-5 猫的躺下训练

成一次动作后，主人应予以奖励，以刺激猫对此动作形成条件反射。注意，在刚开始训练时，可让猫躺下后立即站起来，但当猫对口令形成一定的条件反射后，就应训练猫延长躺下的时间(图 9-5)。

七、握手科目

1. 目的要求

此科目主要是培养猫与人握手的能力。要求猫在听到口令后能迅速伸出一前肢与人握手。

2. 口令

训练的口令是“握手”。

图 9-6 猫的握手训练

3. 方法步骤

对猫的“握手”训练常采用食物奖励法，为了保证训练的正常进行，常在猫空腹时进行。

首先，教它学会抬爪。在左手指尖上沾一些猫喜欢吃的食物(如干酪等)。抬起右手并发出“握手”的口令，用右手轻轻地握着猫的右前肢，同时给予左手的食物奖励。每天重复数次训练，每次训练可在 5 min 左右，直到猫对“握手”形成条件反射，在口令下能自动伸出爪来(图 9-6)。

八、再见科目

1. 目的要求

该科目主要是培养猫与人再见的能力。要求猫在听到口令后能迅速伸出一前肢做出挥手的动作。

2. 口令

该训练的口令是“拜拜”或“再见”。

3. 方法步骤

该训练在猫掌握了“握手”训练的基础上进行。当猫对“握手”形成了条件反射后，再教它学会“拜拜”——摆手。当猫能够完全做到抬手时，再教给它一边摆动爪子，一边听主人说“拜拜”。

右手拿着食物，发出“拜拜”的口令，待猫抬起一只爪时，立即俯身握住猫爪左右摆动，同时重复“拜拜”的口令，每做完一次，就给它一次奖赏。形成基本条件反射后，开始逐渐减少握住猫爪的动作，让猫自己挥动爪子，并把使用食物逐渐改成使用抚摸的方式。经过训练后，猫形成条件反射，当其一听到口令就能“拜拜”时，说明这种条件反射已经成功建立(图 9-7)。

图 9-7　猫的再见训练

任务三　猫不良行为的纠正

一、上床行为的纠正

猫不良行为的纠正 1

有许多养猫者，尤其是孩子对猫的喜爱达到了痴迷的程度，几乎每时每刻都想与猫在一起，甚至和猫一起入睡，殊不知，这是一种极不卫生的、对人和猫都有害的行为。猫和人之间有许多可以互相传播的传染病和寄生虫病，如流行性出血热、旋毛虫病、肝吸虫病、钱癣等，这些疾病均可由猫体传播。更为严重的是，猫可将弓形虫病传播给人，孕妇感染后易发生早产、流产、产死胎和畸形胎等，极大地危害母婴健康。因此，不能因为特别爱猫，就纵容猫上床。应从小开始训练猫不上床，让它到自己的窝去睡觉是最有效的方法。但如果猫已养成了上床与主人同睡的习惯，那就应当通过调教纠正这种不良习惯。纠正的方法是：当猫上床钻入主人被窝时，就立即对其大声地斥责，并用手拍打它的臀部，把它赶下床。一般来说，猫对主人的情绪是非常敏感的，因此，如果这样反复调教几次，猫也会明白主人的意图，去自己的窝休息，逐渐把坏习惯改掉。

二、随地便溺行为的纠正

猫的清洁习惯是从小养成的。小猫刚学会走，就会在母猫的带领及影响下，到固定地点便溺，便溺后还会将粪便用土掩盖起来。但若是刚到新家的猫，它们不知道去哪里便溺更合适，易产生随地便溺的不良行为。此时主人不要横加训斥，而是要通过耐心的训练、引导，来纠正这种不良行为。

1. 准备便溺的用具

准备一个猫用的便盆，便盆里面放上沙子，上面再放些带有猫尿味的沙子。

2.固定便溺的地点

准备好便溺用具后，寻找一个隐蔽、不受打扰的地点，最好把猫的固定便溺点设在卫生间内。把铺有猫沙的便盆放到卫生间(或准备一块板，搭在坐盆上让猫便溺，这样就不必使用沙子了)，也可在卫生间给猫准备专用的马桶，以便及时冲洗处理。

3.及时发现便溺预兆

当发现猫焦急不安，做转圈活动时，说明猫该便溺了，此时应立即将猫带到便盆处。反复几次后，猫就会自己去便盆处便溺了。

4.注意事项

(1)便盆内的灰渣、沙子等应经常更换，保持室内环境卫生。

(2)如果发现猫在别处便溺时，不要殴打、训斥，应耐心地教育它，同时还要带它到放便盆的地方，让它嗅闻。这样经过多次训练后，猫就会到固定地点便溺。

三、磨爪行为的纠正

猫爪的前端呈钩状，十分锐利，是猫捕鼠、攀登和自卫的武器。

如果在室外饲养，常见猫在同一树干同一部位进行扒抓，在树干上留下明显痕迹。这一行为对猫具有非常重要的意义。①从动物行为学上来看，这是猫活动区域(领地范围)的标记，以此警告其他猫不得入侵。②从生理上来看，猫的爪上会分泌一种黏稠、散发气味的液体，猫在用脚爪扒抓树过程中会将它涂擦在树干上，这样猫的活动区域就比较容易确定。在气味的引导下，猫总是到相同部位进行扒抓，同时这一分泌液的气味也可阻止其他猫的入侵。③如果放任猫爪随意地生长，可能因长得太长而刺入脚趾，因此必须把多余的部分磨掉。④猫在这种行为中锻炼自己的脚爪，修整自己的武器，有助于更好地自卫和追捕猎物。

在室内饲养的猫，同样也有扒抓的需要。如果猫主人没有相应的调教和管理措施，猫便会自己选择木器家具(如床、椅、桌、组合式柜等)的棱角边缘作为扒抓地点。为了防止猫毁坏家具，影响清洁，猫主人必须对猫进行调教和训练，让猫扒抓木板或柱，这样既满足了猫的自然生理需要，又可避免家具被损坏。

专供猫磨爪子的磨爪板或磨爪木桩是家庭养猫必备的用具。除可以买市面上现成的磨爪板外，也可自制木板或木桩。对于幼猫，木板的宽度为15～20 cm，长度为30～37 cm即可。以后木板的宽度和长度可随着猫的生长发育适当增加。猫喜欢扒抓那些质地坚实的木质材料，特别是在木板或木桩上包裹一层地毯或添加一点薄荷草，对猫有很大的吸引力。但应注意，当猫抓破了地毯后，不要再更换地毯，因为猫总是喜欢扒抓它以前扒抓过的物品。猫在睡醒后，常会为了活动一下前肢和脚爪而在睡觉处(如猫窝)周围的物体上进行扒抓。因此应将磨爪板或木柱放于猫窝附近，开始时应水平放置木柱，使猫能自由寻找它愿意扒抓的部位。若小猫不扒抓，可用手轻轻地下压其头部，强迫它扒抓木板或木柱(动作不要太重)。猫扒抓磨爪板或木桩后，就会将爪上腺体分泌物涂擦在扒抓部位，以后猫会继续到磨爪板或木桩上扒抓。养成习惯后，可将木板或木桩固定于猫窝附近的墙壁上，这样有利于房间的整洁和美观。

如果发现猫有在家具上磨爪的行为，应给予严厉的斥责，并使用喷雾剂来使它更改。

四、夜游行为的纠正

猫在白天活动较少，而在夜间常捕鼠、交配和为争地盘厮打等，异常活跃。如果任其在夜间活动，难免会受到伤害或把身体弄得很脏。如果带回传染病，甚至可能殃及主人的健康。因此，家庭养猫不能任其夜游。

纠正猫的夜游行为必须从小做起。开始时白天将猫放出，让其在室内活动，晚间关到笼内。时间一长，就会形成习惯，即使去掉笼子，猫夜间也不会去户外活动了。

五、吃死鼠行为的纠正

为了消灭鼠害，社区常在一些老鼠活动多的地点撒放鼠药，如猫吃了死鼠，就会造成继发性中毒，而且一些死鼠可能会腐败变质或染有大量病菌，致使猫吃后感染疾病。

防止猫吃死鼠后中毒或染病的有效方法是不让猫到处乱跑，使猫没有机会接触到死鼠。此外，可以找一只死鼠，把死鼠放到猫的嘴边，如果猫看到后想吃，就用小木棍轻打猫的嘴巴，不准它吃。隔几个小时后，再进行试探，如果猫还想吃，就再打它的嘴并严厉斥责它。这样几次以后，猫怕被惩罚，再看到死鼠就不敢吃了。

六、异食癖行为的纠正

异食癖是一种异常的摄食行为，主要表现为摄取正常食物以外的物质，如舔吮、咀嚼绒毛质衣物，或舔食室内盆栽植物的泥土等。

猫不良行为的纠正 2

纠正异食癖的有效方法为惊吓惩罚或使其产生厌恶的条件反射。①将捕鼠器倒置（以防夹着猫）在绒线衣物或植物旁，当猫触及捕鼠器时，捕鼠器由于弹簧的作用，会自动弹起来发出“劈啪”声，将猫吓跑。②手握水枪站在隐蔽处，见猫有异常摄食行为时，立即向其喷水，使猫受到突然袭击而马上逃走。③使用一些猫比较敏感的气味物品如除臭剂、来苏尔等涂在衣服或植物上，当猫接近这些物品时，由于厌恶这种气味而改掉异食行为。

七、异常母性行为的纠正

如母猫缺乏母性，则可造成母猫产后出现异常行为：仔猫体表不洁；母猫远离仔猫，长时间不回产窝哺乳；任仔猫在产窝外停留较长时间，使仔猫体温下降而死亡等。为预防这些异常的母性行为，应采取以下措施。

1. 提前适应环境

临产前 3 d，将母猫放入产窝内饲养，以使其适应产窝的环境。

2. 注意通风或保暖

适当在产窝中放一毛毯，使产窝环境舒适并注意调节产窝温度。夏季，产窝应设在通风凉爽处。冬季，产窝应设在温暖无风处。

3. 及时检查乳房

母猫产仔后，主人应注意观察母猫有无异常行为，并仔细检查母猫的乳房是否正常，如乳房有异常，应及时请兽医诊治。

4. 防止食仔癖

青年母猫和老年母猫常在窝产仔数较多时有食仔行为。具体的防治办法是：饲喂产仔母猫富含蛋白质的食物，如猪肉、鱼肉、鸡肉等；同时，在母猫产仔时保持环境安静，避免惊吓母猫。

八、异常性行为的纠正

异常性行为表现为：公猫异常交配，去势公猫或未去势公猫自行爬跨其他公猫，强行与未发情的母猫交配等；母猫表现为反抗或躲闪、拒绝交配等。这些异常性行为的治疗方法如下。

1. 用水枪喷水

养猫者躲在隐蔽处不让猫发现，每当猫出现异常交配行为时，就立即用水枪向猫喷水。猫受到水袭击后，立即逃走，8～10 次后，便可纠正猫的异常交配行为。该法的关键是不要让猫察觉到是人为用水枪喷水。

2. 孕酮注射法

选用甲羟孕酮或甲地孕酮注射，可治疗猫的异常性行为。

3. 让公猫提前熟悉交配地点

有时公猫交配不成功、不愿与母猫交配是由公猫对交配环境不熟悉或感到不舒适引起的。因此，可以在交配前 1～2 h 让公猫到交配地点熟悉环境，消除紧张情绪。

4. 拔掉阴茎上的毛环

有的公猫阴茎龟头上有来源于包皮上的阴毛或勃起时阴茎与母猫会阴部摩擦时沾上的母猫被毛，这些毛发会阻挡公猫阴茎插入母猫的阴道内。因此，交配前，先将公猫固定好，将包皮向下外翻，使龟头充分暴露，将缠绕于龟头上的毛用小镊子轻轻拔掉。

5. 公猫的交配训练

对种用的公猫或交配不成功的公猫可进行交配训练。先准备一个安静的交配场所，让公猫适应环境，几十分钟后，再将发情母猫放于同一个场所。公猫在初次交配时，一般需要 30 min 至几个小时后才与母猫交配。多次交配后，与母猫交配时间可缩短至 15 min 或更短。为了提高受孕率，可允许公猫与母猫连续交配多次。

6. 母猫固定法

如发情母猫在交配时有逃走或向公猫发动攻击的行为，则应先将母猫固定，使母猫处于蹲伏位置，再放入公猫，使其顺利进行爬跨、交配。公猫大多愿意与固定好的母猫交配。

九、异常捕食行为的纠正

猫具有好奇心强、善于捕捉小动物的特性，常喜欢捕捉主人和邻居家散养的鸡、兔或笼养鸟，为了避免这一行为的发生，可采取以下预防措施。

1. 响铃预警法

在猫颈部拴系一个响铃，当猫捕捉鸡、兔或鸟时铃摇动发出响声，这样被捕动物听到响铃声就会提高警惕，准备逃走，减少损失。

2. 用水枪惩罚

主人躲藏在隐蔽处，不让猫发现，当看到猫捕食鸡、兔、鸟时，立即用水枪向猫喷水，连续惩罚几次，即可阻止猫的异常行为。

3. 厌恶条件反射法

在猫的鼻端涂上香水或除臭剂，兔、鸟身上或笼子上喷洒同样的液体。猫对这种特殊气味很厌恶，就不再捕食小动物。

4. 行为预防法

将金鱼缸用金属网罩上，把鸟笼挂在天花板或吊在猫不易攀到的地方。

5. 和平相处法

有的人既养犬又养猫，犬活泼好动，常主动接近猫，而猫害怕受到攻击，常在犬靠近时伸出爪子把犬的眼睛抓伤。为了不使犬和猫反目成仇、相互伤害，主人应抱着猫，让猫和犬慢慢地接触，让它们亲近了解，互相适应。经过一段时间的接触后，猫和犬就会发现对方对自己没有敌意，从而和平相处。

十、异常攻击行为的纠正

家养宠物猫一般不攻击除鼠以外的动物和人，但在特殊情况下也会发生攻击行为。我们常把猫的攻击行为分为正常攻击行为和异常攻击行为两种。

(一)正常攻击行为

正常攻击行为分为领域性攻击行为和疼痛性攻击行为。

1. 领域性攻击行为

每只猫都有自己的领地，当其他猫进入它的领地时，它就会发起攻击以维护自己的利益。

2. 疼痛性攻击行为

当猫因受伤或生病感觉疼痛时也会发动攻击。

(二)异常攻击行为

异常攻击行为有雄性争斗行为、恐惧性攻击行为和宠爱性攻击行为 3 种。

1. 雄性争斗行为

一般是在公猫长到 1 岁左右时，为了争夺群体中的地位，互相抓扑或撕咬。给公猫皮下或肌内注射孕酮，或给公猫去势是常采取的制止雄性争斗的方法，一般去势后数天，雄性间争斗行为就会自行停止。

2. 恐惧性攻击行为

恐惧性攻击行为是指在陌生人来访时，神经敏感或胆小的猫突然受到惊吓或受到主人打击时发生的攻击行为。防止这种攻击行为的方法是消除不安定因素，轻轻抚摸猫，并喂些它喜爱的食物，使它安静下来，不再害怕。如果症状较严重，可以给猫口服安定，每日 3 次，每次用量为每千克体重 1～2 mg，持续 7 d 左右。

3. 宠爱性攻击行为

猫如果受到主人的过分宠爱，如让猫上床睡觉，常把猫抱在怀中，吃饭时经常挑鱼、肉喂它，猫就有可能发生偶尔攻击主人的行为。这些攻击行为常使主人在没有防备时被抓伤或咬伤。纠正该行为的关键是预防，应注意平时不要对猫过度宠爱。如发现猫出现这种攻击行为，则应立即终止对猫的过分宠爱行为，甚至几天至一周不理睬它，而且要严厉训斥猫的这种攻击行为。对攻击行为严重的公猫，应当立即皮下注射甲羟孕酮进行治疗或做去势处理。

知识拓展

CFA 猫展赛制

国际爱猫联合会(CFA)是一个于美国登记的非营利性团体，成立于 1906 年初。起初，CFA 只是一个很小的组织，发展至今 CFA 已经成为全球拥有最多注册纯种猫的机构。现在 CFA 每年在世界各地举办的猫展有 400 多次，参展猫的品种也达 30 多种。

(一)CFA 成立的宗旨

(1)提高所有猫的福利。

(2)推动及改良 CFA 认可的猫种。

(3)为猫做登录。

(4)制定并颁布猫展规则。

(5)签发以 CFA 规则进行的猫展。

(6)高繁殖者及参赛猫只的福利。

(二)赛制规则

CFA 是目前世界上最大的纯种猫注册组织。在 CFA 猫展中，除 CFA 注册猫的组别外，也设有家猫组，非 CFA 注册的猫也可参展，从而推广猫只应有的福利。在 CFA 猫展中，猫只分 4 个组别进行比赛。

1. 幼猫组(kitten)

4～8 月龄，并已在 CFA 注册的幼猫。

2. 成猫组(championship)

8 月龄或 8 月龄以上的未绝育成猫，并已在 CFA 注册。

3. 绝育猫组(premiership)

8 月龄或 8 月龄以上的绝育成猫，并已在 CFA 注册。

在成猫组及绝育猫组中，猫只会再被分为公开组 (open class)、冠军组 (champion/premier)和超级冠军组 (grand champion/grand premier)进行比赛。

(1)公开组　初次参加猫展或未升级为冠军组的猫需参加这个组别的比赛。

(2)冠军组　在公开组取得4个冠军彩带(winners ribbon)的猫便可升级,参加冠军组赛事,而这4个冠军彩带必须最少来自3位评判员。

(3)超级冠军组　在冠军组取得75分累积分数的猫便可升级,参加超级冠军组的赛事。

以成猫组为例,海豹重点色斑暹罗猫(seal point siamese)评判会在雄猫和雌猫的公开组选出前1～3名,分别授予蓝色、红色及黄色彩带,而最高分的会得到冠军彩带。同样,评判会在冠军组和超级冠军组中选出前1～3名,而在冠军组中得最高分的会成为最佳冠军猫,拿到紫色彩带。

这6只在不同级别、性别中获得第一名的海豹重点色斑暹罗猫将会角逐最佳颜色奖,得到黑色彩带。当其中一个级别、性别的第一名得到最佳颜色奖后,同一级别、性别的第二名会补上,与其他5只第一名角逐。

暹罗猫中有4个颜色组别:

(1)chocolate point;

(2)seal point;

(3)lilac point;

(4)blue point。

当4个颜色组别的best of color和second best of color诞生后,它们便会角逐best of breed的荣誉,得到啡色彩带,而second best of breed会得到橙色彩带。同样的比赛会在每一个品种中进行。到最后,评判会在所有的best of breed及second best of breed中进行总决赛(final),选出前10名。

同一品种所颁奖项的彩带颜色:

雌/雄猫第一名(first place):蓝色;

雌/雄猫第二名(second place):红色;

雌/雄猫第三名(third place):黄色。

公开组冠军彩带(winners ribbon):红白蓝三间色。

颜色组别的第一名(best of color):黑色;

颜色组别的第二名(second best of color):白色;

最佳品种奖第一名(best of breed):啡色;

最佳品种奖第二名(second best of breed):橙色;

最佳冠军猫(best champion):紫色。

4. 家猫组(household pet)

非CFA注册的猫,包括幼猫及成猫,最低参赛年龄为4月龄。而8月龄或8月龄以上的家猫必须绝育方可参赛。家猫组的比赛最为简单,没有特定的外观标准,因此不同品种会一起比赛。评判会以参赛猫的健康情况、状态及表现评分。家猫组的merit award彩带颜色则是红白相间色。

注:赛制上,CAA和CFA最大的区别就是在进行完最低一级评选后,黑色与白色奖条所代表的意义不同。CAA的黑条代表同小组中的毛色第一,白条代表同小组中的毛色第二。而CFA中,黑条代表整个同颜色组中(包括所有小组,例如公开组、冠军组等)综合第一,白条代表综合第二。

复习与思考

简答题

1. 驯养猫的意义是什么？
2. 宠物猫训练时应注意什么问题？
3. 宠物猫来、打滚、跳环、衔物、躺下、站、握手、再见等科目怎样进行训练？
4. 怎样纠正猫的磨爪行为？
5. 怎样纠正猫的异常母性行为？
6. 怎样纠正猫的异常性行为？

项目十

观赏鸟的训练与调教

学习目标

❖ **知识目标**

了解观赏鸟饲养的意义；明确观赏鸟基本科目训练的目的；学会观赏鸟不良行为纠正的方法。

❖ **能力目标**

能够学会观赏鸟基本科目的训练方法。

❖ **素质目标**

通过对观赏鸟的训练，培养孩子关爱动物意识，养成良好的行为习惯。

学习任务

任务一　观赏鸟的驯养

鸟类或具有美丽的羽毛，或具有超强的模仿能力，或具有长途飞行认家识路的能力，或具有婉转动听的歌喉，因此很容易与主人建立亲密的关系，获得主人的钟爱。同时，它们也是十分机智的动物，能够接受人类的训练。

一、观赏鸟驯养的意义

驯养观赏鸟的目的主要有两种：一种是享受过程，一种是享受结昊。养鸟的过程虽然很累，但能使人的生活升华，使人修身养性，充满爱心。养鸟需要天天饲喂、清理卫生、遛鸟，没有责任心、爱心的人是不会把鸟养得健康、有精神的。养鸟还能陶冶情操、增进身心健康，消除工作疲劳，解除孤独，愉悦心情。无论是从事体力劳动还是脑力劳动的人，工作之余都可以通过养鸟与鸟零距离接触，听到悦耳的鸟鸣，有如置身于大自然的怀抱之口，顿觉心旷神怡，倦意全消。

二、鸟接受训练的理论基础

鸟类是一种具有数的概念和计数能力的动物。研究结果显示，鸟类数数可以数到 7。科学家让鸟观看画有特定数目斑点的卡片，然后让鸟试着将这一数字与做了同样记号的食碗联系起来，结果鸟可以依不同的数目和图案变化来做简单的鉴别。

美国印第安纳州普渡大学的艾伦·帕帕伯格针对鹦鹉的语言思考和反应能力做了研究。她从芝加哥的宠物商店挑选了一只刚满 1 岁不会说话的名为阿历克斯的幼年非洲灰鹦鹉，然后开始训练这只灰鹦鹉。帕帕伯格故意使用一些她想让阿历克斯学习的单字和短语与另一位同事说话。帕帕伯格不给阿历克斯食物，除非阿历克斯开口要求她曾提到的特定东西时才给它。经过 26 个月的训练，阿历克斯掌握了一定的词汇量，并且能运用这些词汇与帕帕伯格交流。它还能分辨 9 种东西、3 种颜色，并能数到 6，还能区分形状。

任务二 观赏鸟的行为特征

鸟类具有很多的复杂行为，如求偶、繁殖。这些行为对于其生存和发展都有着复杂而深远的意义。

一、鸟类的求偶行为

求偶炫耀是通过各种不同的手段吸引异性以达到交配目的的行为。许多动物类群都有求偶炫耀行为，如雄蛙在繁殖季节会不停地鸣叫，蛇类会通过复杂的舞蹈动作配对，雄鹿会发生激烈的搏斗以获得一群雌鹿……鸟类的求偶炫耀行为是动物界中最为复杂、多样的。鸟类的求偶炫耀是一种高耗能的活动，但是大多数鸟仍然积极地进行求偶活动，这是因为求偶炫耀在鸟类生活中具有十分重要的作用。

(一)鸟类求偶炫耀的类型

1. 鸣啭、鸣叫和发声

大多数鸣禽的雄鸟，如云雀、画眉、百灵等，在繁殖季节都能唱出某种曲调多变、婉转动听的歌声。杜鹃、斑鸠和一些鹂类的雄鸟也以洪亮、有特点的歌声对雌鸟进行招引。一些不善于鸣唱的鸟常通过一系列单调的叫声或通过身体某一部位的特殊结构发出的声音求偶，如啄木鸟通过敲击枯木发出一连串的声响来吸引异性。

2. 体色显示

色彩华丽的雄鸟通过炫耀其漂亮的羽毛或冠、角、裙、囊等特殊的装饰物来进行求偶。

3. 身体接触、舞蹈、婚飞

水禽和海鸟在求偶时，雌、雄鸟身体的某一部位经常发生接触，如喙的相互撞击或“吻”、颈部缠绕、身体相依偎等。

4. 公共竞技场求偶

有些品种(如黑琴鸡等)的雄鸟会来到一个公共的竞技场，进行各种形式的炫耀比赛或格斗。在竞赛中获胜的雄鸟来到求偶场的中心，并获得与多只雌鸟交配的机会。而失败者则只能退居公共竞技场的边缘地带，并失去繁殖机会。

5. 求偶喂食

有些鸟在繁殖期间常常通过向异性喂食或类似动作来吸引异性，建立并稳定配偶关系。

6. 装饰求偶场

澳大利亚和新几内亚岛的一些鸟的雄鸟还常常通过修建凉亭、装饰求偶场来吸引雌鸟。

鸟类的所有这些求偶表演实际上都是鸟类性行为的信息传递，其功能是吸引配偶，促使两性的性器官发育和性行为的发展处于同步，达到交配的目的，使繁殖的进程得以继续。

（二）鸟类的婚配制度

鸟类通过求偶炫耀，最终在繁殖过程中形成某种形式的配对关系。人们把某一性别的鸟类个体所获配偶的数量多少、配偶关系所维持的时间长短，以及形成配对关系以后雌、雄鸟在繁殖过程中所担负的职责等，统称为婚配制度。鸟类的婚配制度根据配偶数量多少分为四类：单配制、一雄多雌制、一雌多雄制、混交制。

1. 单配制

即一雌一雄制，此类型最为普遍。雌、雄鸟彼此独居，在一个繁殖期内，一雄一雌形成配偶。配偶关系有些能保持多年甚至终生，有些能保持一年，有些只保持繁殖一窝雏鸟，有些甚至更短。现存鸟类中绝大多数种类属于单配制。

2. 一雄多雌制

一个繁殖季节内，一只雄鸟拥有两只或两只以上的雌性配偶，但每只雌鸟却只能与某一特定的雄鸟婚配。交配以后，雄性不参与对后代的抚育。

3. 一雌多雄制

一只雌鸟可以与两只或两只以上的雄鸟交配，但每只雄鸟却只能与某一只雌鸟交配。通常由雄鸟抚育后代。

4. 混交制

混交制实际上是一雄多雌制和一雌多雄制的混合。在这种婚配制度下，雄鸟和雌鸟都有可能承担抚育后代的职责。

鸟类的婚配制度并不是固定不变的。在特殊情况下，可以从一种婚配制度转变为另一种婚配制度，如天鹅在正常情况下为单配制，但偶尔在某一种群之中会出现多配制。

二、鸟类的领域和领域行为

每到春季，鸟类就开始了一年一度的繁殖活动，第一步就是要占领一片环境安全舒适、食物资源丰富的区域作为繁殖场所，即领域。鸟类的领域为一只鸟、一对鸟或一群鸟所有，不同鸟类的领域具有不同的功能。

鸟类的领域是鸟类为了满足其繁殖和生存的需要而占据的一定区域。这个区域往往会受到领域拥有者有效的保护，不允许其他鸟类尤其是同种鸟类的同性个体进入。鸟类的这种占据区域并对其进行保护的行为称为领域行为。

1.鸟类领域的作用

(1)把鸟类和与其同种的其他个体分隔开来。

(2)促进种群的扩散,以便更有效地利用空间和资源。

(3)调节种群密度,防止过剩。

(4)减少被天敌捕食的机会和阻止疾病的传播。

(5)促进鸟类新种或新亚种的形成。

(6)为占区鸟类提供某种心理上的支持作用。

2.鸟类领域的类型

(1)全能型领域　这是最常见的领域类型,鸟类可以在其领域中进行求偶、交配、筑巢、孵卵、育雏、取食、栖宿等各种生命活动。大多数雀形目的鸟类,尤其是鸣禽,如画眉、黄鹂等鸟类的领域属于这种类型。

(2)繁殖领域　鸟类在领域内进行求偶、配对、筑巢、孵卵等繁殖活动,但需要到领域之外去取食。天鹅、游隼等鸟类的领域属于这种类型。

(3)交配领域　鸟类只在其领域内求偶和交配,其他行为如取食、筑巢、孵卵、育雏等都在领域之外。大多数多配制的鸡形目鸟类,如松鸡、黑琴鸡以及一些极乐鸟、园丁鸟、蜂鸟等的领域属于这种类型。

(4)营巢领域　这种领域只是由围绕着巢的一块十分狭小的区域构成。一些集群繁殖的水禽,如企鹅科、海鸥科、雁类,以及一些洞巢的鸟类,如树燕、棕鸟科的鸟类具有这种类型的领域。

(5)取食领域　少数鸟类的取食和繁殖活动分别在不同的领域内进行。某些鹳类在其繁殖领域之外还有一块受其保护的取食区域。

(6)冬季领域　某些鸟类在冬季要保护一个区域,在区域中可以取食、储藏食物和栖宿,如美洲隼、新疆歌鸲等。

(7)栖宿领域　某些鸟类还保护特定的栖位以供夜宿,如紫翅棕鸟每夜都要占据相同的栖木夜宿。

(8)群体领域　有时鸟类会联合起来共同保护一个区域,这个区域就是鸟类的群体区域。如鹭类、鸦类、企鹅等为密集营巢的鸟类,在繁殖季节,由整个群体保护其营巢的领域。

鸟类占据领域之后,通常需要一系列保卫领域的行为活动,才能有效地维持领域,保卫自己的权益。

3.保卫领域的行为活动

(1)鸣啭或鸣叫　这是最常见的一种方式,不仅行之有效,而且耗能最少,如啄木鸟通常是通过敲击树干发声来进行领域防御。

(2)巡飞　许多鸟类在获得领域和保卫领域过程中,经常在其上空飞行,以便及时发现入侵者并将之赶出领域之外。这种飞行称为巡飞。

(3)威胁性炫耀　许多鸟类通过某种形式的威胁性炫耀动作来达到驱除入侵者、保卫领域的作用。展示身体某一部分的羽毛颜色是威胁性炫耀的一种常见方式。

(4)格斗　假如鸣叫、威胁性炫耀等方式都不能将入侵者赶出领域,占区鸟类也会采取直接进攻的方式。在格斗中,鸟类常将翅、爪、距、喙等器官作为武器。

三、筑巢行为

筑巢是鸟类繁殖过程中的一个重要环节。鸟巢是鸟类为了产卵、孵化直至雏鸟离巢而选择或筑造的一种临时性结构。

1. 鸟巢的主要功能

(1)容纳卵,使卵集中便于孵化。对于晚成鸟来说,巢还具有容纳雏鸟、让雏鸟接受亲鸟抚育的作用。

(2)有保温作用,利于孵化和育雏。

(3)巢的隐蔽性能够有效保护鸟类自身、卵和正在发育中的雏鸟。

(4)筑巢和孵化等活动可以刺激鸟类体内性激素的分泌,促进繁殖活动的进行,所以在一定意义上筑巢也有求偶性炫耀的作用。

2. 鸟类的筑巢活动

(1)选择巢址　巢址的选择与鸟类生活栖息地的类型和生活习性有关。大多数鸟类有主动选择巢址的习性,一般在筑巢活动开始前 1 d 或数周进行。巢址由雌、雄鸟共同选择或是由雌鸟或雄鸟单独选择,因种而异。

(2)收集和运送巢材　一般同一类群的鸟类所用的巢材具有共性。巢材的种类千差万别,大体上可以分为植物性材料、动物性材料、泥土和石块、人工制品等。巢材的收集和运送大多数由雌、雄鸟共同承担。鸟类大多就地取材,这样不仅省时省力,而且可以使巢与周围环境保持一致,更具有保护性。

(3)筑巢　大多数鸟类利用喙和爪作为最基本的筑巢工具。在筑巢时,大多数鸟类都遵循着自外向内、由上而下、由简单到复杂、由粗糙到精细的顺序。

3. 鸟巢分类

根据巢所处的位置及其结构特点,鸟巢可以大致分为地面巢、水面浮巢、洞巢、编织巢,以及一些特殊形式的鸟巢,如泥巢、唾液巢、叶巢、织布鸟巢、冢巢。

(1)地面巢　位于地面或地表的浅凹内,结构一般都比较简单,卵的颜色一般与环境相似,不易被天敌发现。根据有无巢材及巢的结构特点,地面巢还可细分为凹坑(如鸵鸟的巢)、简单巢(如企鹅、鸥类、雁形目鸟类的巢)、地面编织巢(如云雀、柳莺的巢)。

(2)水面浮巢　一些游禽的巢由芦苇或其他水草编织而成,呈简单的盘状浮在水面上,能随水面升降而升降,如水雉等鸟类的巢。

(3)洞巢　常位于树洞、岩洞、地洞或其他裂隙中。一般攀禽和一些雀形目的鸟巢为此类型。洞巢具体可以划分为树洞巢(如啄木鸟的巢)、岩洞巢(如岩鸽、雨燕的巢)、地洞巢(如普通翠鸟的巢)、房洞巢(如麻雀的巢)。

(4)编织巢　大多数生活在森林中和灌木丛中的鸟的巢为编织巢。巢一般由树枝、树皮、树叶、草茎、毛发等编织物编织而成,结构比较复杂。根据形状和结构特点,编织巢可以分为板状巢(如斑鸠的巢)、皿状巢(如苍鹭的巢)、球状巢(如喜鹊的巢)、瓶状巢(如雀的巢)。

(5)泥巢　主要由泥土构成,如家燕和金腰燕在繁殖期常在屋檐下或房梁上用泥土筑巢,巢多为杯状或瓶状。

(6)唾液巢　这是一些雨燕目鸟类(如金丝燕)所具有的特殊巢型。巢材主要由鸟类口腔中所分泌的唾液组成。

(7)叶巢　是一种特殊形式的编织巢，为长尾缝叶莺和灰胸莺等所具有的特殊巢型。在筑巢时先将树梢上下垂的大型叶片的边缘穿孔，以植物纤维或蛛丝等将叶缘互相缝合成袋状。

(8)织布鸟巢　织布鸟所筑造的巢是鸟巢中结构最精致的一种类型。巢呈曲颈瓶状，悬挂在树梢上，主要由树皮纤维编织而成。

(9)冢巢　是生活在澳大利亚及东南亚热带森林中的冢雉科鸟类所特有的巢。它们在繁殖时常在林间地面上掘出一个大坑，然后再用土和一些植物性物质把坑填起来，最终形成一个冢状的大土堆。

四、孵卵行为

产卵多发生在筑巢活动结束以后。卵的形成与产生受神经内分泌系统的控制，但也受环境因素的影响，如光照、温度、降水、食物资源等因素。各种鸟产卵所需的时间不同。雁类产出1枚卵往往需要1～2 h，而一些寄生性鸟类(如杜鹃)几秒就可产1枚卵。

鸟类达到性成熟并开始产卵的年龄不同，每年的产卵期、窝数以及每窝的产卵数也因品种不同而异，并会因环境的影响而变化。

鸟类的孵卵方式多种多样。大多数鸟类由雌、雄鸟共同孵卵(两性共同孵卵)，一般认为这是一种比较原始的孵卵方式。此外，还有由雌鸟或雄鸟单独孵卵的方式(单亲孵卵)和群体孵卵的方式。

孵卵鸟类的坐巢与离巢常按照一定的规律交替进行，称为孵卵节律。不同种类的鸟孵卵节律不同，并且会在一定程度上受到外界气候条件的影响。鸟类在孵卵时每隔一段时间就要用喙或爪将腹下的卵转动一次，称为翻卵。翻卵可使卵的各个部位受热均匀，并防止胚膜与卵壳粘连。在产卵期和孵卵早期，许多亲鸟会因受到干扰而弃巢，这是鸟类的一种自我保护行为，有利于逃避天敌的捕食。弃巢之后的亲鸟常常开始另觅巢址。然而，往往随着孵卵活动的继续，越到后期亲鸟对巢、卵越依恋，一般不会轻易弃巢，这种行为称为恋巢。

五、候鸟的迁徙行为

鸟类迁徙是鸟类随着季节变化进行的方向确定的、有规律的长距离迁居活动。在动物界，类似的活动非常常见，对于昆虫则称为“迁飞”，对于鱼类则称为“游”，对于哺乳动物则称为“迁移”。迁徙是鸟类生命周期中风险最高的行为，受到体能、天敌等多种因素的制约，而人类的活动常常有意无意地破坏鸟类迁徙的补给站点，从而给它们的迁徙造成更大的困难，有时甚至对某些物种的存续产生严重影响。

对于鸟类迁徙的原因至今也没有定论，较多的学者给出这样的结论：地球上交替出现的冰川期与鸟类迁徙行为的起源有着密切的关系，冰川活动期生活在纬度较高区域的鸟类被冰川逼迫南移，冰川北退后出于本能，鸟类又迁回高纬度的繁殖地，从而形成迁徙行为。也有学者认为迁徙行为源自自然选择的压力，由于迁徙行为是鸟类生命周期中最为艰苦和死亡率最高的阶段，有着迁徙行为的鸟类在迁徙过程中都经历了严苛的自然选择，有着这一行为的鸟类种群会在生存竞争中占据有利地位，正是这种压力造就了鸟类迁徙的行为。影响鸟类迁徙的因素有很多，其中既有外在的气候和温度、日照时间、食物等因素，也有鸟类的内在生理因素。

1. 气候和温度

在纬度较低的热带、亚热带地区，候鸟迁徙行为较少而留鸟（不进行迁徙的鸟类）较多，而在中高纬度地区，候鸟较多而留鸟较少。其主要原因为低纬度地区气候变化较小，每年的各项气候指数相对稳定，而中高纬度地区季节鲜明、气候变化较大。温度不仅影响鸟类本身的感受，同时也会影响鸟类的食物来源。当高纬度地区温度降低时，鸟类便会随之迁徙，而由于地形等因素的影响，中高纬度地区也会有一些区域保持相对较高的温度，生活在这里的候鸟就有可能转变为留鸟。

2. 日照时间

有相当一部分候鸟，每年开始迁徙时间非常稳定。据室内实验数据显示，这与日照时间有关，当日照时间达到一定长度以上或以下之后，会触发鸟类体内的某种反应机制，诱发其迁徙。

3. 食物

食物状况是影响鸟类迁徙的一个重要因素。有学者认为，由于鸟类是恒温动物，本身对环境温度的变化较不敏感，温度因素对鸟类迁徙的影响主要就是通过食物来实现的，温度降低不仅食物本身的活动停止，而且鸟类的觅食活动也受到很大限制，正是这一因素迫使鸟类开始迁徙。

4. 鸟类的内在生理

根据对笼养鸟类的观察，每到繁殖季节鸟类会出现所谓"迁徙不安"的行为，部分品种会终日朝向迁徙方向站立，或不断试图起飞，一些夜间迁徙的品种会颠倒昼夜节律，在夜间变得异常活跃。由于在笼养条件下，气候、温度、光照、食物的条件终年不变，笼养鸟在迁徙季节的"迁徙不安"行为说明至少对部分品种而言，迁徙是其生命本能的一部分，受到其内在生理因素的调节。

六、鸟类的集群行为

集群行为是鸟类最常见的活动方式。大群飞鸟在天空盘旋翱翔的壮观场面总是让人激动不已。探索鸟类集群的奥秘不仅有趣，也对更好地了解鸟类群落、更有效地保护鸟类群落有重大意义。

（一）同种鸟的集群行为

大约有 80% 的鸟类都喜欢集群。其中特别突出的有八哥、丝光椋鸟、白头鸭、麻雀、蜡嘴雀、白鹭、夜鹭、鸿雁、灰眶雀鹛、黑领噪鹛、棕头鸦雀等。白天它们多以 5～30 只的小群觅食，不时发出各种鸣声互相召唤。这些集群鸟的食物也多呈集团分布，如一棵结满果实的樟树是蜡嘴雀群和白头鸭群的最爱，而小鱼虾遍地的河口滩涂则云集着大群的鹭类、雁鸭类、鹂类。这种现象表明，鸟类集群与食物分布密切相关。到夜晚，这些集群鸟一般有固定的夜宿地，如八哥和丝光椋鸟的夜宿地常选在河岸的小树丛，傍晚时分，它们三五成群一波接一波地向夜宿地飞去，一处夜宿地常常聚集着 300 多只八哥或丝光椋鸟。这些鸟到达夜宿地后，往往还要喧闹 1～2 h，充分交流感情和信息后才安静下来。通过交流感情，集群鸟变得更聪明，群体更牢固，社会性更强，食物信息更灵通，种群也更兴旺。事实上，聪明易驯养的鸟，如八哥、棕鸟、蜡嘴雀等都是强集群鸟，它们的种群都很兴旺。夜宿地的鸟群比觅食地鸟群要大得多，这种现象暗示着集群鸟也许起初仅仅为了食物而聚集在一起，但后来进化出更复杂、更有意义的社会关系。

（二）鸟类的混群行为

有许多鸟，虽然同种鸟并无明显集群现象，但总喜欢混进别种鸟群中活动。这种现象在生境结构复杂的天然阔叶林里最为常见，如黄腰柳莺、白腹凤鹛、斑姬啄木鸟喜欢混入灰眶雀鹛和红头长尾山雀群中活动。到冬季，这种混群现象变得更为明显，在同一生境中活动的鸟几乎全都集中到一起，形成一波波的鸟浪。如 2007 年 12 月 1 日福建省大湖乡石牛山口出现一个相当大的鸟类混合群。树林下层的草灌丛间有画鹛、斑胸钩嘴鹛、红头穗鹛、灰眶雀鹛，上层则有灰喉山椒鸟、黄颊山雀、红头长尾山雀、大山雀、黄腰柳莺、斑姬啄木鸟、白头鸭、栗背短脚鹎、领雀嘴鹎，共计 13 种 100 多只鸟。森林鸟类群落的混群鸟种类丰富，但是数量却不如田鸟群落庞大。在福建省福州市长乐区古槐镇等地的田野上，可以轻易地看到 100～300 只大群的丝光棕鸟和金翅雀。其中往往还混入许多八哥、灰头鸦、树鹨、水鹨、麻雀和鹡鸰，有时还会有凤头麦鸡，这些混群鸟总数可达 500 只。但田野混群鸟与生境最为优越的湿地混群鸟比较，又是“小巫见大巫”。闽江口鳝鱼滩湿地曾出现一个超大规模的鸟类混合群，内有鸿雁1 200 多只，小天鹅及其他雁鸭类 1 000 多只，鸻鹬类 2 000 多只，鹭类、鸥类各数百只，这个混合群内鸟的总数达到 5 000 只以上。

鸟类混群的一个好处是能及时发现敌害，共同防御。各种鸟的食物不同，觅食的策略也不同，所以并不容易发生食物竞争。而且前面已提到，集群鸟的食物也呈集团分布，只要一只鸟能找到食物，通过群体间交流信息，整群鸟一天的生活基本就有保障。由于集群的这种好处，越是寒冬食物匮乏时，鸟类集群越是强烈。冬季观林鸟，人们常能感受到鸟浪一波接一波，鸟况很好。混群鸟对于观鸟者的意义还在于：鸟群中常会混入某些珍稀鸟类，给人们许多意外惊喜，如灰喉山椒鸟群中可能混入冕雀、黄颊山雀；灰眶雀鹛群中可能混入短尾鸦雀和栗头鹟莺；白鹭群中可能混入黑脸琵鹭。观鸟时，对于混群鸟中的陌生面孔或异常的声音要特别关注。

（三）不爱集群的鸟

虽然鸟类集群的好处很多，但仍有少数鸟喜欢单独行动，如各种猛禽、卷尾、虎斑地鸫和某些柳莺等。这些鸟都为食肉或食虫鸟，它们的食物很分散，无法集群觅食，享受不到集群鸟安全的好处。猛禽和卷尾又凶猛又有空中优势，一般动物伤害不了它们。虎斑地鸫和柳莺都有特别强的保护色。

鸟类的这些复杂行为使其得以更好地生存和繁衍，而人类在它们的这些行为过程中会或多或少地威胁或伤害到它们，尤其是在其迁徙的过程中。

鸟类在迁徙活动中其实是十分脆弱且容易受到伤害的。在北美就有人大肆狩猎迁徙过程中的绿头鸭。人类设施也对其有很大的影响。由于许多鸟类是在夜间迁徙，有时会把灯光当成黎明的光线，这种趋光性造成许多鸟在夜间撞上亮着灯光的建筑物或车辆。据鸟类保护志愿者组织（Fatal Light Awareness Program，FLAP）统计，多伦多一个秋季有约 2 000 只鸟因受灯光的吸引而撞上高层建筑。车辆也威胁着迁徙中的鸟。在我国额尔古纳地区通向海拉尔的公路上，春秋季节车辆在草原中的公路上撞上迁飞的候鸟是很常见的。有些公路的修建阻断了鸟类迁移的通道，例如我国台湾的阳明山公园 2003 年就有 1 000 多只动物不幸被车辆碾死，其中还包括珍贵的领角鸮。为了避免阳明山公园的这种状况，许多国家在动物出现频繁的路段上都有警示动物出没的标识，但这一做法收效甚微，对哺乳动物有效的“地下通道”对鸟也意义不大。裸露的高压线对于鹳类、雕类和其他大型鸟类也是一个危险因素。

据国际鸟盟的报道，每年有 30％初飞的西班牙雕因触电而死。这么高的死亡率对于这个世界上仅存不到 200 对的物种而言是十分不利的。有些国家正在通过将电力塔、电缆等套上塑胶管套的方法来将对鸟类的威胁降到最低，如西班牙国家公园周围的电力线被清除掉后，6 月龄的西班牙雕的存活率很快从 17.6％上升到了 80％。

任务三　观赏鸟的训练

一、放飞和回归科目

将驯熟的观赏鸟由笼内放出至庭院或原野，让其自由飞舞，然后在驯养人的指挥下顺利返回观赏笼，这一过程称为笼鸟的放飞和回归。这是非常吸引人的，同时也能增添玩赏者的兴趣。笼鸟放飞和回归是笼鸟技艺的基本训练科目，在此技艺基础上才能调教训练其他各种技艺。

被训练的笼鸟不可饲喂足量的饲料，应使其在训练阶段处于半饥饿状态，时刻有求食的欲望，所训练的技艺和调教的动作才易被笼鸟接受。但被驯笼鸟每天傍晚需足量供给饲料，以保证夜间正常休息和次日精力充沛。

训练期间，最好由驯养人亲手喂鸟喜食饲料，使被驯笼鸟习惯从驯养人手上啄食美味饲料，有利于提升训练和调教效果。被驯笼鸟从驯养人手上啄食饲料的同时，驯养人口中发出适宜的诱食声，引诱被驯笼鸟，使它听到诱食声音就习惯地栖落在掌上取食，形成条件反射。此后可再调教笼鸟在笼舍、栖架及驯养人的手掌间飞舞取食。

对放飞的被驯笼鸟，还需重视其对自身笼舍或栖架的识别，因为只有能认准日常栖息处所，被驯笼鸟才能在放出笼舍自由飞舞之后较准确地回归自身的原栖处。其方法是在放飞开始之际，用食物引诱使它在笼舍或栖架附近反复取食，其目的在于使笼鸟能准确地识别笼舍及栖息物，在放飞玩赏中万无一失地回归笼舍。

对初驯的笼鸟，最好在室内试行，以后可改在干扰较少的广场上进行，逐步移入繁杂人多的闹市训练，才能获得较为稳妥的调教效果。

常见用作调教放飞的笼鸟主要有黑头蜡嘴雀、黑尾蜡嘴雀、锡嘴雀、交嘴雀、黄雀、灰喜鹊、白腰文鸟、斑文鸟、八哥、松鸦等。

二、接物科目

部分笼鸟在经过特定的调教和训练之后，既可放飞后回归笼舍，又可用嘴接取驯养人投向高空的弹丸。弹丸一般用牛骨制成，其表面光滑，大小与鸟嘴大小相适应，质量也因被驯笼鸟的种类和个体不同而异。

开始调教和训练时,仍需控制喂食量,使被驯笼鸟处于半饥饿状态。调教者在喂食时捏住较大颗粒的饲料(如麻籽),在鸟嘴和鸟眼前不断地摆动和引逗,诱其啄食。当被驯鸟能啄食手指间的饲料后,可轻轻将饲料投向鸟嘴的前上方,诱其接取啄食。在被驯鸟能顺利接取后,即可用此法投喂较多的饲料,同时减少食缸中的饲料量,但每天最后一次喂饲时,需供给足量食物和水,以利于夜间休息和第二天调教训练。

一般经过 1～3 d 的调教和训练,多数个体便可习惯而熟练地接取食物。此时可在投喂食物的同时,试投骨质弹丸,当鸟能准确地接取弹丸后,不咽下而吐出时,调教人员可迅速接取,并奖给鸟喜食的饲料 1～2 粒。如此反复训练,并可逐渐将弹丸投远、投高,还可增加每次投出弹丸的数量。训练成绩优良的个体,可以飞向高空 8～10 m 处接取弹丸,每次最多接取 3～4 粒弹丸。

黑头蜡嘴雀、黑尾蜡嘴省、锡嘴雀、黄雀、朱顶雀等嘴形较大的鸣禽类均可作为训练的对象。

三、衔物科目

我国各地均有人以笼鸟衔物的技艺招揽生意,如一些小商贩将驯熟的笼鸟放出笼衔取购物人手中的硬币或钞票,用以吸引顾客。

训练笼鸟衔物,首先需训练笼鸟在放出笼舍后能准确地回归原笼舍。训练时,应使被驯鸟处于半饥饿状态,以食物引诱为主,最初可将 3～5 粒鸟喜食的饲料粘在被衔物上,当鸟衔取目的物时,驯养人可用手中食物引诱并发出习惯的诱食声,引诱被驯笼鸟将所衔物送给主人,同时奖给少许鸟喜食的食物。如此反复训练,被驯鸟便可熟练地掌握该技艺。

常见的易于调教的衔物笼鸟种类有黄雀、交嘴雀、锡嘴雀、白腰文鸟、斑文鸟、朱顶雀等。

四、戴假面具科目

戴假面具是训练笼鸟衔取人工制的假面具置于头部的特定技艺。

用来制作假面具的原料多为银杏果外壳。制作方法是:以利刃沿果壳边棱线将壳剖成两半,清除内部果肉,在一半果壳内部以线绳、金属丝或木片固定作为衔柄,再在果壳凸面绘成各色花纹或京剧脸谱等图案,即可供作调教笼鸟技艺的小型精巧的面具。

笼鸟戴假面具的调教及训练方法与衔物技艺相似,首先需训练笼鸟在放出原笼舍后能准确地回归原笼舍,并能熟练地在假面具(果壳)内取食饲料,以后限制其饲料量,迫使它啄取假面具衔柄上黏附的粒料,当鸟衔起面具时发出诱食声并奖给鸟喜食饲料。如此反复训练便可使笼鸟掌握该技艺。

用作调教训练戴假面具技艺的笼鸟种类与衔物的笼鸟种类相同。

五、说话科目

会“说话”的鸟有很多,如八哥、鹩哥、红嘴山雀、松鸦、大绯胸鹦鹉、葵花鹦鹉和灰鹦鹉等。这些鸟在野生状态中会模仿其他鸟的叫声,但是在人工喂养的情况下,要让它们开口说话,还是要多训练。

驯鸟说话应从幼鸟开始，把鸟平时喜欢吃的食物拿在手中饲喂，饲喂时先给以声音信号（呼名、打口哨），达到人一叫鸟就有反应的程度。教鸟学“说话”，应在一个噪声较小的房舍，每天早晨在环境安静、鸟空腹时进行，边教边喂给被驯鸟少量它喜欢吃的食物，音节由少到多，如开始先教“您好”“再见”等两个音节的词，要有耐心，被驯鸟每学会一句话后要巩固 5～7 d，再教下一句话。

开始学第一句话时，被驯鸟很难开口，一旦学会第一句，以后就容易了。若能让被驯鸟对着镜子学“说话”，效果更好。

六、鸣叫科目

让鸣型鸟学习其他鸟的叫声，会更增加饲养观赏鸟的乐趣，如可让金丝雀学习沼泽山雀的鸣叫声。

幼鸟换羽以后，挑选健壮的雄鸟放入笼中，称为学笼。笼上盖黑色笼衣并放置于安静环境中。距学笼 2 m 左右放一师笼，其中放置会唱会叫的师鸟，师鸟的叫声应清脆悦耳、婉转动听。师鸟叫，学鸟听，每天坚持 1～2 h 学教时间，每天早晨进行 30 min，要求每天定时。没有师鸟的可以放录音。

任务四　观赏鸟不良行为的纠正

一、仰头行为的纠正

正常情况下，鸟儿在笼中一般总是平视前方，然而，有一种“坏习惯”是头抬高、仰望笼顶。这对于观赏鸟是一种很不雅观的姿势，应及时给予矫正。

矫正时，常采用深色笼衣将笼顶遮盖住，使笼顶无光透进，同时要把笼内的栖架升高至靠近笼顶，强迫鸟儿平视前方。另外，可在喂活食时，引导与纠正鸟儿平视及向下方摄食。这样经过一段时间调教后即可以达到消除这种“坏习惯”的效果。

二、偏食行为的纠正

食谷类鸟易偏食白苏子、麻籽等脂肪性饲料，时间一长会造成脂肪过多症，对此一般可只喂给谷类饲料、不喂脂肪性饲料。

以芙蓉鸟为例，若饲养的芙蓉鸟偏食白苏子，不爱吃黄粟子，饲养者应把日粮全部改为黄粟子。开始的第 1～2 天，芙蓉鸟会拒食，或者只吃少量的黄粟子；但到第 3～4 天，因饥饿，鸟不得不取食黄粟子。在强制性矫正过程中要保证充足的饮水。待芙蓉鸟习惯吃黄粟子以后，再按比例配上白苏子。

纠正鸟儿偏食行为要因鸟而异，不能千篇一律。对黄雀而言，偏食矫正过程中不能马上断白苏子而全换成粟谷，否则两天内黄雀就会松毛甚至死亡。对于这种鸟，在矫正时要慢慢减少脂肪性饲料，逐渐增加谷类饲料，使被驯笼鸟处于半饥饿状态。

三、啄羽行为的纠正

啄羽发生的原因主要包括：一是笼内养鸟过多，在配偶期雄鸟与雄鸟之间相互啄羽，这种啄羽通过分笼或降低密度就可以避免；二是饲料单调，搭配不当，造成维生素 A 或矿物质缺乏，特别是硒、钼元素的缺乏，可供给鸟营养丰富、种类更多的饲料，也可饲喂全价配合饲料，另外，在笼内和箱里放一定数量沙子和多晒太阳也是非常必要的。

鹦鹉的啄羽症常常久治不愈，为了防止啄羽，可给鸟剪一纸环围于鸟的颈部，使鸟嘴不能啄羽，待新羽长出后，鸟就会克服啄羽习惯。注意纸环套要用硬纸板制成，套口要不影响鸟的呼吸和头部运动。纸环宽窄以鸟嘴不能啄到羽毛为准。

知识拓展

赛鸽运动

赛鸽是专门用于竞翔比赛的鸽子，起源于信鸽。信鸽是鸽子家族中的一种，善于飞翔，有强烈的归巢性。人们从关养到放养的过程中，发现鸽子有认巢的特点，然后有意识地把鸽子从甲地带到乙地并使之飞归甲地，当人们发现归巢的鸽子有先有后，于是又萌发了用鸽子竞翔取乐的愿望，从而发展成为竞翔这一体育活动。人们为了夺取比赛的胜利，在繁殖、饲养和训练上潜心研究探索，不断设法改进，终于形成了赛鸽这一新品种。

信鸽竞赛活动作为一项体育项目由中国信鸽协会负责管理。该协会是全国性群众体育组织，是中华全国体育总会的团体会员。

中国近代信鸽活动是 20 世纪 20 年代在上海等大城市发展起来的。1929 年上海竞鸽会成立，举办过信鸽竞翔比赛。现代信鸽比赛项目有竞翔比赛和品评赛两种。前者是按不同距离以赛鸽归巢时间最快者为优胜的比赛，后者是对优胜赛鸽按其体形、手感和头部等综合评分决定优劣。

1984 年中国信鸽协会成立后，每年举行一次全国信鸽竞翔赛和品评赛。中国赛鸽运动的比赛级别通常为 300 km、500 km、700 km、1 000 km、1 500 km 等。1997 年 1 月，中国信鸽协会加入国际鸽联盟，每年组队参加世界信鸽锦标赛和世界排名大赛。每年全国各省、自治区、直辖市的信鸽协会、信鸽公棚也会组织大量体育赛事。

在国外，赛鸽运动比较发达的国家有比利时、荷兰、德国、美国等。每年欧洲各国都要举办多场国家级和国际级的比赛，其中，尤以 1 000 km 级别的巴塞罗那国际赛最为知名。

复习与思考

简答题

1. 怎样进行鸟类放飞、回归、接物、衔物、戴假面具等科目的训练？
2. 怎样纠正鸟的啄羽行为？

项目十一 技能训练指导

实训一 健康幼犬的选择

【目的要求】了解幼犬健康表现的相关内容，掌握幼犬的健康选择方法，以便正确地进行幼犬的选购。

【场地和材料】宠物市场、健康幼犬、不健康幼犬。

【方法步骤】

1. 精神状态

观察幼犬对外界刺激的反应、与人或其他小犬的亲近程度。

2. 眼睛

观察幼犬眼睛形状是否与该品种标准一致，眼结膜和可视黏膜的颜色、眼睫毛的整洁程度，是否流泪、有无分泌物、有无外伤或疤痕等。

3. 犬鼻

观察幼犬鼻端湿润程度、有无光泽感、有无浆液性或脓性分泌物，手感鼻温是否正常。

4. 口腔和牙齿

观察幼犬口腔的清洁与湿润程度、黏膜颜色、有无舌苔与口臭、是否流涎等，幼犬牙齿颜色、咬合形式、是否缺齿等。

5. 耳朵

观察幼犬耳内是否有黏稠样的分泌物，耳温是否正常，幼犬是否有搔耳、摇头现象等。

6. 皮肤及被毛

观察幼犬皮肤是否柔软有弹性，是否有结痂或溃烂，被毛是否整洁，手感皮温是否正常等。

7. 四肢

观察幼犬的肢型与趾型是否符合本品种特征，是否有跛行现象等。

8. 肛门

观察幼犬肛门的闭合情况，肛门周围的清洁程度等。

9. 尾巴

观察幼犬尾巴形状是否符合本品种特征，尾巴的活动情况等。

10. 体温

手感幼犬的体温是否正常(正常体温为37.5～38.5 ℃)。

【技能考核】根据对表现健康的10个方面进行鉴别的熟练程度及判断的准确性进行综合测评。

实训二　犬的神经活动类型、灵活性的检查

【目的要求】掌握犬的神经活动类型及灵活性的检查方法，以便因犬施驯。

【材料设备】不同神经活动类型的犬只、牵引带、急响器(如摇铃或闹钟)、步表、食盆、玩具、奖食等。

【方法步骤】

1. 判定犬兴奋过程强弱

(1)音响刺激法　当犬在吃食时，突然用急响器由远而近在食盆旁发声，根据犬的表现来判断其神经活动的兴奋性强弱。

安静型：犬无反应而继续吃食。

活泼型：犬听到声响就停止吃食，但不离开食盆，片刻后继续吃食。

兴奋型：犬听到声响就离开食盆，并表现出攻击行为，然后又走近食盆照常吃食。

抑制型：犬听到声响就不再吃食，走到远离食盆的地方静卧。

(2)步表测定法　用2 m长的牵引带将犬拴在某固定的物体上，系步表于其脖上，驯导员在距犬5～10 m处以犬喜爱的食物或玩具逗引犬2 min后取表读数。通常读数超过100次的被视为兴奋过程较强的犬，小于60次的被视为兴奋过程较弱的犬。

2. 灵活性的检查

犬的神经活动类型往往与其灵活性有很大关系，灵活性好的犬在训练过程中能迅速从一种神经状态转变为相反的神经状态。

(1)威胁口令刺激法　通过观察犬对威胁口令的反应来判断犬的兴奋性强弱。

当驯导员发出“非”的口令后，立即发出“来”的口令。灵活性好的犬能很快地从抑制状态中解脱出来，并迅速靠近驯导员。灵活性差的犬在一段较长时间内呈抑制状态，并不能立即按照另一口令做出相应的动作。

(2)对新环境的适应能力　灵活性好的犬很容易适应陌生环境，灵活性差的犬则很难适应。

(3)行进中转换速度　牵引犬行进，根据犬在行进中的跟随能力、转换位置及速度的情况来判断其灵活性。

【技能考核】根据对犬兴奋性和灵活性判断的熟练程度及准确性进行综合测评。

实训三　随行、立、游散科目的训练

【目的要求】掌握犬随行、立和游散的训练方法，要求训练后的犬能快速而准确地执行口令和手势，随行时能进行方向和步速的变换。

【材料设备】受驯犬、训练绳、牵引带、口笼、刺钉脖圈、奖食、辅助设施（如墙、土沟等）。

【方法步骤】

1.建立犬对随行及游散口令和手势的条件反射

左手反握牵引带，将牵引带收短，发出“靠”的口令，同时用牵引带强迫犬在驯导员的左侧，并适时给予奖励。训练过程中变换步伐和方向时，预先发出“靠”的口令和手势，并轻拉牵引带对犬示意。反复多次并结合手势训练，逐步养成犬对随行的条件反射。

用牵引带牵犬向前方奔跑，待犬兴奋后，放长牵引带，同时发出“游散”的口令并结合手势，让犬在 10 m 左右的范围进行自由活动，片刻后扯拉训练绳，令犬回到身边。重复训练，并结合随行过程，以游散作为奖励手段。

对于性格倔强、不听指挥的犬，可借助墙、沟、坎等进行辅助训练。对特别兴奋的犬，要采取特殊方法控制其行为。

2.训练犬在随行中立的能力

随行时突然停下，同时发出“立”的口令，并拉扯牵引带迫使犬立，或同时用左脚放至犬的肩前方阻止犬前进，如此反复训练。在此基础上，逐步加入手势训练，并逐步延缓立的动作，直至能延缓 5 min 以上。

3.脱绳随行和游散

训练中把牵引带放松，当犬离开预定位置后，用口令和手势或扯拉牵引带强迫其归位。视具体情况进行解除牵引带的随行和游散训练。

【技能考核】考核随行、立和游散的口令和手势的正确与否，以及犬对随行、立和游散的执行情况。

实训四　坐、前来、延缓科目的训练

【目的要求】掌握犬前来、坐的训练方法，要求训练后的犬能快速而准确地执行前来和坐的动作，并能较好地延缓。

【材料设备】受驯犬、训练绳、牵引带、口笼、脖圈、玩具、奖食等。

【方法步骤】

1.建立犬对坐、前来口令和手势的条件反射

(1)左侧坐　在一个相对比较清静平坦的场地让犬游玩，排除大小便后将犬牵引到身体左侧站好，然后右手持牵引带的脖圈处，左手置于犬的后腰角部位，发“坐”口令的同时，右手向上提脖圈，迫使犬坐下，稍后令犬游散，按此方法同一时间内可驯 2～5 次。

(2)正面坐 可在犬左侧坐形成后进行。犬侧面坐定后，发出“定”的辅助口令，然后将牵引带放长，逐渐离开犬身，重复发出“坐”的口令，并用“好”的口令及时强化。如犬有不执行情况时，可用牵引带进行强迫，稍后可用美食、抚拍或游散奖励犬。正面坐训练也可用食物诱导法和机械刺激法进行，训练的效果会更好。之后转入环境的复杂化训练。

(3)前来 在呼唤犬的名字后，立即发出“来”的口令，同时拉扯牵引带。当犬来到面前之后，给予奖励，也可以用食物或物品逗引并结合牵引带的强迫刺激令犬前来，在以后的训练中逐渐减少诱导或拉扯训练绳，并适当加入手势，使之也能尽快对手势形成条件反射。之后转入环境的复杂化训练。

2.培养犬对坐的延缓执行能力

让犬坐好，手提牵引带的末端缓慢后移一步，发出“定”的口令，令犬保持坐姿，并逐渐增加与犬之间的距离，最终能达到 20 m 以上。延缓时间可由 1 min 提高至 3 min，3 min 提高至 5 min，5 min 降为 3 min，3 min 突然提高至 5 min，再降至 1 min，再提高至 3 min，再降至 1 min，再提高至 5 min，从而提高犬对延缓的执行能力。

3.前来、坐及延缓的连贯训练

当犬对前来、坐能较好地执行，并具备一定的延缓能力时，可将前来、坐连贯训练，使得犬在听到前来口令和手势后能迅速地来到身边，并呈正面或左侧坐姿势，且保持一定的延缓能力。

【技能考核】考核前来、坐的口令和手势的正确与否，以及犬对前来、坐以及延缓的执行情况。

实训五 吠叫、安静科目的训练

【目的要求】掌握犬吠叫与安静的训练方法，要求训练后的犬能快速而准确地执行口令和手势。

【材料设备】受驯犬、训练绳、牵引带、脖圈、小木棍或报纸，玩具、奖食等。

【方法步骤】

1.吠叫的训练

训练犬吠叫，可采用多种形式进行。

(1)利用食物引诱法 在犬饥饿状态下或喂犬前，用食盆或犬喜爱的食物引诱犬，同时发出“叫”的口令和手势，诱导犬发出叫声。在之后的训练中逐渐减少引诱，直至犬能完全根据指挥发出叫声。

(2)利用犬的主动防御反射 让陌生人靠近犬并加以引逗，驯导员及时发出“叫”的口令和手势，鼓励犬吠叫。多次训练后，可逐步减少或取消陌生人的引逗。

(3)利用犬的衔取兴奋性 用犬喜欢的玩具逗引犬，然后将玩具举起并放置于犬想够到但又够不到的地方，同时发出“叫”的口令和手势。

(4)利用犬的自由反射 对于自由反射较强的大型犬，可在牵出犬舍前训练。牵引其他犬站在被驯犬舍前，利用被驯犬欲跟随而出的急切心理，训练时应抓准时机发出“叫”的口令或手势指挥犬叫。

(5)模仿训练　将被驯犬牵到其他喜欢叫或已形成条件反射的犬附近,当其他犬吠叫时,被驯犬也跟随吠叫。

2. 安静的训练

牵犬进入训练场后,助驯员"鬼鬼祟祟"地由远及近逐渐接近驯导员。当犬欲发出叫声时,驯导员及时发出"静"的口令,并用小木棍或报纸轻击犬嘴令犬安静。在此基础上,训练犬养成能在复杂环境下安静的能力。

【技能考核】考核吠叫和安静的口令和手势的正确与否以及犬对吠叫和安静的执行情况。

实训六　跳跃、越障碍科目的训练

【目的要求】掌握犬的跳跃、越障碍训练方法,要求训练后的犬能快速而准确地执行口令和手势。

【材料设备】受驯犬、训练绳、牵引带、口笼、脖圈、各种障碍物,玩具、奖食等。

【方法步骤】根据障碍物类型,主要有以下几种训练方法。

1. 跳越小板墙、栅栏、高架等

牵引犬跑向训练器材,发出"跳"的口令,同时将牵引带向上提拉,促使犬跳过,然后给予奖励,反复训练,促使条件反射的形成。

2. 登越垛桥、天桥等

带犬到梯子前,发出"上"的口令;驯导员牵引犬同时登越。如犬畏缩不前,可通过助驯员辅助慢慢往阶梯上挪动犬的四肢,同时用犬喜欢的物品或玩具等在犬前面逗引,并不断鼓励犬,如此反复训练。

3. 跳越三级跳台、大板墙等

助驯员牵引犬到三级跳台前几米处,驯导员手持训练绳登上三级跳台,用食物、物品在前方逗引犬前来,同时发出"上"的口令,并拉扯牵引带迫使犬跳到顶端驯导员的身边。随后的训练中,逐渐减少强迫或诱导。初期训练犬跳大板墙时,大板墙应矮点,随着能力提高,逐渐增高。

4. 通过自然障碍

当犬通过专用障碍器材有一定能力之后,可结合自然障碍,如训练通过矮墙、栅栏、篱笆、壕沟等。

5. 跳越腿设障碍

当犬对一般障碍物有一定的跳跃能力后,可伸出右腿至一定的高度,鼓励犬跳跃,然后再逐步提高腿的高度,直至水平位置。

【技能考核】考核犬对障碍攀越、跳跃的执行情况。

跳跃科目

实训七　卧下、躺下科目的训练

【目的要求】掌握犬卧下、躺下的训练方法，要求训练后的犬能快速而准确地执行口令和手势。

【材料设备】受驯犬、训练绳、牵引带、脖圈、玩具、奖食等。

【方法步骤】

1. 建立对卧下、躺下口令和手势的条件反射

犬坐于左侧，驯导员右腿向前一步，身体弯向前下方，右手持玩具向前下方引诱，同时发出“卧下”的口令，并以左手向前下方拉扯牵引带，或用手按压犬的肩部令犬卧下。反复训练，逐步加入手势并减少引诱刺激。在犬有一定卧下能力后令犬卧好，发出“躺”的口令，同时用手掌向右击犬的右前肩胛部位，迫使犬躺下，并给予奖励。反复训练，直至犬能根据口令迅速执行动作。逐步加入手势训练，直至犬能准确地对“躺”的口令和手势做出动作。

2. 距离指挥和延缓能力的培养

当犬能较好地执行卧下、躺下口令和手势时，可逐步延长指挥距离和延缓时间，培养犬远距离执行命令的能力，直至犬能在 20～30 m 远处迅速而准确地执行命令，且能延缓 2～5 min。

3. 复杂环境中训练

当犬能在清静而平坦的环境中迅速而准确地执行动作时，可人为地营造复杂环境(加大嘈杂声、设置他人走动、训练场地不平坦等)，培养犬在复杂环境中顺利执行命令的能力。

【技能考核】考核卧下、躺下口令和手势的正确与否，以及犬对卧下、躺下口令和手势的执行情况。

实训八　坐立科目的训练

坐科目

坐等科目

【目的要求】掌握犬坐立的训练方法，要求训练后的犬能快速而准确地执行口令和手势。

【材料设备】受驯犬、训练绳、牵引带、脖圈、玩具、奖食等。

【方法步骤】

1. 建立犬对坐立口令、手势的条件反射

让犬坐好，从犬身后用两脚夹住犬的后股部，左手握住牵引带，右手拿着犬喜欢的玩具或食物在前上方引逗，并发出“坐立”的口令，接着左手上提牵引带，右手用物品逗引犬，使犬的前肢离开地面，犬背部依靠在驯导员的双腿中间，持续 5～10 s 时给犬奖励。反复训练，适时加入手势训练，并逐步减少腿对犬的支撑，直至能离犬 30～50 cm。

2. 距离指挥坐立延缓能力的培养

先让犬坐好，然后向前或向右侧走出 30～50 cm，令犬坐立，延缓 10～20 s，给予奖励。如犬不能延缓较长时间，应采取强迫手段。如此训练，逐步延长指挥距离和坐立的延缓时间，直到达到 20～30 m，并延缓 3 min 左右。

【技能考核】考核坐立口令和手势的正确与否，以及犬对坐立口令和手势的执行情况。

实训九　站立科目的训练

【目的要求】掌握犬站立的训练方法，要求训练后的犬能快速而准确地执行口令和手势。

【材料设备】受驯犬、训练绳、牵引带、脖圈、玩具、奖食等。

【方法步骤】

1. 建立犬对站立口令、手势的条件反射

用犬喜欢的玩具置于犬的前上方逗引犬，当犬的兴奋性达到一定程度之后，将玩具上举于犬的头上部，同时发出“站立”的口令，并轻提牵引带或脖圈，使犬保持站立的姿势 10～20 s。在之后的训练中，逐步加入手势训练，养成对站立口令、手势的条件反射。

2. 培养犬远距离执行站立的能力

由 1～2 m 远的距离逐步延长至 10～20 m 的距离，对犬进行指挥。

3. 培养犬站立延缓的能力

犬在 1～2 m 的距离指挥时站立延缓 10～20 s，在此基础上逐步提高至 5 m 的指挥距离站立延缓 5 s，最后可提高至 10 m 的指挥距离站立延缓 3 s，然后突然降低为 3 m 的指挥距离站立延缓 1 min 左右。犬如能较好地完成，之后的训练中可再提高距离和延缓时间，直至 10～20 m 的指挥距离站立延缓 1～2 min。

【技能考核】考核站立口令和手势的正确与否，以及犬对站立口令和手势的执行情况。

实训十　前进科目的训练

【目的要求】掌握犬前进的训练方法，要求训练后的犬能快速而准确地执行口令和手势。

【材料设备】受驯犬、训练绳、牵引带、脖圈、辅助设施（如土沟、狭长通道等）、滑轮、玩具、美食等。

【方法步骤】

1. 建立犬对口令和手势的条件反射

用穿过固定滑轮的长牵引绳控制犬，让犬在指定位置左侧位坐好，并发出“定”的延缓口令，置犬的玩具于犬正前方 30～50 m 处，奖励犬后发出“前进”的口令，同时做出前进的手势指挥犬前进。如果犬能够执行命令，可轻拉牵引绳，使犬回到滑轮边后再给予奖励。注意不应让犬衔取玩具，最好能令犬在到达玩具边时呈卧下姿势，并能延缓 1～3 min。

也可在事先安排好的土沟或狭长通道内训练。侧站在犬的前方，以玩具在前引诱犬，同时发出前进的口令和手势，令犬前进，并逐步减少玩具的引诱，使犬养成没有诱惑物也能执行前进命令的能力。

2. 培养犬前进中卧下的能力

可用较长的训练绳控制犬，利用玩具引诱犬，当犬快要获得物品时，猛拉训练绳迫使犬卧下，同时发出“卧”的口令和手势。

【技能考核】考核前进口令和手势的正确与否，以及犬对前进口令和手势的执行情况。

实训十一　握手、感谢科目的训练

【目的要求】掌握犬握手、感谢科目的训练方法，要求训练后的犬能快速而准确地执行。

【材料设备】受驯犬、训练绳、牵引带、脖圈、玩具、美食等。

【方法步骤】

1. 握手的训练

与犬面对面坐，伸出右手朝向犬的一前肢，并发出握手的口令。如犬不能主动抬起前肢，可采取以下几种方法：

(1)直接抓握法　直接以右手抓住犬的一前肢，同时发出口令，并上提抖动呈握手姿势，重复数次后给犬奖励。

(2)机械刺激法　先抚摸犬的头颈部，并用手轻轻推动它的肩部，使其重心移向左前肢，同时伸手抓住犬的右前肢，呈握手姿势，重复数次后给犬奖励。

(3)玩具引诱法　左手握玩具引诱犬，在犬伸出前肢扒在握玩具的左手上时，发出握手的口令，并用右手握住它伸出的前肢，上提并抖动，重复数次后给犬奖励。

握手科目 1

握手科目 2

2. 感谢的训练

与犬面对面站立，先发出“站”的口令，当犬站稳后再发出“谢谢”的口令，同时用手抓住犬的前肢，轻轻上下摆动，重复数遍后给予奖励，以后逐步拉大距离。

也可用食物引诱。令犬呈正常站姿，将玩具置于犬眼前上方，慢慢地向犬头上方移动，在犬抬起前肢并努力地想获取时，驯导员及时发出“谢谢”的口令，并用双手握住它的前肢，轻轻上下摆动。

【技能考核】考核犬对握手、感谢的口令的执行情况。

实训十二　绕桩科目的训练

【目的要求】掌握犬绕桩科目的训练方法，要求训练后的犬能快速而准确地执行口令。

【材料设备】受驯犬、训练绳、牵引带、脖圈、木桩、玩具、奖食等。

【方法步骤】

1. 绕木桩

在平坦的地面上每隔 0.5 m 立一根高 1 m 左右的木桩，初期可立 3～5 根。用牵引带控制犬，采取强迫的方式与犬一起进行绕桩训练，同时发出“绕”的口令，绕完所有木桩后给予奖励。也可一手提脖圈，另一手握犬感兴趣的玩具在前方引诱，同时发出“绕”的口令，诱使犬前进，逐步绕过每一根桩，当绕完最后一根桩时，把玩具抛出，待犬衔回后再给奖励。在以后的训练中逐步增加木桩的数量，同时减少桩间距离。

2. 绕腿

以自己的双腿作为木桩，在缓慢地前行中借助双腿的力量强迫犬绕腿前行，同时可手提脖圈适当加入强迫手段进行训练。

绕腿科目

【技能考核】考核犬对绕桩口令的执行情况。

实训十三　扑咬科目的训练

【目的要求】掌握犬扑咬科目的训练方法，要求训练后的犬能快速而准确地执行口令。

【材料设备】受驯犬、训练绳、牵引带、刺钉脖圈、护身服、护袖、皮套袖、化妆服、玩具、奖食。

【方法步骤】

1. 激发犬的凶猛性

(1)佯攻挑逗法　助驯员化装成陌生人，手持藤条“鬼鬼祟祟”地接近犬，并发出声音，在离犬 5 m 处挑逗犬数次，并佯攻犬，直至犬有狂吠、扑咬行为。

(2)逃跑式挑逗法　在多次佯装攻击且犬有吠叫、扑咬反应后，助驯员以佯装害怕的表情逃跑，以此来增强犬吠叫示警的信心。稍作休息，继续按上述方法训练 2～3 次。

(3)进攻式挑逗法　助驯员对驯导员和犬同时实施多次进攻，以激发犬的仇视性，促使犬对助驯员产生吠叫欲咬的攻击行为。

2. 培养犬对“袭”口令形成条件反射

令犬面向助驯员将出现的地方坐好，对犬发出“注意”的口令，并以右手指向让犬注意的方向，同时助驯员从隐蔽处“鬼鬼祟祟”地出来，慢慢地接近犬。在犬欲扑咬助驯员时，驯导员发出“袭”的口令和手势，鼓励扑咬，助驯员在与犬撕扯过程中保证犬紧咬不放。

3. 培养犬对“放”口令形成条件反射

在犬因助驯员屈服后的兴奋性下降而放口的同时，发出“放”的口令，并及时给予奖励。如不放松口，可用牵引带轻击犬嘴，或用拇指和食指向犬的口角部按压，也可用细棒伸入犬嘴中犬的咽喉部，迫使犬放口，对于凶猛性特强的犬，可用刺钉脖圈强行刺激。逐步减少机械刺激，直至犬对“放”的口令形成条件反射。

【技能考核】考核犬对扑咬口令的执行情况。

实训十四　猫基本动作的训练

【目的要求】了解猫基本科目训练的内容、方法，训练中的注意事项；掌握猫基本科目训练的要点；能独立完成猫的基础科目训练。

【材料设备】猫、项圈、玩具、奖食等。

【方法步骤】

1.亲和关系的培养

从主人与猫接触的第一天开始就要注意培养同猫的关系，并在日常接触过程中不断地加以巩固。当猫进入新家后，主人要先给猫准备一个温暖舒适的猫窝，并亲自给猫添食喂水，陪猫玩耍、游戏，亲自为它梳毛、洗澡等，很快猫就会表现出对主人的亲昵行为。

2.技能“来”的训练

该训练的口令是“来”。先把食物放在固定的地点，嘴里呼唤猫的名字并不断发出“来”的口令。同时要把食物拿给猫看，引起猫的注意，然后再把食物放到固定的地点，下达“来”的口令，猫若顺从地走过来，就给予食物奖励，也可轻轻地抚摸猫的头、背，以示鼓励。

3.技能“打滚”的训练

该训练的口令是“打滚”。训练时先让猫站在地板上，训练者在发出“滚”的口令的同时，轻轻将猫按倒并使它打滚，猫打滚完成后立即奖给一块美味可口的食物，并给予爱抚。这样反复数次，在人的诱导下，猫便可自行打滚。以后随着动作熟练程度不断加深，要逐渐减少奖励的次数，直到最后取消食物奖励。该技能的手势可以采取右臂向前平伸，掌心向下，然后向右翻转。

4.技能“跳环”的训练

该训练的口令是“跳”或“过”。先将一铁环(或其他环状物)立着放在地板上，主人和猫站在铁环两侧，面对铁环。然后主人发出“跳”的口令，同时向猫招手，如猫钻过铁环，要立即给予食物奖励，如此反复训练后，即会形成条件反射。当猫形成基本的条件反射后，即可开始逐渐升高铁环高度。同样，每跳过一次，都要给予食物奖励。

5.技能“衔物”的训练

该训练的口令是“衔”和“吐”。选择安静的环境和该猫感兴趣的被衔物品，该物品一定要小，能被猫一口衔住。训练时，一只手牵着项圈，另一只手则拿着令猫衔叼的物品，发出“衔”的口令，同时在猫的面前晃动所拿物品，再将物品强行塞入猫的口内。当猫衔住物品时，立即发出“好”的口令并抚摸猫的头作为奖励。接着发出“吐”的口令，当猫吐出物品后，应以食物予以奖励。如果没有吐的行动，就得用手将物品从猫嘴中强行拿出，发出“好”的口令，并给以抚摸奖励。经过多次“衔”“吐”的训练后，猫对这两种口令就会有基本条件反射。

6.技能“躺下”和“站”的训练

该训练的口令是“躺下”和“站”(或“起来”)。训练猫躺下和站的动作时，应先让猫处于站立的状态，然后发出“躺下”的口令，同时用手将猫按倒，迫使猫躺下。待猫躺下后，发出“站”的口令，松开手让猫自动站立起来。猫每完成一次动作后，主人应给予奖励，以刺激它对此动作形成条件反射。

7.技能“握手”的训练

该训练的口令是“握手”。首先，教猫学会抬爪。在左手指尖上沾些猫喜欢吃的食物(如干酪等)，抬起右手并发出“握手”的口令，用右手轻轻地握着猫的右前肢，同时给予左手的食物奖励。每天重复数次训练，每次训练可在 5 min 左右，直到猫对“握手”形成条件反射，使它在口令下自动地伸出爪来。

8. 技能“拜拜”的训练

该训练的口令是“拜拜”或“再见”。该训练在猫掌握了“握手”项目的基础上进行。当猫对“握手”形成了条件反射后，再教它学会“拜拜”(摆手)。当猫能够完全做到抬手时，再教给它一边摆动爪子，一边听主人说“拜拜”。右手拿着食物，发出“拜拜”的口令，待猫抬起一只爪时，立即俯身握住猫的爪左右摆动，同时重复“拜拜”的口令，每做完一次，就给它一次奖赏。形成基本条件反射后，开始逐渐减少握住猫爪的动作，让猫自己挥动爪子，并把使用食物逐渐改为将抚摸作为奖励。

【技能考核】掌握训练项目的口令，能正确地训练猫进行两个以上项目的表演。

拓展实训

基本训练工具的使用方法

用品介绍科目

鞠躬科目

散放唤回科目

跳腿科目

穿花步科目

等待进食科目

后退倒车科目

穿花步科目

注意科目

衔取巡回科目

参考文献

[1] 王锦锋，于斌. 犬的训导技术[M]. 北京：中国农业出版社，2008.

[2] 姜建波. 宠物驯养技术[M]. 北京：中国农业出版社，2017.

[3] 刘俊栋，陈则东. 宠物心理与行为[M]. 北京：中国农业出版社，2020.

[4] 高德臣，郝菊秋. 宠物驯导技术[M]. 北京：中国农业大学出版社，2023.

[5] 李和国，吴孝杰. 宠物饲养[M]. 北京：中国农业大学出版社，2021.

[6] 李明，曹宇. 新编宠物犬训练百科[M]. 长春：吉林科学技术出版社，2010.

[7] 赵国简. 犬敏捷运动基本教程[M]. 广州：华南理工大学出版社，2010.

[8] 李凤刚，王殿奎. 宠物行为与训练[M]. 北京：中国农业科学技术出版社，2008.

[9] 吴孝杰，李和国. 宠物美容与护理[M]. 北京：中国农业大学出版社，2021.

[10] 尚玉昌. 动物行为学[M]. 北京：北京大学出版社，2005.

[11] 刘忠慧. 宠物饲养岗位技能手册[M]. 北京：中国农业出版社，2015.

[12] 王锦锋，曾柏邨. 宠物饲养[M]. 北京：中国农业出版社，2012.

[13] 方乐民. 新编驯犬指南[M]. 北京：金盾出版社，2007.

[14] (英)戴维·阿尔德顿. 养鸟指南[M]. 丁长春，李红，译. 广州：羊城晚报出版社，2000.

[15] 高利华，林长水. 宠物行为与驯导[M]. 北京：化学工业出版社，2011.

[16] 林德贵，董军. 宠猫训养[M]. 北京：农村读物出版社，1999.

[17] 徐汉坤，吴德华. 图解训犬技法大全[M]. 南京：江苏科学技术出版社，2007.